이것이 최초의 블랙홀 사진입니다

LICHT IM DUNKELN

이것이 최초의 블랙홀 사진입니다
천문학의 역사와 블랙홀 관측 여정

초판 1쇄 발행일 2023년 1월 20일 **초판 2쇄 발행일** 2023년 2월 28일

지은이 하이노 팔케 · 외르크 뢰머 | **옮긴이** 김용기 · 정경숙
펴낸이 박재환 | **편집** 유은재 | **관리** 조영란
펴낸곳 에코리브르 | **주소** 서울시 마포구 동교로15길 34 3층(04003) | **전화** 702-2530 | **팩스** 702-2532
이메일 ecolivres@hanmail.net | **블로그** http://blog.naver.com/ecolivres
출판등록 2001년 5월 7일 제201-10-2147호
종이 세종페이퍼 | **인쇄 · 제본** 상지사 P&B

ISBN 978-89-6263-246-0 03440

책값은 뒤표지에 있습니다. 잘못된 책은 구입한 곳에서 바꿔드립니다.

이것이 최초의 블랙홀 사진입니다

천문학의 역사와 블랙홀 관측 여정

하이노 팔케·외르크 뢰머 지음 | 김용기·정경숙 옮김

에코리브르

차례

프롤로그

드디어 블랙홀을 관측하다

갑자기 브뤼셀 유럽집행위원회(European Commission) 기자회견장의 불이 꺼졌다. 오랫동안 우리 모두가 기진맥진할 정도로 심혈을 기울여 도달하려 노력한 순간이 임박한 것이다. 2019년 4월 10일 화요일, 15시 06분 20초였다. 그리고 40초 뒤, 전 세계 사람들은 엄청나게 큰 블랙홀이 찍힌 사진을 최초로 보면서 경이로워했다. 이 블랙홀은 지구에서 5500만 광년 떨어진 메시에 87(Messier 87), 즉 M87 은하의 중심에 놓여 있다. 블랙홀에 드리운 캄캄한 어둠의 정체는 영원히 우리 눈으로 관측하지 못할 거라고 오랫동안 믿어왔다. 하지만 오늘 이 어둠의 정체가 처음으로 대중 앞에 그 모습을 드러낸 것이다.

기자회견이 시작되었지만 우리는 그 회견이 밝혀줄 비밀들을 제대로 파악하지 못했다. 수천 년 동안 지식의 한계에 도달하려 노력해온 인간의 새로운 발견에 대한 여정, 시공에 대한 혁명적 이론, 첨단 과학 기술, 젊은 전파천문학자들의 노력, 그리고 연구자로서 내 생애 동안 이어온 연구가 오늘 이 한 장의 블랙홀 사진에 담겨 있다. 천문학자, 과학자, 기자, 정치인 등이 이곳뿐만 아니라 전 세계 각국의 수도에서 우리가 발표할 내용을 귀담아듣고 있다. 한참 뒤 나는 전 세계에서 수백만 명이 우리의 발표를 생방송으로 지켜봤고, 몇 시간 만에 거의 40억 명이 우리의 블랙홀 사진을 보았다는 사실을 알게 되었다.

기자회견장의 첫 번째 줄에는 연구에 참여한 동료와 젊은 과학자 들이 앉아 있었는데, 그중에는 내가 지도한 학생들도 있었다. 수년 동안 우리는 이 일에 매달렸고, 각자 능력 이상을 해냈다. 몇몇은 이를 위해 전 세계 외진 곳을 여행하다 생명의 위협을 받기도 했다. 오늘 그들이 성취한 연구 결과를 어둠 속에 앉아 있는 전 세계 사람들에게 발표하게 되었다. 이 순간 연구에 참여한 모든 분에게 감사의 말을 전하고 싶다. 그들 한 사람 한 사람의 노력이 오늘의 발견을 만들어냈다.

그러나 시계가 똑딱거렸다. 나는 터널 속에 있는 느낌이었고, 사람들의 인상 하나하나가 마치 자동차 경주자를 스치는 바람처럼 휙휙 지나갔다. 세 번째 줄에서 휴대전화 하나가 나를 향하고 있었다는 것조차 알아차리지 못했다. 이때 찍힌 사진이 나중에 어린이들 사이에 유명한 웹사이트에, 미국 대통령에 대한 저속한 농담과 유명 래퍼들의 최신 싱글들과 함께 '화제의 소식'으로 게재되기도 했다. 점점 커져가는 기자들의 긴장이 내게로 전이되었다. 기대에 찬 모두의 시선이 내 맥박을 뛰게 했다. 모두 나를 바라보고 있었다.

먼저 EU 과학 담당 집행위원 카를루스 모에다스(Carlos Moedas)가 연설했다. 우리는 그에게 "너무 길게 하지 말 것"을 부탁했다. 모에다스는 청중들의 호기심을 한껏 끌어올리고는 빠르게 연설을 마무리 지었다. 남은 시간은 내 몫이었다. 나는 초조함을 감추려 노력했다.

최초의 사진이 전 세계로 동시에 전송될 예정이었다. 유럽 중부 시간

15시 07분에 정확히 블랙홀 사진이 회견장의 대형 스크린에 나타날 것이다. 동시에 워싱턴, 도쿄, 칠레 산티아고, 상하이, 타이베이의 동료 학자들도 블랙홀 사진을 보여주고 설명하면서 기자들의 질문에 답하기 위해 준비하고 있었다. 전 세계 컴퓨터 서버가 학술 논문과 보도자료를 전 세계에 전송하도록 프로그램되었다. 시간은 가차 없이 흘러갔다. 우리는 모든 것을 미리 조정하고 준비했다. 조금만 어긋나도 지난번 대규모 캠페인에서처럼 모든 것을 망칠 수 있었다. 그런데 나는 처음부터 말을 더듬었다.

인사로 시작했고, 이어 상영된 동영상은 거대 은하의 심장을 향해 더 빠르고 더 깊숙이 확대해 들어갔다. 흥분한 나머지 나는 바보 같은 실수를 하고 말았다. 광년을 킬로미터로 잘못 말한 것이다. 천문학자에게는 작지 않은 실수이지만 부끄러워하고 있기에는 시간이 없었다. 계속 진행해야 했다.

표시등이 켜졌다. 시간은 정확히 15시 07분을 가리키고 있었다. 우주의 깊고도 칠흑 같은 어둠 속에서 M87 은하의 중심에서 빨갛게 빛나는 고리가 나타났다. 윤곽이 흐릿하게 드러나면서 스크린에 약간 희미한 모습을 유지한 채 고리는 빛을 발하기 시작했고, 모든 사람을 매료시키면서 다음과 같은 사실을 일깨워주었다. 즉 지금까지 사진 관측이 불가능하다고 여겨졌지만, 블랙홀로부터 50해 킬로미터를 여행하고 지구에 도착한 전파를 관측해 이 사진을 얻었다는 것이다.

초대질량 블랙홀은 우주의 무덤이다. 블랙홀은 연료를 다 소모해 완전히 타버린, 죽은 별에서 생성된다. 우주는 이런 초대질량 블랙홀에 거대 가스 성운, 행성, 별 등을 먹이로 제공한다. 블랙홀의 질량 때문에 주변의 우주 공간은 아주 심하게 휘어서 시간조차 멈춰버릴 것처럼 보인다. 블랙홀 가까이에 접근한 모든 것은 블랙홀을 절대 빠져나가지 못한다. 빛조차 블랙홀을 빠져나갈 수 없다.

블랙홀로부터 어떤 빛도 나올 수 없다면 어떻게 블랙홀을 관측할 수 있을까? 블랙홀이 태양 질량의 65억 배나 되고 또 그것 때문에 초대질량이 되었다는 것을 어떻게 알아낼 수 있을까? 결국 빛나는 고리는 안쪽에 있는 아주 어두운 블랙홀을 둘러싸게 되어 블랙홀 밖으로 어떤 빛과 물질도 빠져나올 수 없게 된다.

스크린에서 동영상 상영이 끝났을 때 나는 "이것이 최초의 블랙홀 사진입니다"라고 말했다.[1] 기자회견장에서는 곧바로 박수갈채가 쏟아졌다. 지난 몇 년간의 긴장이 순식간에 사라졌다. 나는 자유를 느꼈다. 드디어 비밀이 밝혀졌다! 이상하고 허구 같은 블랙홀의 모습이 이제 모두 볼 수 있는 형태와 색깔로 이해할 수 있게 된 것이다.[2]

다음 날 신문은 마치 우리가 과학사의 새로운 역사를 쓴 것처럼 보도했다. 우리는 전 인류가 환희와 경이로움을 공유하는 순간을 선물하는 데 성공한 것이다. 초대질량 블랙홀은 실제 존재한다! 블랙홀은 이제 망상 속에 가상으로 표현되는 공상과학소설 작가들의 전유물이 아니다.

전 세계 사람들이 여러 해 동안 온갖 어려움과 차이를 극복하고 공동의 목표를 향해 노력한 덕에 이 사진을 얻을 수 있었다. 우리는 모두 물리학의 가장 큰 수수께끼 중 하나인 블랙홀을 이해하고자 했다. 이 사진은 우리를 지식의 한계로 이끌었다. 이상하게 들리겠지만, 우리의 측정 및 연구 능력은 블랙홀의 가장자리에서 끝난다. 그래서 우리가 이 한계를 언제 넘어설 수 있을지 큰 의문이다.

여러 세대에 걸쳐 과학자들이 우리 이전에 이미 한계에 도전하는 물리학과 천문학의 새 장을 열었다. 20년 전만 해도 블랙홀의 이미지를 직접 관측한다는 것은 터무니없는 공상에 불과했다. 당시 젊은 과학자이던 나는 블랙홀을 찾아나서는 모험에 뛰어들었고, 지금도 블랙홀을 사냥하는 일에 몰두하고 있다.

그 일이 얼마나 매력적이고, 내 삶을 결정하고 변화시켜줄지 나는 결코 예측하지 못했다. 이 작업은 시공간의 끝을 탐구하는 일이고 수백만 명의 심금을 울리는 여행이었지만, 나는 그 사실을 가장 나중에 알아차린 사람이다. 전 세계 사람들의 도움으로 우리는 이 블랙홀 사진을 얻는 데 성공했다. 이제 그 사진을 얻어냈다는 사실을 전 세계에 알렸고, 내가 예상한 것 이상으로 전 세계가 그 사실을 믿어주었다.

내 천문학자의 꿈은 50여 년 전에 시작되었다. 어릴 적 어두운 밤하늘을 처음 올려다본 뒤로 나는 아이들만이 꿈꿀 수 있는 하늘을 꿈꾸었다. 천문학은 오늘날에도 끊임없이 새로운 통찰을 제공해주는 가장 매력적이고 오래된 학문 중 하나다. 고대부터 지금까지 과학자들은 우리의 우주관을 끊임없이 근본적으로 바꿔왔다. 이런 변화의 동기는 호기심과 필요성이었다. 그때부터 우리는 열정을 다해 수학과 물리학 그리고 늘 새로운 망원경으로 우주를 탐구하고 있다. 최첨단 기술에 힘입어 우리는 우주의 끝으로 향하는 모험을 열어젖히면서 새로운 신비를 밝혀내고 있다. 미지의 우주, 무한한 우주 그리고 신비의 우주에는 과학적 지식, 신화와 전설, 믿음과 미신이 항상 복잡하게 얽혀 있어서 오늘날 밤하늘을 바라보는 사람은 누구나 이 어둡고 먼 우주에서 어떤 새로운 것들이 밝혀질지 궁금해한다.

이 책에 대한 소개

이 책은 나와 함께 떠나는 우주여행으로의 초대다. 우리는 1부에서 지구에서 출발해 달과 태양을 지나 날아갔다가 행성들을 통과해 오늘날 우리의 우주관을 밝혀준 천문학의 역사에 대해 배울 것이다. 2부에서는 현대 천문학이 밝혀낸 지식에 대해 여행한다. 시간과 공간은 상대적이다. 별은 태어나서 나이를 먹고 많은 경우 블랙홀이 된다. 결국 우리는 우리 은하를 벗어나 상상도 할 수 없이 큰 우주를 볼 때까지 여행하게 되는데, 그곳에는 은하와 괴물 같은 블랙홀이 우글거린다. 은하는 시공의 발단인 빅뱅에 대한 정보를 제공한다. 블랙홀은 관측 가능한 시간의 끝부분에 놓여 있다.

블랙홀을 처음으로 직접 관측한 사진은 수백 명의 천문학자가 수년 동안 공동 작업을 해 얻은 결과였다. 사진을 얻기까지 작은 겨자씨만 한 아이디어에서 시작해 거대한 실험으로 성장하고, 전 세계의 전파 망원경으로 흥미로운 탐험을 하고 난 뒤 마침내 이미지 관측에 성공해 대중에게 공표하기까지, 모험 과정에서 축적한 내 경험을 3부에서 소개할 것이다.

4부에서는 과학이 안고 있는 궁극적인 의문 몇 가지를 다룬다. 블랙홀이 끝인가? 시공의 시작 전에는 무슨 일이 있었을까? 시공의 끝은 무엇인가? 눈에 띄지 않지만 너무나 아름다운 지구라는 이곳에 살고 있는 작은 인간들이 이런 지식을 어떻게 알아내는가? 자연과학의 성공은 우리가 곧 모든 것을 알고 측정하고 예측할 수 있다는 것을 의미할까? 그것에 대한 불확실성, 희망, 의문을 제기할 수 있을까? 그리고 신을 생각할 여지는?

1부

시공간으로의 여행

태양계와 천문학의 초기 역사에 관한 개요

01

인간, 지구 그리고 달

카운트다운

시공간을 넘나드는 흥미로운 여행을 떠나보자. 지구에서 시작한다. 두려움을 불러일으키면서 녹색 지구 표면에서 로켓이 솟아오른다. 새들이 이 첨단기술의 걸작품 앞에 의심 없이 날개를 퍼덕거린다. 폭풍 전야의 순간이다. 막 시작된 여명의 그림자가 우주 기지국에 드리운다. 자연은 몇 초 안에 이곳에서 전개될 지옥의 운영 시스템을 느끼지 못한다.

피곤하지만 기대에 찬 관련자와 관람객 들이 전망대로 모여든다. 그곳에서 위를 올려다보면 각각의 도구, 사람, 전개되는 상황 들이 인형 방처럼 아주 귀엽게 보인다. 한 관람객이 휴대전화를 꺼내 중국 한자와 깜박이는 로고로 덮인 인터넷 사이트에서 이 광경을 스트리밍했다. 나는 감사하는 마음과 희망을 품은 채 지구 반대편 아일랜드 휴양지의 쾌적한 숙소에서 아침을 먹으면서 인터넷으로 이 방송을 시청했다. 매료된 나는 계속해서 일어나는 일들을 지켜봤다.

보이지 않는 곳에서 갑자기 새된 소리가 울렸는데, 불분명하고 고르지 않으며 금속성의 불쾌한 소리였다. 카운트다운은 단조롭게 0을 향해 내려갔고, 나는 언어를 이해하지 못했지만 같이 세고 있었다. 굉음과 함께 로켓의 하단부에서 적황색 불빛이 어둠을 밝혔다. 동력 장치가 점화되자 조용한 아일랜드에서조차 귀를 먹먹하게 할 만큼 큰 소음이 발생했다. 물론 그 소음은 내 노트북에서 나왔다. 땅이 흔들리고 로켓 지지대가 해체되고 로켓이 풀어져 장엄하게 이륙했다. 마치 혜성과 반대로 열 꼬리를 만들면서 시야를 벗어나 우주로 향했다.

나는 우주왕복선 디스커버리호의 발사 때로 돌아간 듯한 느낌을 받았다. 1997년 2월 11일 아침, 나는 케이프커내버럴(Cape Canaveral) 우주기지에서 피곤하지만 흥분한 가족들과 함께 디스커버리호 발사를 지켜보았다. 요즘도 나는 당시 네 살이던 딸의 자랑스러운 눈빛을 기억한다. 딸은 하루 전날 탑 높이의 로켓을 구경했다. 딸의 눈빛 속에서 나는 어린 시절의 내 눈빛을 발견했다.

21년 후인 2018년 5월 20일, 나는 중국에서 생중계하는 모자이크 처리하고 끊어지는 영상만 보고 있었다. 그렇지만 나는 그곳에서의 느낌이 어떨지 잘 알고 있었고, 그것은 아주 특별한 발사였다. 이 로켓이 네이메헌(Nijmegen)에 있는 내 연구팀의 실험 장치를 싣고 떠났기 때문이다. 나는 다시 어린아이가 되었다. 로켓은 달의 반대쪽을 관측하는 특별한 임무를 띠고 있었다.

나는 이전에 여러 번 했던 것처럼 상상 속에서 달로 날아갔고, 달보다 더 멀리 우주여행을 하고 있었다. 내 열망이 늘 이끌던 바로 그곳, 우주 속으로 나는 날아가고 있었다.

우주에서

고요한 하늘. 우주에 도착하면 가장 먼저 엄청난 적막을 느낀다. 동력 기관은 꺼지고 모든 소음이 사라진다. 허블 우주 망원경은 에베레스트산의 약 70배 높이인 지상 550킬로미터 상공에서 움직이고 있는데, 지구 표면의 대기보다 500만 배 더 밀도가 낮은 대기를 미끄러지듯 통과한다.[1] 공기의 진동인 소리파는 사람의 귀에는 더 이상 들리지 않는다. 바삭거리는 소리, 말소리, 지구에서 일어나는 가장 강한 폭발음조차 여기서는 들리지 않는다.

천문학자로서 나는 지구 주위를 돌고 있는 우주 망원경을 사용하고, 우주에 가본 적이 있는 우주비행사들의 이야기를 듣고 그들이 가져온 사진들을 관찰한다. 언뜻 나는 조용히 무중력으로 떠 있는 듯하지만, 시속 2만 7000킬로미터의 엄청난 속도로 지구 주위를 돌고 있다. 강한 원심력이 나를 공전 궤도 밖으로 쫓아내는 동시에 엄청난 지구 중력이 이 원심력과 평형을 이루어 나를 궤도에 붙들어둔다. 이것이 천체 주위를 도는 모든 궤도 운동의 비밀이다. 무중력은 중력에서 벗어난다는 뜻이 아니다. 궤도에서 중력은 여전히 우리를 붙잡고 있으나 원심력과 중력이 정확히 평형을 이루기 때문에 우리는 그 중력을 느끼지 못하는 것이다. 실제로는 자유 낙하 운동을 하는 중지만 우리는 늘 지구를 스쳐 지나가게 된다. 아주 거대한 원을 그리는 것 같은 큰 궤도에서 지구 주위를 돌고 있기 때문이다. 우리가 움직임을 멈춘다면 그 궤도는 계속 작아지고 더 빨라져서 결국 이 자유 낙하는 언젠가 갑작스럽게 지구 표면에 부딪히면서 끝나게 될 것이다. 그러나 아무도 이런 상황은 원치 않는다!

우주선에 작용하는 공기마찰력은 아주 작아서 거의 방해받지 않고, 그

래서 로켓 발사를 할 필요 없이 수년 동안 지구 주위를 돌 수 있다.[2]

우주 공간에서 돌고 있는 한 우리는 그 위에서 지구를 바라보는 유일한 순간을 즐길 수 있다. 신이 된 듯 우리는 우주의 까만 벨벳 위에 있는 이 푸른 진주를 바라본다. 대륙, 구름, 바다가 아주 풍부하고 자연스러운 무지갯빛을 만들어내고 있다. 번개가 밤을 밝히고, 희미한 극광과 같은 빛나는 도시의 빛이 무대를 밝히며 환상적인 광경을 선사한다. 경계가 없어지고, 모든 것을 감싸고 있는 광경과 함께 우리는 모든 인간의 고향인 지구를 바라보게 된다. 지구의 경계는 분명하고 선명해서 우리를 우주의 추운 영역들과 구분해준다. 공기층이 얼마나 얇은지는 그곳 위에서 비로소 느끼게 된다. 이 공기층은 적대적인 우주에서 우리를 보호해주고 생명을 가능하게 해준다. 지구 위 아주 좁은 띠 영역에서만 날씨와 기후 변화가 일어난다. 이 의기양양한 지구가 얼마나 순식간에 깨질 수 있는지! 그런 환상적인 광경을 보는 것은 우주 안에 있는 현대 과학 기술의 덕택이다. 지구에서 문명의 이기인 기술을 무분별하게 사용하는 우리 인간은 삶의 근간이자 유일무이한 푸른 행성, 지구를 파괴하고 있다.

나는 이 엄청나게 아름다운 지구 사진을 볼 때마다 지구를 감싸고 있는 외로움과 허무, 고뇌와 번민을 느낀다. 수천 년 전 시련을 겪고 난 욥[3]은 이렇게 외쳤다. "그는 북편 하늘을 허공에 펴시며 땅을 공간에 다시며."(개역한글본. 이하 《성경》 구절 모두—옮긴이) 새까만 천처럼 펼쳐진 하늘의 허공 속에 바로 지구가 있다! 이런 광경을 《성경》 저자는 볼 수 없었지만 그는 환상 속에서 지구를 이미 완전하다고 인지했다. 인간의 오래된 환상은 오늘날 현대 기술이 우리에게 보내준 새로운 사진들로 교체되었다. 수많은 위성이 지속적으로 구름, 대륙, 바다를 숨 막힐 정도로 자세히 찍은 사진을 제공하고 있다.

허공에 걸려 있는 지구를 본 욥은 허무한 인간의 고뇌에 대해 하느님 앞에서 탄식했다. 이 행성에는 지금도 고뇌와 아름다움이 공존한다. 우주 밖에서 개개의 인간은 관측되지 않는다. 고뇌는 가까운 데서만 느껴질 뿐, 먼 우주에서 보면 지구에 있는 모든 것이 숭고하고 유일무이한 것처럼 보인다. 태풍, 홍수, 산불조차 위에서 보면 아름다운 모습으로 펼쳐진다. 우주 공간에 떠 있는 사람들은 지상에서 개개인이 느끼는 고뇌와는 아주 멀리 떨어져 있다. 지구에서 고뇌는 실제 우주에서보다 수천 배 더 커져서 이해하기 어려운 인간의 문제가 될 수 있다. 이런 '전능자의 관망'을 인간 스스로 해볼 수 있는 기회가 얼마나 될까?

이런 끝없는 기술적 연구가 무감각해진 우주비행사들을 얼마나 지속적으로 변화시켰는지를 보면 매우 놀랍다. 1961년 우주비행사 유리 가가린(Yurii Gagarin) 이후 약 550명이 우주로 나갔다(2021년 11월 600번째 우주인이 탄생했다—옮긴이). 거의 모든 우주비행사는 우주에서 보는 지구의 연약한 모습에 깊은 감동을 받았고 개인적으로 지구에 대한 생각을 근본적으로 바꿔놓았다고 회고했다. 지구를 한눈에 보자마자 황홀경에 빠졌다. 미국의 시사평론가 프랭크 화이트(Frank White)는 이 현상을 심리학적으로 설명하면서 '조망 효과(overview effect)'라고 했다. 지구라는 둥근 구를 바라볼 때 우리는 어떤 생각을 할까? 우리는 어떻게 변화할까? 우리는 이런 효과를 어떻게 이용할 수 있을까? 화이트가 조망 효과를 처음 기술한 이후 의학자들이 이 효과를 연구하고 있다. 지구는 유일무이하고, 우리가 아는 한 우주에는 지구와 견줄 만한 천체는 존재하지 않는다. 우주비행사들도 그렇게 느낀다. 천사처럼 지구 위를 떠다니며 모든 것을 내려다본다는 것은 우리 인간을 감동시킨다. 이제 우주에서 온 새로운 사진들과 우주 자체에 대한 새로운 사진들 속으로 한번 들어가보자.

시간은 상대적이다

지구 주위를 도는 궤도에 도달하면 우리는 시공에 대한 관점이 바뀐다. 우리의 고향 지구라는 행성을 새롭게 바라볼 뿐만 아니라 하루, 한 달, 1년을 인지하는 방식에서도 새로운 관점을 지니게 된다. “천년이 어제 같으며”[4]라는 유명한 시편 구절이 있다. 시간은 상대적이다. 인간은 태곳적부터 시간을 인식해왔지만, 우주 공간에서만큼 극적으로 경험해본 적은 없다.

허블 우주 망원경으로 첫 번째 관측 프로그램을 작성할 때 나는 명령어들을 95분 블록으로 나눠야 했다. 95분마다 해가 떠올랐다가 진다. 우주에서 이런 하루는 95분간 지속된다. 또한 국제우주정거장(ISS)에 있는 우주비행사는 1시간 30분마다 일출을 경험한다. 그래서 관측을 준비하면서 상상 속에서 우주를 떠돌아다닐 때 나는 책상 앞에서 이런 태양이 떠오르는 것을 경험했다.

시간의 상대성은 하루의 길이에 대한 다른 척도를 제공하는 것 이상의 의미를 지닌다. 우주에서 시계는 실제로 지구에서 시계와 다르게 움직인다. 이게 가능하다고 여기는 사람은 없을지라도 말이다. 지상 2만 킬로미터 상공 궤도에서 인공위성은 하루에 39마이크로초 더 빨라진다. 70년이 지나면 지구의 시계는 우주 공간의 시계보다 1초 더 느려진다. 아주 미세하지만 요즘은 이런 작은 차이도 문제없이 측정해낼 수 있다. 바로 이런 눈에 띄지 않는 차이가 알베르트 아인슈타인(Albert Einstein)의 일반상대성 이론의 핵심 아이디어를 보여준다. 시간은 실제로 상대적이다. 이 이론은 우리 태양계의 운동뿐 아니라 블랙홀과 전체 우주의 시공의 구조를 설명해준다.

이 사실을 인지하기까지는 아주 오랜 시간이 걸렸다. 거시적으로 볼 때 우리 태양계의 구조나 규칙성 같은 기본적인 발견에서 시작해 전체 우주를 이해하는 데까지 이어진다. 미시적으로는 빛의 파동과 입자의 이중성을 이해하는 것으로부터 자연적으로 그 유명한 아인슈타인의 일반상대성 이론과 연결되면서 인지된다.

이 모든 것의 핵심 열쇠는 빛의 특이한 성질을 정확히 이해하는 것이다. 특히 놀라운 것은 빛이 단지 우리에게 볼 수 있게 해줄 뿐 아니라 지구, 달, 별을 발견하게 해준다는 점이다. 사실 빛·시간·공간·중력은 아주 밀접한 관계를 맺고 있다.

현대 물리학의 역사를 잠깐 돌아보자. 중력이론을 주장한 아이작 뉴턴(Isaac Newton)은 빛이 아주 작은 입자로 이루어졌다고 생각했다. 19세기에 스코틀랜드 물리학자 제임스 클러크 맥스웰(James Clerk Maxwell)은 마이클 패러데이(Michael Faraday)의 천재적인 선구적 연구를 기반으로 빛과 모든 형태의 복사는 전자기파라는 이론을 주장했다. 무선랜(WLAN), 휴대전화나 자동차 라디오에서 사용하는 전파, 야간 안경에 사용하는 적외선, 뼈의 모습을 보여주는 엑스선 또는 우리 눈이 인지하는 가시광선 등 이 모든 것은 맥스웰 이론에 따르면 전기장과 자기장의 진동으로 설명할 수 있다. 이들은 진동 주파수와 생성하고 측정하는 방법이 다를 뿐이다. 그러나 근본적으로 이런 진동은 모두 빛이다. 진동이 다른 빛을 전파, 적외선, 엑스선, 가시광선 등으로 일컫을 뿐이다.

휴대전화에서 사용하는 주파수 영역에서 파동은 1초에 10억 번 진동하고, 이 파동의 파장은 20센티미터보다 길다. 가시광선에서 파동은 1초에 수십 해(10^{21}) 번 진동하는데 파장은 머리카락 지름보다 100배 더 짧다. 특정 색깔과 주파수를 지닌 빛 파장은 늘 똑같은 주기로 진동하기 때문에 빛은 시계를 위한 완전한 기준이자 모든 물체의 시간을 측정하는 척도이다. 가장 정확한 광학 시계는 현재 10^{-19}초 이내로 정확하게 보정되어 있다.[5] 우주의 현재 나이인 약 140억 년도 이런 정확도의 시계로 측정하면 오차가 0.5초밖에 나지 않을 것이다! 이전에는 꿈도 꾸지 못한 정확도다.

그렇다면 실제 진동하는 것의 정체는 무엇일까? 오랫동안 사람들은 우주 전체가 에테르라는 물질로 꽉 채워져 있다고 생각했다. 사실 어떤 용매가 아니라 가상의 물질인데, 이 물질에서 공기 중의 소리파처럼 가시광선과 전파 같은 전자기파가 운동하며 퍼져나가고 있다.

맥스웰 방정식의 성질 중 당시뿐만 아니라 지금까지도 물리학자들을 놀라게 하고 당황하게 만드는 한 가지 성질은 사람이 얼마나 빨리 움직이느냐와 상관없이, 각자 특정 색을 지닌 빛은 빈 공간을 늘 정확히 똑같은 속도로 움직여야 한다는 사실이다. 엑스선 빛은 전파 빛이나 레이저 빛과 똑같은 속도를 지니고 있어서, 빛의 속도는 맥스웰 방정식에서 수신기나 송신기의 속도와는 상관이 없다. 17세기 말 올레 뢰머(Ole Rømer)와 크리스티안 하위헌스(Christiaan Huygens)가 목성 위성의 운동을 측정한 이후부터 사람들은 빛의 속도가 유한하다는 사실을 알게 되었다.[6] 그런데 사람들이 빠른 속도로 신비에 싸인 에테르에 미끄러지거나 에테르에 상대적으로 움직이지 않을 때도 빛의 속도는 변하지 않아야 할까?

내가 만일 폭풍우가 몰아치는 바다에서 바람이 육지로 불 때 서핑보드를 타고 파도에 맞서 노를 젓고 있다면 파도는 연안을 덮치는 속도와 똑같은 엄청나게 빠른 속도로 나를 향해 다가올 것이다. 그러나 내가 방향을 바꾸어 바람 및 파도와 같은 방향으로 서핑을 하게 되면 나는 서핑보드 밑을 지나가는 파도와 같은 속도로 빨리 움직이게 된다. 내 서핑보드에 비해 파도의 속도는 상대적으로 느리지만, 해안에 비해 서핑 속도는 상대적으로 아주 빠르다.

이와 똑같은 상황이 음파에도 적용된다. 바람이 등 뒤에서 불 때 자전거를 타고 가면 내 뒤를 따라오는 자동차의 경적 소리는 바람이 불지 않을 때보다 약간 빠르게 내게 도착하므로 조금 빨리 경적 소리를 듣게 된다. 맞바람을 맞으며 자전거를 타고 간다면 뒤에서 오는 차량의 경적 소리를 조금 늦게 듣게 된다. 소리가 바람과 반대 방향으로 운동하기 때문이다. 만약 초음속으로 자전거를 탈 수 있다면 나는 자동차의 경적 소리를 절대 들을 수 없을 것이다. 내가 조금씩 속도를 내다가 음속을 초과하면 충격파가 생기면서 쾅 하는 소리가 난다. 이 소리는 내가 내는 소리가 동시에 청자에게 도달하기 때문에 생겨난다. 제트기 비행사와 달리 지금까지 자전거 운전자는 한 번도 이런 초음속에 도달하지 못했다.

전파 역시 이와 똑같이 행동한다고 사람들은 100년 넘게 믿어왔다. 에테르가 지구의 대기처럼 텅 빈 우주 공간을 꽉 채우고 있고, 지구는 내 자전거나 서핑보드와 같아서 태양 주위의 궤도를 시속 10만 킬로미터의 속도로 에테르 속을 운동하고 있는 것이다. 태양 주위를 돌고 있는 지구 운동 방향에서 빛의 속도를 측정할 수 있다면 이 '빛의 속도'는 그 방향과 직각 또는 반대 방향에서 측정한 빛의 속도와는 달라야 할 것이다. 그 속도의 차이는 지구가 에테르를 순풍으로 운동하는지 또는 역풍으로 운동하는지에 따라 달라진다.

19세기 말 이와 똑같은 효과를 미국 물리학자 앨버트 마이컬슨(Albert A. Michelson)[7]과 에드워드 몰리(Edward W. Morley)가 증명하려 시도했다. 그들은 직각으로 놓인 2개의 관 속에서 빛의 상대 속도를 측정했다. 하지만 이 실험은 완전히 수포로 돌아갔다. 빛의 속도에 특별한 차이가 보이지 않았다. 에테르가 존재한다는 아무런 증거도 제시하지 못했고, 오히려 에테르가 존재하지 않음을 보여주는 실험이 되었다.

실패는 성공의 어머니라 했던가. 이 실패한 실험은 물리학과 천문학의 역사에서 새로운 방향을 제시해준 중요한 실험 중 하나가 되었다. 전혀 예상치 못한 에테르 이론의 실패로 이론의 구조 자체가 완전히 흔들리면서 낡은 사고방식을 버리고 아주 새로운 아이디어를 기대할 수 있게 된 것이다. 젊은 아인슈타인이 제시한 새로운 아이디어가 거기에 가장 적합한 것처럼 보였다.[8] 아인슈타인은 근본적인 재고를 통해 물리학 전체에 아주 새로운 이론적 기초를 세우는 일에 가장 획기적으로 연구할 준비가 되어 있었다. 다른 물리학자들이 불가능한 일에 매달리고 있을 때 그는 이미 새로운 시대로 돌진했는데, 더 이상 절대적 공간과 절대적 시간이 없는 곳이었다. 상대성이론이라는 아주 대담한 이론이 탄생했고, 이 상대성이론으로 아인슈타인은 100년 이상 유지되어온 물리적 세계관을 폐기했다.

한 작은 소년이 달에 가는 꿈을 꾸다

지구 궤도를 충분히 선회한 뒤 드디어 우리가 타고 있는 우주선의 다음 단계로 들어가 달 쪽으로 향하는 경로를 택할 수 있다. '달 여행'은 인간의 오랜 꿈이었다. 1969년 7월 21일 닐 암스트롱(Neil Armstrong)은 달 표면에 발을 내디디면서 인간의 꿈을 현실로 만들어주었는데, 이 걸음은 지금까지 인간이 내디딘 발걸음 중 가장 유명한 것이 되었다. 내가 이 순간의 중요성을 깨달은 것은 몇 년이 지나고 나서였다.

1971년 베르기센란트(Bergischen Land) 지역의 슈트롬바흐(Strombach)라는 전원 마을, 어느 뜨거운 여름날이었다. 초록의 구불구불한 언덕과 숲이 지평선을 이루고, 단독 주택이 모여 있는 마을의 거리에서 꼬마들이 즐겁게 놀고 있었다. 아이들은 작은 물통과 삽, 밀대가 달린 세발자전거와 공 몇 개면 충분히 행복해했다. 어른들은 앞마당의 정원의자에 앉아 편안하게 이 모습을 지켜보고 있었다.

작고 약간 통통한 한 소년만이 그들과 같이 놀지 않았다. 그는 어두운 방에서 혼자, 번쩍번쩍 빛났다 사라지는 커다란 진공관 텔레비전 속 흑백 사진들에 매료되어 있었다. 아폴로 15호의 달 착륙선 팰컨(Falcon)이 달에서 찍은 사진을 지구로 전송하고 있었던 것이다. 달 착륙이라는 커다란 흥분은 최초의 경이로우면서 성공적인 우주여행 이후 팔케 가족에게서 빠르게 잊혔다.

그 작은 소년만이 텔레비전 화면을 떠나지 못했다. 다섯 살이 채 안 된 소년은 우주가 얼마나 크고, 미국항공우주국(National Aeronautics and Space Administration, NASA) 우주비행사가 달까지 얼마나 먼 거리를 날아갔는지 상상도 할 수 없었다. 이 기술적인 대성과에 어떤 에너지가 쓰였는지, 이런 과학적 성과가 얼마나 중요한지 소년은 전혀 알지 못했다. 그러나 마음속 깊이 이런 대담한 시도가 얼마나 환상적이며 대단한 것인지 느낄 수 있었다. 소년은 이런 모험의 순간순간에 빠져들었고 또 매 순간 상상력을 불태웠다. 인간이 달 위를 걷고, 껑충 뛰고, 달 자동차를 타고 주위를 둘러볼 수 있다면 어떤 일이 더 일어날 수 있을까? 아폴로 15호의 우주인이 바로 이런 일을 실제로 해낸 것이다. 인간은 과연 무한한 하늘에서 무엇을 더 발견해낼 수 있을까?

그 작은 소년이 바로 나다. 며칠 동안 우리는 고모할머니 게르다 집에 머물렀다. 우주선의 선장 데이비드 스콧(David Scott) 곁에 서 있는 우주인들은 내게 만화책에 나오는 슈퍼 히어로였다. 스콧 선장을 비롯해 동료 제임스 어윈(Jame Irwin)과 앨프리드 워든(Alfred Worden)은 팰컨을 타고 달의 거대한 산인 아펜니누스산맥 근처까지 다가갔다. 스콧 선장이 달 표면에 발을 내디딜 때 매우 인간적인 말을 했다. "나는 우리 인간의 본성에 근본적인 진실이 있다는 것을 깨달았다. 인간을 탐구해야만 한다!" 나는 생각했다. "맞아, 그게 바로 나야!"

많은 아이들처럼 나도 우주비행사가 되고 싶었다. 나중에야 내가 실제 우주비행사로서 적합하지 않다는 걸 직감적으로 깨달았지만 말이다. 나는 다재다능하고 운동을 잘하고 협업에도 능했으며, 이론뿐만 아니라 실험을 좋아하고 기술적인 면도 잘 알고 스트레스에도 잘 적응했다. 하지만 손을 약간 떨고 압박이 심한 상황에서는 실수를 잘하는 편이었다. 몇 년 뒤 나는 한 항공우주학회에서 독일 우주비행사 울리히 발터(Ulrich Walter)와 에른스트 메서슈미트(Ernst Messerschmid)를 만나 이 문제와 관련해 의견을 나눴다. 그들은 거만하지 않으면서 자신들이 할 수 있는 일이 무엇인지 알고 있었다. 한 명이 내게 말했다. "우리 우주비행사는 끊임없는 선발 과정을 거쳐야 하죠. 모든 조건이 다 맞아떨어져야 해요." 나는 그 조건들에 맞지 않았다. 그런데도 달에 가까이 가고 싶은 꿈은 사라지지 않았다.

우주선이 지구의 위성이 되기 위해서는 달이 제 타원 궤도의 어디에 위치하느냐에 따라 다르지만, 35만 6000~40만 7000킬로미터를 이동해야 한다. 이렇게 긴 주행 거리를 버티는 자동차 모터는 흔치 않지만, 빛은 이 거리를 1.3초 만에 돌파한다. 가장 좋은 자동차도 1광초보다 더 멀리 주행하지 못한다는 사실을 인식하는 것은 천문학적으로 볼 때는 별로 중요하지 않다.

빛의 속도는 우주에서 실제 상숫값을 갖는 유일한 물리량이다. 그래서 우주의 크기를 빛의 단위로 표현하는 것은 전반적으로 큰 무리가 없다. '년'을 근거로 시간 단위라고 생각할 수 있지만, 광년은 실제 거리의 단위이지 시간의 단위가 아니다. 우주에서 우리가 수십억 광년이라고 이야기할 때 우주의 크기가 얼마나 큰지 상상해볼 수 있다. 천문학자들에게 달은 우주의 앞뜰이나 뒤뜰이 아니다. 기껏해야 우리가 우주로 여행을 시작할 때 넘어가는 문지방에 불과하다.

1광초 정도의 거리는 우리가 지구에서 달을 볼 때 달에서 관측하는 모든 것이 1초 정도 전에 일어난 일이라는 것을 의미한다. 우주를 바라볼 때 우리는 늘 우주의 과거를 보게 된다. 달을 볼 때는 단지 몇 초가 지난 과거이고, 우리가 연구하는 은하의 경우는 수백만 년에서 수십억 년의 과거를 보는 것이다.

빛은 조금 '늦게' 우리에게 도달한다. 지구에 있는 광원은 약간 늦고 우주 먼 곳에서 출발한 빛은 한참 만에 도달한다. 그래서 우리는 이 순간 다른 곳에서 정확히 무슨 일이 일어났는지 알 수 없다. 우주 공간에서는 물론이고 지구에서조차 정확하게 알 수 없다.

달에 대한 빛의 지연은 실제로 측정해 알 수 있다. 네덜란드 동료는 전파 망원경에서 결혼식을 올렸다. 이때 결혼 서약을 하면서 자신이 "예"라고 대답한 말을 전파에 실어 달에 보냈다. 그 메시지는 달에서 반사되어 2.6초 뒤 전파 망원경 제어실에 도착했다. 이 과정은 아주 빨리 진행되어 신부가 실망하기 전에 신랑의 "예"라는 대답이 신부에게 도착했다. 그의 결혼식은 성공적으로 끝났다. 세계 최초의 달 반사 결혼식이었다.[9]

약간 자축하는 의미와 순수한 과학적·기술적 동기로 오늘날에도 정기적으로 달에 레이저 광선을 보낸다. 이 빛은 아폴로 우주선이 설치해놓은 반사경에 반사된다. NASA가 달에 착륙한 적이 없다고 주장하는 수많은 음모론자가 존재함에도 말이다. 반사경은 여전히 잘 작동한다. 빛 메아리의 지연으로부터 달의 운동과 달의 거리를 정확히 측정할 수 있으며, 일반상대성이론의 예측도 검증할 수 있다.

또 이 실험을 통해 달이 매년 4센티미터 정도 우리로부터 멀어지며 지구는 약간 천천히 자전한다는 사실을 발견했다. 중력은 지구와 달을 묶어주고, 조석력은 고유 자전에 제동을 거는 역할을 한다. 한 달과 하루가 매년 눈곱만큼씩 길어진다. 기본적으로 우리가 나이를 한 달과 하루의 기준으로 표현한다면 우리는 조금 천천히 늙어가는 대신 약간 빨리 죽게 되는 셈이다. 45억 년 전에는 하루가 6시간밖에 되지 않았다.[10] 일중독자인 내게는 아주 충격적이다.

달의 자전은 거의 완전하게 제동이 걸렸다. 달은 지구 주위를 돌면서 정확히 한 번 자전하기 때문에 우리는 달의 앞쪽만 볼 수 있다. 달에서 웃고 있는 친절한 사람의 똑같은 얼굴만 보고 있는 셈이다. 달의 뒤쪽은 인간의 첫 번째 달 탐사 이후 비로소 모습을 드러냈다. 어둡다고 여겨졌지만 달의 뒤쪽은 태양이 한 달에 한 번씩 약 2주 동안 빛을 비춰주기 때문에 사실은 어둡지 않다. 그러나 여전히 제대로 연구하지 못한 신비스러운 곳으로 남아 있다.

달을 향한 내 꿈을 잊은 적이 없었고, 어떤 면에서는 내가 네덜란드에서 상당 기간 운영한 LOFAR 전파 망원경[11]과 함께 이룬 셈이 되었다. LOFAR, 즉 저주파 간섭계 망원경(Low Frequency Array)은 저주파 대역의 전파를 수신하는 전파 안테나들을 네트워크로 구성한 망원경이다. 이들 안테나에서 수신한 전파를 관측소에 보내면, 고성능 컴퓨터가 그 자료들을 묶어 가상의 망원경을 만들어낸다. 거의 빅뱅까지 거슬러 올라가는 과거를 볼 수 있고, 또 우주에 있는 모든 활동성 블랙홀을 관측할 수 있도록 도와준다.

LOFAR 네트워크는 현재 유럽 곳곳에 설치한 약 3만 개의 안테나로 구성되어 있어, 이른바 유럽 대륙 망원경이 되었다. 그러나 우주에서 오는 전파를 방해 없이 수신하는 데 가장 이상적인 장소는 달의 뒤쪽이다. 우주 전파가 지상 방송국 전파의 방해를 받고, 지구 대기 최상층인 이온층에서 왜곡되는 게 지구 천문학자들에게 가장 큰 문제이기 때문이다. 지구에서 우리는 달의 뒤쪽을 볼 수 없으므로 그곳에는 지상 방송국 방해 전파가 수신되지 않는다. 나는 늘 농담조로 "아마 전파천문학을 하기에 최적의 장소는 달일 것이다"라고 말한다. 그러나 그곳에 안테나를 설치하는 것은 오랫동안 불가능한 꿈으로 여겨졌다.

우주여행과 과학에는 인내가 필요하다. 그리고 전혀 예측하지 못한 일이 자주 일어난다. 2015년 10월 나는 네덜란드 왕 빌럼 알렉산더르(Willem-Alexander)가 중국을 국빈 방문해 시진핑 주석과 우주여행에 대한 국가 간 협약을 체결할 때 그것을 경험했다. 중국은 우리가 개발한 달 안테나를 우주 공간에 가져가겠다고 제안했다. 중국 달 탐사에 사용한 최초의 네덜란드 기기였다. 2018년 5월 중국항공우주국(CNSA)의 로켓이 시창(西昌) 우주 발사 센터에서 이 안테나를 싣고 출발했다. 내가 아일랜드에서 휴가를 보낼 때 생방송으로 발사 장면을 지켜본 바로 그 로켓이다. 최초의 블랙홀 사진을 만들던 때이기도 하다. 당시 나는 혼신의 힘을 다해 오직 이 사진에 집중했는데, 이때가 과학자로서 가장 힘든 시기였다. 나는 무거운 마음으로 어릴 적 꿈을 동료들에게 맡겨야 했다.

우리의 전파 관측소는 중국 통신위성 '췌차오(Queqiao, 鵲橋)'에 탑재되었다. 독일어로 '엘스테른 브뤼케(Elsternbrücke: 까치다리라는 뜻—옮긴이)'인 이 관측소는 달 뒤 4만~8만 킬로미터 떨어진 곳에 놓였다. 이 위성의 첫 번째 임무는 달의 뒤쪽에서 방송 전파를 지구로 전송하는 것이었다. 그러나 2019년 가을 우리는 안테나를 가동한 이후 우주에서 오는 전파를 듣기 시작했다. 우리의 궁극적 목표는 현재의 이론에 따르면 우주의 암흑기에 생성되어 우리에게 도달하는 아주 희미한 전파 신호를 찾는 것이었다. 바로 수십억 년 전에 생겨난 신호, 아마도 1세대 별들이 탄생하기 전에 발생한 그 오래된 신호. 이 신호는 전파 메아리의 정보를 담고 있다. 시공의 시작인 빅뱅의 흔적 말이다. 아마 우리가 극도로 어려운 자료 처리를 다 하는 데는 수년이 걸릴 테고, 그래서 미래의 탐사에서 비로소 무언가를 찾아낼 수 있을 것이다.

달 쪽으로 돌아오던 위성이 아주 특별한 장면을 목격했다. 우주선에 설치한 작은 카메라가 췌차오 위성이 정지 위치로 돌아오는 길에 아주 특별한 스냅 샷을 찍는 데 성공한 것이다. 사진에는 달과 그 뒤에 거의 같은 크기의 지구가 담겼다. 사진의 귀퉁이에 우리가 설치한 안테나 일부도 찍혔다.

그것을 보았을 때 나는 낡은 흑백텔레비전 앞을 지키던 어린 소년으로 돌아가 있었다. 내 앞에 신비에 싸인 달의 뒤쪽이 어렴풋이 펼쳐져 있다. 그리고 내가 보던 작고 흐릿한 우리의 푸른 행성 위에, 지금 내가 앉아 있다. 달까지 직접 가보지는 못했지만 나는 이 순간 그곳을 '집'처럼 느낀다. 그때부터 나는 늘 달을 바라보며 생각한다. 이제 저 위의 공간도 나의 한 부분이 되었다고.

02

태양계와 우주관

태양: 가장 가까이 있는 별

달을 떠나 다음 행선지인 태양으로 가보자. 지구에서 태양까지 1억 5000만 킬로미터를 여행해야 한다. 빛은 그 거리를 8분이면 도달할 수 있다. 우리는 태양에서 8광분 떨어져 있다. 따라서 태양을 바라보는 사람은 태양의 8분 전의 과거를 보는 것이다.

태양은 거의 모든 면에서 우리에게 생명을 주는 별이다. 지구를 제외한 어떤 천체와도 달리 태양은 인간의 생명 활동을 가능하게 한다. 또 날씨에 영향을 미치고 인간 문화에 끊임없이 영향을 끼치며 우리의 일상을 밤과 낮의 리듬에 따라 움직이게 해준다. 태양이 사라진 후에야 인간은 태양의 가치를 제대로 인식한다. 선사 시대와 초기 역사 시대에 일식 현상이 사람들과 사회 전체를 흥분의 도가니로 몰아넣은 것은 이상한 일이 아니다. 요즘은 그렇게 흥분하고 두려워하는 사람이 많지 않다.

1999년 여름, 나는 딸과 함께 여행을 가기 위해 딸이 다니는 초등학교 교장 선생님에게 구걸하듯 허락을 구한 적이 있다. 8월 11일 아침이었는데, 그날은 독일과 프랑스 일부 지역에 개기일식이 일어나는 날이었다. 언론에서는 이 일식에 대해 며칠 연이어 보도했다. 특수 제작한 선글라스는 품절되었고, 독일 전역이 개기일식을 기다리고 있었다. 나와 딸에게는 한 번뿐인 기회였다. 이와 비슷한 다음 개기일식은 2081년에 일어날 테고, 그때 나는 이 세상에 없을 것이기 때문이다.

그러나 엄격한 독일 의무 교육법은 그런 감성적인 세부 사항은 고려해주지 않았다. 학교 법에는 무더위가 한창일 때 학교를 쉬게 해주는 규정은 있었지만, 일식이 일어날 때 쉬게 하는 규정은 없었다. 이해심 많은 교장 선생님은 머리를 긁적이며 학교 규정상 우주에서 일어나는 세기적인 이벤트 때문에 학생을 조퇴시킬 수는 없다고 말했다. 교장 선생님은 아무리 천문학자의 딸이라도 마찬가지라고 강조했다. "그러나" 교장 선생님은 의미 있게 덧붙였다. "직업적인 이유로 잠시 집을 떠나야 한다면 학교 법은 적용되지 않습니다. 그런 경우라면 야나를 데려가셔도 됩니다." 나는 그런 정보를 제공해준 교장 선생님에게 감사하며, 하루 동안 집을 떠나야 한다고 이야기했다. 적어도 서류상으로는 그렇게 처리했다.

흥분하고 호기심 가득한 채 나는 여섯 살짜리 딸과 함께 차에 올랐다. 연구자들은 때때로 우주의 신비를 찾는 데 도취되어 호기심을 만족시키기 위해서라면 땅끝까지도 달려간다. 이제 우리는 우리만의 작은 탐험을 시작한 것이다.

완전한 암흑은 정오 무렵 남서부의 일부 지역에서 가는 띠가 사라지면서 아주 짧은 시간만 관측할 수 있을 것이다. 나는 그 현장에 있고 싶었다. 바로 그곳에서만 개기일식이 제공하는 매력적인 순간을 경험할 수 있기 때문이다. 한낮에 세상을 갑자기 암흑으로 몰아넣는 으스스한 어둠. 한 번이라도 그 순간을 경험한 사람은 평생을 태양 빛이 우리 일상생활과 모든 생명에 얼마나 중요한지 느끼게 된다. 그런데 천문학자들은 잘 아는 한 가지 문제가 생겼다. 날씨가 도와주지 않았다. 독일 전역에 구름이 낀 것이다.

나는 고향인 프레헨(Frechen)을 떠나 서쪽으로 적당한 장소를 찾아 차를 운전했다. 필사적으로 구름 사이 여기저기 비치는 태양 빛을 따라 헤맸다. 드디어 우리는 프랑스 메스(Metz)시 근처의 한 평지에 도착했다. 일식이 시작하기까지 몇 분밖에 안 남았다. 바로 그 순간 하늘이 열리고 태양이 빛나기 시작했다. 때로 나처럼 보잘것없는 연구자의 삶에도 행운이 따를 때가 있는 법이다. 서서히 그리고 장엄하게 달 원반이 태양 앞을 지나면서 빛을 가리기 시작해 마침내 완전히 덮어버렸다. 우리는 아주 정확한 시간에 알맞은 장소에 있었다. 아주 독특하고 멋진 사건이었다. 딸과 나는 그야말로 어둠 가운데 함께 깨달음을 얻는 귀한 순간을 선물로 받았다.

일식은 태양계에서 일어나는 특이한 우주의 우연한 현상을 정확하게 보여준다. 훨씬 작은 달이 지구와 정확히 맞아떨어지는 거리에 있다가 거대한 태양 표면을 덮으니 말이다. 달이 지구와 조금만 더 가까이 있었더라도 절대 태양을 완전히 가리지 못했을 테고, 조금 더 멀리 떨어져 있었더라면 검은 달 주변에 밝은 고리를 만들었을 것이다. 달이 끓고 있는 태양을 완전히 덮을 때 우리는 아주 특별한 것을 보게 된다. 바로 태양의 코로나다. 코로나는 수백만 도 이상의 뜨거운 가스로 이루어져 있는데, 이 가스는 자주 거대한 태양 폭발에 의해 소용돌이치며 바깥으로 방출된다. 태양 폭발은 태양의 화산처럼 뜨거운 플라스마를 코로나로 내뿜는다.

일식이 일어나는 동안 우리는 잠깐이지만 태양이 아주 조용한 별이 아니라 마녀의 주방에 있는 신비의 마술 가마솥처럼 부글부글 끓고 있다는 사실을 인지한다. 표면에서 생겨나는 크고 작은 폭발에서, 그러나 아주 특이하고 신비로운 일이 일어난다. 그곳에서 아주 작은 유령 입자들이 생성되어 우주 공간에 뿌려진다. 이 입자는 원자의 잔해로, 태양의 높은 열기에 파괴되어 빠른 속도로 태양계 공간으로 퍼져나간다. 원자에서 핵은 양전하를 띤 무거운 양성자와 거의 같은 질량을 지닌 중성자로 구성된다. 이 핵 주위의 하나 또는 여러 개의 껍질에서 음전하를 띤 아주 가벼운 전자들이 돌고 있다.

이렇게 에너지가 큰 고속 입자들을 우주선(cosmic rays)이라 한다. 우주선 또는 우주 입자가 지구 대기에 들어오면서 환상적인 극광을 만들어낸다. 극광은 라플란드(Lapland)나 알래스카의 어두운 하늘을 기이하게 밝히고 춤추게 한다. 그러나 격렬한 태양 폭발에서 나오는 입자 흐름은 다른 이유에서 우리 인간에게 아주 중요하다. 이 입자 흐름은 인공위성의 민감한 전자부를 손상시키고 지구의 자기장을 변화시키며 방송 전파의 전송을 방해할 수 있다. 게다가 폭발이 아주 격렬할 때는 전력망에 과전압을 일으켜 도시 전체의 전력 공급을 끊어놓을 수도 있다. 다행히 이런 거대한 태양 폭풍은 자주 일어나지 않고, 규칙적으로 제공되는 우주 기상 예보를 통해 적시에 대책을 마련할 수 있다.

일식이 일어날 때만 우리는 우주 입자들이 원래 어디서 생겨났는지 맨눈으로 인식할 수 있다. 이 광경이 내게는 아주 감명 깊다. 학창 시절 배운 지식을 통해 나는 우리 부녀가 태양 주변에서 맨눈으로 본 입자물리적 현상과 똑같은 현상이 블랙홀의 주변에서도 일어나며, 거기서는 태양보다 더 격렬하게 일어난다는 사실을 알고 있다. 자기장과 격렬한 난류 형태의 상호작용을 하면서 하전된 작은 입자들은 탁구공처럼 이리저리 운동하면서 계속해서 더 큰 에너지를 얻는다. 이런 식으로 가속되다가 자기장에서 제동이 걸린 전자들은 태양뿐 아니라 블랙홀 주변도 전파 영역에서 빛나게 한다. 폭발하는 항성과 블랙홀 주변에서 생성된 우주 입자들은 태양에서 생성된 입자보다 훨씬 더 큰 에너지에 도달해 우리은하와 우주 내의 난류성 자기장을 통해 흩어진다.

많은 우주 입자가 지구 대기권으로 들어오며, 그 양을 측정할 수 있다. 나도 참여한 아르헨티나 피에르 오제르 관측소(Pierre Auger Observatory) 같은 거대 실험 장치에서 수천 제곱킬로미터에 걸쳐 설치한 탐지기로 측정한다.

태양과 우주 입자 물리학을 이해하지 못한다면 블랙홀 물리학도 이해할 수 없다. 전체 우주에서 모든 것이 똑같은 물리 과정으로 서로 연결되어 있고 똑같은 물리 법칙을 적용받는다는 것은 얼마나 놀라운 일인가. 블랙홀이 밝아지는 것, 태양의 폭발, 지구의 극광 현상을 똑같은 물리 법칙으로 이해할 수 있다. 끝없이 엮인 물리의 끈이 우주 전체를 관통하여 적용된다.

1999년 8월 11일 일식이 진행되는 동안 이 모든 것을 거의 맨눈으로 관측했다. 딸아이에게는 탐구욕과 호기심을 불러일으킨 기분 좋은 어린 시절의 경험이었다. 그 뒤 아이는 모든 사람에게 알루미늄으로 만든 안경을 나눠주면서 태양을 보라고 했다. 이웃들이 어떻게 생각했을지?

딸과 함께 태양을 바라볼 때 나는 우주의 권능에 경외감을 느꼈다. 어두워지는 태양에서 빨갛게 빛나는 빛이 내게 특별하게 와닿았다. 그 빛은 가벼운 구름 커튼을 통해 나오는 것 같았다. 끓어오르는 고리는 아주 강력한 힘을 지니고 있다. 그 고리 색에 영감을 얻어 나는 나중에 블랙홀의 전파 사진에 사용할 색을 선정했다.

천문학자로서 나는 우주에서 어떤 메커니즘을 통해 일식이 일어나는지 잘 알고 있다. 그러나 석기 시대부터 현재에 이르기까지 사람들은 이 현상에 겁을 먹었다. 특히 옛날 사람들은 일식을 신의 권능을 암시하는 것으로 여겨 매우 두려워했다. 4000년 이상 된 사료들이 그런 암흑에 대해 보고하고 있다. 중국 국가 천문학자들은 당시 이런 현상을 천문 관측으로 예측해보려 했다. 그러나 그런 시도가 매번 성공한 것은 아니다. 고대 전설에 따르면 일식이 일어나는 시각을 정확히 예측하지 못했다는 이유로 왕이 학자 두 명에게 사형을 선고했다고 한다.[1] 잘 알려진 이 이야기는 사실이 아닐 가능성도 있다. 오늘날 천문학자는 일식을 어려움 없이 정확히 예측할 수 있다. 그럼에도 인식의 허용치에 도전할 때 우리는 여전히 오류를 범한다. 다행히 그런 오류로 인한 사형 선고를 두려워할 필요는 없다.

태양은 여느 별과 마찬가지로 하나의 별일 뿐이지만, 우리 별이므로 다른 모든 별보다 아주 가깝고 훨씬 더 밝다. 뜨거운 거인인 태양이 없다면 우리는 달과 다른 행성들을 볼 수 없을 것이다. 그 천체들은 태양 빛을 반사만 할 뿐이기 때문이다. 그런 면에서 아주 거대한 힘을 갖고 있어서 우리 태양계 전체 질량의 99퍼센트 이상이 태양에 속해 있다. 태양의 중력은 우리 행성계를 붙잡고 있으며, 우리가 별과 중력에 대해 자세히 배울 수 있는 것은 무엇보다 태양계 덕이다.

태양은 엄청나게 크고 무지하게 뜨거운 가스 덩어리로 안에서 핵융합 반응이 일어나고 있다. 핵융합 반응의 원료는 태양의 주 구성 성분인 수소다. 가벼운 원소는 뜨거운 별들의 핵에서 헬륨으로 핵융합 반응을 한다. 그곳은 상상할 수 없이 뜨거워서 온도가 섭씨 1500만 도 정도 된다. 태양 표면 온도도 섭씨 5500도나 된다. 이런 열에서 나오는 열복사가 결국 지구상의 모든 에너지의 원천이며, 중력과 중력에서 나오는 태양 내부의 높은 압력이 없었다면 그만큼의 열에너지는 생성되지 못했을 것이다. 태양 빛이 없으면 식물은 성장할 수 없다. 식물은 광합성으로 에너지를 만들어낸다. 또한 우리가 엄격한 채식주의자이든, 보통의 채식주의자이든 또는 육식주의자이든 상관없이 우리가 먹는 모든 음식도 태양의 도움이 없으면 안 된다. 모든 동물은 태양 빛으로 성장하는 식물을 먹고 살기 때문이다.

나무를 태우는 사람은 태양에너지를 태우는 것이다. 석유·가스·석탄도 지구 초기의 생물학적 과정의 부산물, 다시 말해 축적된 태양에너지라고 할 수 있다. 그러나 우리는 아주 짧은 시간에 모든 매장량을 파괴하고 우리가 사용하는 물질과 에너지로 수백만 년 넘는 기간에 걸쳐 형성한 안정된 기후를 힘들게 하고 있다. 굳이 기후학자가 아니더라도 장기적으로 기후 상황이 나빠지리라는 점은 쉽게 알 수 있다.

태양 없이는 전기도 생산할 수 없다. 태양이 없었다면 태양광 발전소는 당연히 만들어지지 않았을 것이다. 수력 발전소도 태양이 항상 물을 증발시켜 비와 구름이 바다와 강을 채워서 작동한다. 풍력 발전소조차 태양이 지구의 대기를 따뜻하게 덥혀 지역 간 발생한 온도차로 바람을 일으킨 덕에 돌아간다. 조력 발전소는 달에서 에너지를 얻고, 원자력 발전소는 우주에서 블랙홀과 중성자별이 탄생할 때 생성된 원소로부터 에너지를 얻는다. 그렇지만 이 모든 것은 태양의 중력이 우리를 붙잡아주어서 가능한 일이다. 모든 원소뿐만 아니라 태양, 달, 별의 모든 에너지는 결국 우주의 초기 에너지인 빅뱅에서 나왔다.

또한 태양은 추상적으로 사고하고 두 발로 서는 직립 인간의 출현에 기여했다. 태양의 우주 입자들은 지구에 떨어져 유기체 세포의 돌연변이를 촉진한다. 태양에서 나온 우주 입자들 덕택에 이런 돌연변이가 계속 진화할 수 있었고, 이런 진화가 계속 진전해 형성된 작은 포유동물 형태에서 인간이 출현하게 된 것이다. 어떤 의미에서 우리는 우주 돌연변이다. 그러나 높은 돌연변이율은 암세포를 만들어 죽음과 부패를 불러온다. 인간 존재는 이런 고통을 이겨내고 싸운 결과이기도 하다. 이런 잠재적으로 위험한 유전적 변화가 없었더라면 우리는 여전히 단세포동물에 머물러 있을 것이다.

다른 격렬한 별들과 비교할 때 태양은 기질이 조용한 편으로, 그렇게 크거나 무겁거나 특별히 활동적이지 않은 그저 평균적인 별이다.[2] 46억 년 된 태양은 지금 전성기이기도 하다. 전체 질량을 환산해보면, 태양 내부의 핵 발전소는 아주 느리게 작동한다. 그 단위부피당 생성 에너지가 인간의 신진대사 에너지보다 낮다. 우리 몸은 최고 속도로 영원히 작동하도록 고도로 훈련된 기계다. 서로 가까이 서 있으면 우리는 하나의 별과 같을 것이다.[3]

그러나 태양은 크기가 커서 모든 곳에 빛을 비춘다. 태양이 생성하는 빛을 모두 사용하려면 세계 인구가 지금보다 1000조 배는 더 늘어나야 한다.

태양은 실제로 스스로 타고 있다. 수소가 헬륨으로 변하는 핵융합 과정에서 물질이 에너지로 변환된다. 우리 별은 그런 핵융합을 통해 매초 40억 킬로그램 정도 가벼워진다. 태양이 방출하는 엄청난 에너지를 감안할 때 태양은 제 질량 중 소량만 사용하는 아주 효과적인 기계라고 할 수 있다. 인간이 만든 어떤 기계도 이렇게 적은 연료로 그토록 많은 에너지를 생성할 수 없다. 우리 몸이 태양처럼 효과적이고 절약하는 기계라면, 전 생애 동안 음식을 0.5그램 이하로 먹어도 될 것이다. 우주에서 질량을 에너지로 변환할 때 얼마나 효율적인지를 놓고 보면 별은 블랙홀을 압도

한다.

그럼에도 언젠가는 태양의 연료 탱크가 텅 비게 될 것이라는 비극적인 소식도 있다. 연료 주입은 불가능하다. 태양의 불꽃은 사라질 테고, 결국 지구에서 생명도 사라질 것이다. 그러나 아직은 시간이 많이 남아 있다. 예측에 따르면 태양은 앞으로 50억~60억 년 더 살아 있을 것이다. 우리가 태양광 발전기 또는 태양광 집열판에 투자하는 데는 충분한 시간이다.

하늘에 있는 신들: 행성 궤도의 비밀

태양을 떠나 태양을 궤도 운동하는 행성들로 시선을 돌리면 광분(light minute)의 거리에서 빠르게 광시(light hour)가 된다. 행성은 중력과 인간의 현대 우주관의 발전을 이해하는 열쇠다. 인간이 제작한 우주 탐사선은 행성들까지 그리고 그보다 조금 더 멀리 여행했다. 태양계 너머의 우주는 망원경을 이용해 관측할 수밖에 없다.

태양에서 가장 가까운 행성은 수성으로 태양에서 약 6000만 킬로미터 떨어져 있는 반면, 가장 먼 해왕성은 45억 킬로미터 떨어진 궤도에서 태양 주위를 돌고 있으므로 빛의 속도로 환산하면 4광시만큼 떨어져 있다. 태양을 한 바퀴 도는 데는 165년이 걸린다. 수천 년 동안 우리 선조는 행성들을 관측했고, 행성들이 규칙적이면서 불규칙적인 궤도를 지니고 있는 것에 놀랐다. 우리가 하늘 아래서 돌고 있는 동안 항성은 천구에서 한 자리에 고정돼 있지만, 행성은 별들 사이를 방랑하는 것처럼 보인다. 그래서 '방랑자'란 뜻의 행성이라 부르게 되었다.

하늘에서 모든 행성과 또 태양과 달은 마치 행성의 경주로가 있는 것처럼 똑같은 띠를 따라 움직인다. 이런 보이지 않는 하늘의 띠를 '황도(ecliptic)'라고 하는데, 그리스어로 '사라짐', '없어짐', '어둠'이란 뜻이다. 이런 개념은 이 영역에서 일식이 관측되기 때문에 생겨났다.

황도는 모든 행성이 한 평면에서 태양 주위를 돌기 때문에 존재한다. 그럼으로써 천문학적 규모의 가상 원반을 형성한다. 지구 궤도도 이 원반의 일부다. 그래서 우리 눈에는 이 원반이 마치 창공에 떠 있는 좁은 띠로 보인다. 마치 낡은 레코드판을 옆에서 볼 때처럼 말이다. 태양 가까이에 있는 행성들은 태양 주위를 지구보다 더 빨리 돈다. 태양의 강한 중력과 원심력이 평형을 이뤄야 하기 때문이다. 태양에 더 가까워질수록 우리는 더 큰 중력을 느낀다. 멀리 떨어진 행성들은 지구보다 더 천천히 도는데, 그곳에서는 중력이 작아지기 때문이다. 멀리 있는 행성들이 빨리 돌았다면 태양 궤도에서 벗어났을 것이다.

그래서 지구에 있는 우리 관점에서 볼 때 항성들이 있는 하늘에서 행성들의 이상한 경로가 생겨난다. 행성들은 육상 경기장에서 곡선 주로를 달리는 선수와 같은데, 바깥 주로의 선수는 더 긴 거리를 달려야 해서 뚜렷하게 더 느리다. 수성과 금성은 내부 궤도에서 가장 빠르게 뛰는 육상 선수로, 늘 태양과 가까이 놓여 있다. 그래서 아침과 저녁에만 관측된다. 금성은 새벽별과 저녁별로 가장 자주 나타난다. 큰 행성들은 바깥 궤도에서 천천히 뛰는 아마추어 선수여서 규칙적으로 지구에 추월당한다. 우리의 관점에서 이 행성들은 지구가 그 행성들을 앞지르고 난 뒤 태양 경기장의 반대편에서 행성을 다시 볼 때까지 역행 운동을 하는 것처럼 보인다. 거기서 보면 행성이 갑자기 다른 방향으로 움직이는 것 같다.

우리 인간이 이런 것을 인식하기까지는 수천 년이 걸렸다. 맨눈으로 관측 가능한 수성, 금성, 화성, 목성, 토성의 궤도는 수천 년 동안 수수께끼로 남아 있었다. 이 행성들이 우리의 우주관과 종교를 형성했다는 것은 놀라운 일이 아니다.

이런 우주 현상이 일어나는 이유를 이해하기 전 천문학은 아주 다른 목적을 추구했다. 모든 지역에서 사람들은 별과 천체 현상을 아주 자연스럽게 경배했는데, 항성들이 하루의 삶과 월간 및 연간 순환을 조정했기 때문이다. 태양은 하루를 지배하고, 해가 뜨고 지는 시각은 1년과 계절의 순환을 기록해준다. 달의 위상 변화는 한 달의 시간을 정해주는데, 이 위상은 아직 설명할 수는 없지만 여성의 생리 주기와 같다. 태양과 달은 인간의 풍요, 행복, 고통을 결정해주는 것처럼 보인다. 이 신적 권위를 찬양하는 것은 아주 자연스러운 일이었다.

천문학의 시작

고고학적 증거에 따르면 천문 연구는 수만 년 전에 시작되었다.[4] 하늘을 관찰한 사람들은 낮과 밤, 계절이 어떻게 변하는지 파악한 뒤 달력을 만들었다. 처음에는 달의 위상 주기가 시계 역할을 했으나, 나중에는 시간 계산을 태양의 주기와 동기화해 사용했다. 유럽에서 그렇게 사용했다는 증거 중 하나는 유명한 네브라 하늘 원반이다. 3700년 이상 된 동판으로 천구를 분명하게 묘사한 것 중 가장 오래된 것으로 여겨진다.[5]

인간은 이런 통찰력 있는 발견을 농업이나 바다 항해에 이용할 수 있었다. 당시 바다 항해는 아주 모험적이고 위험한 시도로 여겨지던 때였다. 오늘날에는 위성항법장치(GPS)가 바다 항해를 도와주지만, 결국 좌표는 천문학적 관측에 의존한다. 즉 천문학적으로 별을 관측하는 것이 아니라

최근 우주의 주요 지형으로 여겨지는 아주 먼 곳에 위치한 블랙홀에서 나오는 전파를 관측한다.[6]

기원전 3세기 무렵 메소포타미아(나중에 바빌론을 수도로 삼았다)의 교육받은 성직자들은 달과 행성의 위치를 정기적으로 추적했다. 그들은 달을 휴일을 위한 달력으로 사용했을 뿐만 아니라, 추수할 때와 세금 낼 때를 결정하는 데도 이용했다. 행정적인 한 달은 30일이고 1년은 360일이었다. 부족한 날짜는 윤일로 채웠다. 당시에는 현재 우리가 사용하는 10진법이 아니라 60진법을 사용했다. 우리가 하루를 12시간으로 두 번 나누고 원을 360도로 나누는 방법은 바빌로니아인의 시대로 거슬러 올라간다.

설형문자가 발달하면서 관측 시각과 상관없이 우주 자료를 서로 비교할 수 있게 되었다. 게다가 기원전 1세기부터는 탁월하게 체계화한 관측 프로그램과 엄청나게 발전한 수학이 활용되었다. 유프라테스와 티그리스 사이의 연구팀은 하늘을 관측하고 계산하는 일에만 전념했다. 천문학적 자료를 기록한 수천 개의 설형문자가 제작되었다. 이제 여러 세대에 걸쳐 발생하는 천체 현상을 개인의 기억력에 의존하지 않고 한번에 분석할 수 있게 된 것이다. 바로 이것이 자료를 잘 만들어 저장하고 분석하는 작업의 시작이었다. 물론 당시에는 종교적 목적으로 활용되었을지언정 분명 '과학적'이라고 말할 수 있다.

메소포타미아 사람들은 우주가 질서정연할 뿐만 아니라 신의 의도에 따라 만들어졌다고 생각했다. 신의 계획은 이를테면 행성들이 어떻게 보이느냐 같은 징조를 통해 읽어낼 수 있었다.[7] 천체 관측을 통해 행성의 궤도를 예측하는 데 성공했을 때, 그들은 미래를 점치려 했다. 통치자들은 국정을 수행할 시점을 결정하기 위해 별점(점성술)을 쳤다.

새로운 행성 운동에 대한 연산법과 예측 가능성이 인간에게 엄청난 영향을 끼쳤을 것이다. 이런 발견을 통해 어떤 운명도 계산 가능하다는 사고가 태동한 것 같다. 천문학 초기에 생성된 바빌로니아의 점성술은 많은 문화권에 영향을 미쳤음이 분명하다. 《성경》에서도 동양에서 온 점성술가를 동방박사 세 사람이라 칭하며 문학적 기념비를 세우고 있다.[8] 점성술이 결국 그릇된 가정에 불과하다는 것을 밝혀내기까지는 수천 년이 걸렸다. 몇몇 천체의 궤도가 밝혀졌다 하더라도 그것이 인간의 삶에 적용되지는 않았다.

이집트에서는 비옥한 땅을 강물로 덮어버린 나일강의 홍수가 시간의 리듬을 알려주었다. 이집트인은 하늘을 신화적으로 설명했다. 태양은 라(Ra) 신으로서 매일 새로 태어나 동쪽에서 물 위로 떠오른다. 인간의 상상 속에서 태양신 라는 생명을 주고 만물에 활기를 불어넣는다. 태양신은 하늘을 가로질러 저녁에 서쪽으로 지면서 죽었다가 다음 날 아침 새로 태어난다. 이 과정이 끊임없이 반복된다.

하늘과 지구는 수평선에서 만난다. 주위를 둘러보며 하늘을 오려다보던 인간은 당시에는 자신들이 우주의 중심에 있는 행성에 살고 있다고 생각했을 것이다. 지구 원반이라는 생각은 당시 아주 널리 퍼져 있었고 이것이 바로 인간 중심적 삶의 형태다. 이집트인은 우주가 천상의 세계와 지상의 세계로 구성되었다고 믿었다. 신들은 모든 곳에 거주하면서 세계가 안전하고 평화롭게 유지되도록 보살펴준다. 대지의 신 게브(Geb)가 지상을, 하늘의 여신 누트(Nut)가 천상 세계를 다스린다. 누트는 모든 항성의 어머니다. 천상과 지상 사이는 공기와 빛의 신인 슈(Schu)가 지배한다. 슈는 지구로 떨어지지 않도록 하늘을 떠받치고 있다.

고대 바빌로니아인은 육지를 바다 위에 떠 있는 원반이라고 생각했다. 신들은 하늘에서 살면서 별의 운동을 결정한다. 창공은 천장에 달린 종처럼 지구 위에 떠 있다. 이런 우주관은 고대 전체를 형성했으며 당시의 과학과도 일치했다.

그리스인도 천상과 지상의 세계를 믿었다. 그들은 천체 관측에 집중하고 수학, 특히 기하학을 크게 발전시켰다. 그리고 바빌로니아의 천체 관측을 이집트인의 기하학과 연결했다. 기원전 6세기에 이미 피타고라스 같은 그리스 철학자는 지구가 둥글다는 통찰력을 지니고 있었다. 플라톤(기원전 428/427: 이하 출생 연도—옮긴이)도 저서에서 구형의 지구를 언급했다.

오늘날까지도 영향력을 미치고 있는 고대 자연과학자의 업적 중 하나는 기원전 200년경 키레네의 에라토스테네스(Eratosthenes)가 지구 둘레를 측정한 것이다. 멀리 떨어진 이집트의 두 도시에서 정오에 그림자의 각도를 쟀다. 한 도시에서는 태양이 정점에 있어 그림자를 드리우지 않았다. 그러나 두 번째 도시에서는 그 시각에 그림자를 만들었다. 그곳에서 그림자는 지구 표면에 7도 정도 더 기울어져 보인다. 에라토스테네스는 두 도시 간의 거리를 신중히 측정했고, 이제 그림자의 각도도 알기 때문에 각도 비교로 지구 둘레를 상당히 정확하게 계산해낼 수 있었다. 당시로서는 엄청난 업적이다. 지구가 구 형태라는 지식은 유럽의 중세와 근대까지도 유지되었으며 대학에서도 가르쳤다.[9] 콜럼버스와 동시대에 교육받은 사람들이 지구가 평평하다고 믿었을 거라는 주장은 터무니없다. 오늘날 중세를 암흑기라고 얘기하기 좋아하는 것처럼 말이다.[10]

그러나 당시에는 통치자나 일반 시민을 상대로 지구가 우주의 중심이 아니라고 설득하는 일은 불가능했던 것 같다. 태곳적부터 우주는 신과 방랑자별의 거처였다. 심지어 바빌로니아인은 일주일을 우리가 맨눈으로 볼 수 있는 7개의 천체, 즉 태양, 달, 그리고 5개의 밝은 행성을 기준으로 나누었다. 로마인은 이 천체를 자기네 신들의 이름으로 개명했다. 수성

(Mercury), 금성(Venus), 화성(Mars), 목성(Jupiter), 토성(Saturn) 모두 로마 신들의 이름이다. 현재 우리가 사용하는 요일의 이름도 바로 이 신들의 이름에서 나왔다.[11]

그리스 사상가는 아리스토텔레스(기원전 383)의 압도적 권위에 도움을 받아 오랫동안 우리의 우주관을 형성해왔다. 고대부터 그리스도 시대에 걸쳐 철학자로 존경받은 아리스토텔레스의 영향력은 엄청나서 다른 주장은 터무니없는 것으로 여겨졌다. 천문학자가 아닌 그의 우주관은 비교적 간단했다. 그런데 나중에 히파르코스(기원전 190)와 프톨레마이오스(기원후 100) 같은 고대 후기 시대의 중요한 천문학자들이 그의 우주관을 확장했다. 여기서도 지구는 우주의 중심에 놓인다. 모든 행성과 항성은 천구의 중심인 지구 주위를 돌고 있다. 프톨레마이오스는 고대 천문학을 13권으로 집대성한 《알마게스트(Almagest)》란 저서를 펴내면서 프톨레마이오스 우주관이란 개념을 만들어냈다. 사모스의 아리스타르코스(기원전 310) 같은 개별 연구자는 이미 지구가 아닌 태양이 우주의 중심에 있다는 태양 중심 우주관을 믿었으나, 결국 지구 중심 우주관이 받아들여졌다.

새로운 우주관

오늘날 우리에게는 말도 안 되는 터무니없는 이 우주관은 약 1500년 동안 받아들여졌다. 이 우주관은 기독교 유럽뿐만 아니라 중국, 인도[12] 그리고 이슬람·아랍 세계의 전문 천문학자들도 받아들였다. 니콜라우스 코페르니쿠스와 요하네스 케플러(Johannes Kepler)가 이 우주관을 혁명적으로 변혁할 때까지 말이다. 수학에도 일가견이 있던 신학자들은 어느 땐가

부터 고대 철학자들의 권위에 의심을 품기 시작했다.

몇 년 전 나는 국제천문연맹(IAU) 총회 참석차 베이징을 방문한 적이 있다. 전 세계 수천 명의 천문학자가 최신 과학적 결과를 논의하고 천체 명명 같은 결의안을 채택하는 자리였다. 중국의 과학사학자는 중국 천문학의 역사에 대해 보고했다. 수천 년 동안 하늘을 관측한 중국의 천문학자들은 고대에도 상당한 재정 지원을 받았다. 그렇게 오랜 기간에 걸쳐 축적한 엄청난 관측 자료의 보고는 오늘날에도 여전히 사용되고 있다. 11~12세기에 중국의 천문학은 서구보다 훨씬 앞서 있었다. 그럼에도 당시 중국은 코페르니쿠스나 케플러 같은 수학적 재능을 지닌 과학자를 배출하지 못했다고 중국의 과학사학자가 언급했다. 중국의 천문학자들은 그 자료들을 제대로 활용하지 못했다.

"왜죠?" 청중 가운데 한 사람이 질문했다. 중국 학자는 "아마도 자신들의 우주론과 관계가 있는 것 같다"고 답변했다. 서구의 사상가는 하늘의 신비에 대한 과학적 설명을 찾기 시작한 반면, 중국에서는 주로 초자연적인 것을 더 중요하게 여겼다. 세상은 하나의 복잡한 유기체로, 하늘에는 영혼과 신화적 존재로 가득 차 있다. 모든 것이 서로 복잡하게 얽혀 있어, 서구의 유일하고 아주 먼 곳에 있는 전지전능한 신과 창조주의 개념과는 아주 다르다.[13] 무엇이 별을 움직이게 하는지 묻는 것은 중국 사고에서는 의미가 없다. 반면 서구에서는 미신이나 마녀에 대한 믿음과 점성술이 아주 사라진 것은 아니더라도 신에 대한 오랜 믿음이 유일신의 유대-기독교적 세계관으로 점점 대체되어갔다.

심지어 유대교조차 합리적 추론에 바탕을 두고 발전했다. 하느님의 말씀인 토라의 해석은 진지한 토론, 예리한 논증, 논리적 추리를 동반했다. 흥미롭게도 천문학적 세계관은 다른 종교와 달리 유대 전통에서는 특별한 역할을 하지 못했다. 이런 세계관은 당시 동방 지역이던 바빌론·그리스·로마 사이의 천문학적 지식을 배경으로 발전했지만, 〈창세기〉의 창조 역사에서는 태양·달·별이 단순한 빛으로 전락했다. 《구약성경》의 맨 처음에 나오는 이 장대한 이야기에서는 오늘날 우리가 살고 있는 세계는 하루씩 차근차근 단계별로 창조되었다고 설명되고 있다. 태초에 빛이 있었고, 물과 땅이 모이고 마지막으로 식물과 동물, 그리고 인간이 등장했다. 천상의 빛은 창조의 처음에 나타난 것이 아니라 아주 매정하게 그사이의 어느 때에 창조되었다. 이 빛은 신적인 존재가 아니라 인간에게 시간을 지정해주기 위해서만 존재한다. 〈창세기〉는 아주 합리적일 뿐만 아니라 탈주술화한 세계를 묘사한다. 《성경》에서 기적은 명백히 예외에 속한다.

그러므로 자연은 유대-기독교적 세계관에서 초자연적이 아니다. 자연은 스스로 의지가 없으며 유일신의 명령에 따라 움직인다. 그는 창조주이고, 만물의 근원이며, 이전에도 있었고, 지금도 있으며, 이후에도 영원토록 존재하는 분이다. 이런 개념에서 우리는 현대 자연과학의 중요한 기본을 발견한다. 즉 자연에 기반을 둔 원리는 신뢰할 만하다는 것이다. 이런 가정하에서 자연과학은 비로소 이해될 수 있다.

사람들은 신앙과 과학이 끝없는 갈등 관계에 있다는 글을 읽어왔지만, 이것은 19세기 이후 펼쳐진 세속화 시대에 자주 언급되는 근거 없는 믿음에 불과하다.[14] 오늘날 역사가들은 이런 관점을 훨씬 더 구별해서 다룬다.[15] 과학은 오랫동안 신학의 일부였고 자체 학문을 형성하지 않았다. 중세 수도원은 지식의 보고이자 지식을 전수하는 곳이었다. 대학은 교회의 축복을 받아 탄생했다. 많은 명성 있는 과학자가 신학을 공부했고 신앙이 깊었으며 종종 교회를 섬겼다. 그러나 이들은 모든 과학 분야에서 자주적인 해석의 권위를 요구했다. 이 때문에 15~16세기에 점점 더 교회와 갈등했다. 르네상스와 개혁은 오래전부터 사람들을 사로잡았고, 세계관과 인간에 대한 관점을 근본적으로 바꿔놓았다.

우주관의 혁명은 1543년 프로이센-폴란드 신부 니콜라우스 코페르니쿠스가 용감하게 제안한 세계상(像)으로 시작되었다. 그러나 완전히 새로운 것은 아니었다. 여기서 태양은 우주의 중심에 있으며, 지구는 자신의 자전축을 중심으로 회전한다. 다른 행성들처럼 지구도 태양 주위를 원형 궤도를 따라 움직인다. 이는 수학적으로 설득력 있고 진보적이었지만 거슬리는 게 있었다. 이 우주관에 따르면 우주는 이전에 가정한 것보다 훨씬 더 커야 하고, 지구가 빠른 속도로 돌고 있다는 점이었다. 정말 엄청난 속도로 회전하고 있다면 어떻게든 느끼지 않았을까?

그래서 이 새로운 우주관을 받아들이기까지는 상당한 시간이 걸렸다. 교회 관계자나 세상의 권력자 같은 코페르니쿠스와 동시대의 학식 있는 사람들조차 그 우주관에 의문을 가질 만한 충분한 이유가 있었다. 가장 영향력 있는 덴마크 천문학자 튀코 브라헤(Tycho Brahe)는 지구를 돌게 하는 이 불가사의한 거대한 힘을 믿지 않았다. 그러면서도 프톨레마이오스의 우주 모델이 정확할 리 없다는 것을 알고 있었다. 그래서 그는 최고의 관측자로서 결정적 관측 자료를 남겼다. 그 자료들로 나중에 독일의 수학자이자 신학자이고 천문학자인 요하네스 케플러가 행성 운동에 대한 유명한 법칙을 유도해냈다. 케플러는 행성들이 원 궤도가 아니라 타원 궤도로 태양 주위를 돌며, 태양에 가까운 행성일수록 더 빨리 회전한다는 사실을 발견했다. 우주에서 신의 아름다움과 조화를 느껴보고자 한 케플러에게 자신의 수학 방정식의 우아함은 신학적으로도 만족할 만한 발견이었는데, 그 우아함은 건축가처럼 일한 창조자의 신뢰성에 부합하는 것이었다.

브라헤의 기초를 이루는 측정은 아마도 망원경 없이 성취한 천문학의 마지막 위대한 업적일 것이다. 17세기 초 네덜란드 미델뷔르흐 출신의 안경 제작자가 망원경을 만들었다.[16] 그러나 갈릴레오 갈릴레이(Galileo Galilei)가 파도바(Padova)의 밤하늘을 올려다보기 전까지는 항해에만 사용되었다. 1610년 갈릴레이가 처음으로 목성의 위성을 발견했을 때 이탈리아와 유럽 전역은 격렬한 논쟁에 휩싸였다. 이탈리아인 갈릴레이는 코페르니쿠스의 우주관을 확신하게 되었는데, 새로 발견한 위성이 목성 주위를 돈다는 것은 모든 천체가 지구를 중심으로 회전하는 것은 아니라는 사실을 보여주었기 때문이다.

곧 이 젊은 연구자는 더욱 자신감을 갖게 되었다. 오랫동안 가톨릭교회의 후원을 받은 그의 논제가 드디어 예수회에서 긍정적으로 논의되었다. 야심에 찬 갈릴레이는 논문에서 케플러의 연구를 무시하고 행성들이 원형 궤도를 회전한다는 믿음을 드러냈다. 엄격히 말하자면 그의 모델은 당시에 사용 가능한 관측 자료들과는 맞지 않았다. 신실한 갈릴레이의 거침없는 태도는 초기에 보여준 교회 지도자들의 자비심을 지나치게 자극했다. 그의 발언은 교황의 권위에 의문을 제기하는 것이었다. 이즈음 코페르니쿠스의 글도 금서 목록에 올라 십여 군데 수정을 거친 후에야 출판할 수 있었다. 1632년 로마의 종교재판 전 마지막 결전이 벌어졌다. 갈릴레이는 평생 가택연금을 당했으나 시에나 대주교의 경제적 지원은 계속 받았다. 이제 이탈리아에서는 논문을 발표하기 어려워지자 유럽의 다른 지역에서 출판했다. 갈릴레이는 연구 결과를 전문가 집단 외의 사람들에게도 알리는 데 일가견이 있는 소통의 대가이자 수사학자였다. 그러나 다른 과학자들의 연구를 실적에 맞게 인정해주는 데는 인색했다. 오늘날 갈릴레이를 둘러싼 많은 전설과 이야기가 퍼져 있지만 모두 정확히 역사적 고증을 거칠 수 있는 것은 아니다. 많은 경우 그의 인간성과 시대를 현대적으로 반영한 것들이다.[17]

케플러와 갈릴레이 이후 이 새로운 우주관에 반대하는 마지막 과학적 논증이 모두 사라지기까지는 실제로 200년이 더 걸렸다. 그러나 재검토하려는 시도는 이미 오래전에 시작되었다.

오늘날의 관점에서 볼 때 나는 케플러의 업적이 근본적으로 더 가치 있다고 생각한다. 케플러는 성향상 갈릴레이와는 반대되는 사람이었다. 그는 최고의 수학자였고, 키에 비해 야윈 편으로 병약해 보였다. 평생 자기 회의에 시달렸으며, 계속해서 개인적 불행을 겪었다. 그의 어머니는 레온베르크 집행관으로부터 마녀라고 기소되기도 했다.[18] 부인이 죽었을 때는 새 부인을 찾는 데 애를 먹었다. 케플러는 여자 복이 없었다. 그러나 케플러 3법칙은 오늘날 천체 역학의 기초를 마련해주었다. 케플러 법칙의 도움으로 별의 질량과 암흑물질의 존재를 알아낼 수 있었다. 나는 요즘 강의에서 블랙홀에 대해 설명할 때면 태양 주위를 돌고 있는 행성의 운동을 설명하기 위해 케플러 법칙을 가장 먼저 언급한다. 이와 똑같이 블랙홀 주변을 물질들이 돌고 있는데, 한 가지 차이점이라면 훨씬 빨리 돈다는 것이다.

50년 뒤 영국의 신학자이자 세계적인 천재 아이작 뉴턴[19]은 케플러 법칙을 기초로 고전 역학을 확립했을 뿐만 아니라 중력 법칙을 이용해 지구, 달의 궤도 운동, 태양 주위로 돌고 있는 행성 운동 등에 작용하는 중력을 설명하는 데 성공했다.

뉴턴의 우주관에서 중력은 질량을 지닌 물체들이 구성 원소와 관계없이 서로 끌어당기는 보편적이고 광범위한 힘이다. 두 질량이 멀리 떨어져 있을수록 미치는 중력은 작아지지만, 완전히 사라지는 것은 아니다. 이 중력은 온 우주에 걸쳐 모든 천체에 똑같이 작용한다. 지구에 떨어지는 사과뿐만 아니라 행성들에도 작용하고, 바다의 조수나 만월의 사리에도 미친다. 중력 법칙으로 거의 전체 태양계의 운동을 설명할 수 있는데, 태양계에서의 운동은 지상에서 관측되는 운동보다 아주 빠르다는 것이 차이점이다.

금성, 사랑의 신 그리고 우주의 척도

우주의 크기와 별 사이의 거리는 천문학에서 분명히 밝혀야 할 기본 질문으로 오랫동안 남아 있었다. 지구가 태양 주위를 돌고 있다면 하늘에 있는 별들의 위치는 변해야 하는 것 아닌가?

별들의 겉보기 위치 변화를 시차(parallax)라고 하며, 아주 멀리 떨어진 두 위치에서 별을 볼 때 서로 다른 곳에서 관측되는 현상이다. 이 현상은 누구나 쉽게 인지할 수 있다. 팔을 앞으로 쭉 뻗어 엄지손가락을 세운 후 한쪽 눈을 감고 엄지손가락을 바라본 다음, 이번에는 다른 쪽 눈을 감고 엄지손가락을 한번 바라보자. 엄지손가락을 바라보는 아주 작은 시각 차이가 마치 엄지손가락이 왼쪽과 오른쪽으로 왔다 갔다 하는 것처럼 느껴진다. 팔을 앞으로 더 가까이 당길수록 겉보기 운동은 더욱 커진다. 멀리 떨어진 한 물체를 두 눈으로 바라보면 입체적으로 볼 수 있어 거리를 추정할 수 있다.

작은 거리 척도에서 우리 눈에 적용되는 원리는 태양 주위를 돌고 있는 지구 궤도에도 적용된다. 한 지역에서 어떤 별을 여름에 한 번, 겨울에 한 번 관측해보면, 지구가 한 번은 태양의 왼쪽에 그리고 한 번은 오른쪽에 놓이게 되어 별들도 그들의 거리에 따라 오른쪽 또는 왼쪽으로 위치가 바뀔 것이다. 그러나 당시에는 아무것도 확인할 수 없었다. 케플러와 코페르니쿠스의 모델이 틀린 것이 아니라면 별은 그렇게 멀리 떨어져 있지 않아서 위치 변화가 아주 작고 그래서 관측할 수 없었다고 믿었다. 별들 사이의 거리가 얼마나 멀고, 그래서 우리가 관측할 수 있는 우주가 얼마나 큰지를 알려면 지구와 태양 사이의 거리를 정확히 알아야 한다. 이 거리를 결정하는 일은 천문학의 큰 도전이었다. 이 도전에 성공하려면 전 세계 천문학자들 간의 조정이 필요했지만, 또 한편으로는 국제적 경쟁을 벌여야 했다.

그런 열망의 대상은 로마 시대에 사랑과 아름다움의 여신으로 불린 금성(Venus)이었다. 그러나 우리의 이웃 행성은 너무 뜨겁고 매력적이지 않았다. 온실 효과에 의한 압력이 우리를 짓눌러버릴 것이다. 금성 표면의 압력은 지구에서 해저 900미터 이상 수심의 압력만큼 크고 난로처럼 뜨겁다.

그러나 현대 천문학에서 금성은 아주 값진 천문학적 성과들을 제공해주었다. 금성의 도움으로 태양과 지구의 거리인 1천문단위(AU)의 크기, 태양계의 크기, 그리고 전체 우주의 크기 등을 정확히 측정할 수 있었다. 이를 위해 연구자들은 이른바 금성의 태양면 통과 현상을 관측했다. 금성 통과 시간은 금성이 태양 앞을 바로 지나가는 짧은 시간인데, 일식과 비슷하지만 그 시간이 너무 짧아서 숙련된 천문학자만 관측할 수 있다.

달은 지구와 아주 가까워서 때때로 태양 표면을 전부 가릴 수 있지만 지구에서 훨씬 멀리 떨어진 금성은 그럴 수 없다. 금성이 황금빛 태양 표면을 몇 시간에 걸쳐 지나갈 때, 눈에 잘 띄지 않는 아주 작은 반점으로 관측된다. 오랫동안 인간은 금성의 태양면 통과를 인식하지 못했다.

17세기에 케플러는 이미 지구 궤도 안쪽에 있는 금성과 수성의 행성 통과를 예측한 바 있다. 그러나 그는 자신의 예측이 실제로 일어난 것을 경험하지 못했다. 1631년에 일어난 다음번 금성의 태양면 통과를 관측하기 전에 사망한 것이다.

태양 표면에 드리운 금성의 그림자 궤적은 지구에서의 관측 장소와 태양까지의 거리에 따라 달라진다. 지구에서 남쪽으로 내려갈수록 그림자는 더 위로 움직이는데, 이런 현상은 다른 각도에서 그림자를 보기 때문에 생긴다. 서로 다른 지점에서 금성의 태양면 통과 시간을 관측해 케플러 법칙을 이용하면 지구와 태양의 거리를 계산할 수 있다. 아주 멋진 아이디어다. 한 가지 단점은 금성의 태양면 통과가 드문 현상이어서 이 아이디어를 자주 사용하기 어렵다는 것이다. 금성과 지구의 궤도가 서로 아주 약간 기울어져 있기 때문에 금성의 태양면 통과가 자주 일어나지 않는다. 지구에서 볼 때 금성이 태양과 같은 방향에 놓여 있더라도 금성은 태양면의 위나 아래를 지나갈 수 있는 것이다. 금성의 태양면 통과는 243년을 주기로 네 번, 두 차례씩 쌍으로 일어난다. 가장 최근 금성의 태양면 통과는 2004년과 2012년이었고, 그 전에는 1874년과 1882년이었다.

모든 조건이 맞아떨어지기만 하면 천문학자들은 행성의 통과를 절대 놓칠 수 없다. 각국의 천문학자들은 언제나 모든 방향에서 금성의 통과 흔적을 추적하려고 세계 어느 곳이든 달려간다. 어떤 면에서 그들은 현대 블랙홀 탐험의 선구자였다. 당시만 해도 그런 시도가 쉬운 일이 아니었다. 많은 이들이 집에서 관측 시간을 맞추지 못해 실패하기도 했다. 영국에서는 제러마이아 호록스(Jeremiah Horrocks)가 1639년 12월 4일의 금성 태양면 통과를 관측하지 못할 뻔했다. 그는 태양을 향해 망원경을 설치해

놓고 기다렸다. 그러다 금성이 아직 보이지 않자 관측 장소를 벗어나 예배를 보러간 것 같다. 그가 다시 집에 돌아왔을 때는 너무 늦어버렸다. 금성의 태양면 통과가 시작된 지 오래였고, 금성은 이미 태양의 표면에 있었다. 그는 전체 통과 시간을 어림으로 추정할 수밖에 없었다.

그래서 천문학자들은 다음 1761년과 1769년의 금성 태양면 통과를 더 자세히 관측하고 싶어 다양한 국제 탐사대를 파견했다. 그러나 그것도 쉽지 않았다. 인도에서 태양면 통과를 관측하려던 기욤 르 젠틸(Guillaume Le Gentil)은 극적인 실패를 경험했다. 그가 탄 배가 목적지인 인도 남동쪽 퐁디셰리(Pondicherry)에 도착했을 때 전쟁 중이던 영국이 그 도시를 점령해버렸다. 프랑스인인 르 젠틸은 입국할 수 없어 배에서 금성의 태양면 통과를 관측해야 했다. 그러나 출렁거리는 목제 바지선은 정확한 천문 관측을 하기에 좋은 장소가 아니었다. 그의 관측 결과는 무용지물이 되었다. 르 젠틸은 다음번 금성의 태양면 통과를 관측하기 위해 8년을 기다리기로 했다. 그런데 중대 사건이 벌어질 바로 그 순간, 구름이 하늘을 덮어버렸다. 천문학 연구에서는 결정적인 순간에 날씨를 자기편으로 만드는 것도 한몫한다. 누구나 이런 행운을 누릴 수 있는 건 아니다. 이 프랑스 학자는 이국땅에서 수년을 보낸 뒤 집으로 돌아왔을 때 병들고 이질에 걸려 초주검 상태였다. 가족은 이미 그를 사망 신고해버리고 재산은 나누어 상속한 지 오래였다. 프랑스 한림원의 직위도 다른 사람에게 넘어간 터였다.

마침내 연구 공동체는 지구와 태양 사이의 거리에 필요한 결과를 얻는 데 성공했다. 당시 결정된 1천문단위의 값은 오늘날 사용하는 149,597,870,700미터와 1.5퍼센트밖에 차이가 나지 않는다.

1839년이 되어서야 독일 천문학자 프리드리히 베셀(Friedrich Bessel)이 처음으로 시차와 천문단위 개념을 이용해 백조자리 61(61 Cygni)까지 거리를 측정하는 데 성공했다. 베셀이 6개월에 걸쳐 측정한 하늘에서 일어난 별의 위치 변화는 0.3각초(arc second)로, 50미터 떨어진 거리에서 본 머리카락의 굵기와 맞먹는다. 그는 간단한 삼각법과 천문단위로 별까지 거리가 11.4광년임을 계산해냈다. 베셀은 자기가 측정한 별빛이 지구까지 도달하는 데 10년 이상 걸렸다는 사실에 깜짝 놀랐다. 이 관측으로 태양 중심 우주관을 반대하던 마지막 장애물이 최종적으로 제거되었다.

천문학에서 거의 모든 거리가 시차로 결정되기 때문에 천문학자들은 그 이름을 따서 파섹(Parsec)이라는 거리 단위를 부여했다. 파섹은 시차초(parallax second)를 뜻하며, 한 별이 1각초의 시차를 보일 때의 거리를 말한다. 1파섹은 약 3.26광년이다. 따라서 파섹은 시간의 척도가 아니라 길이의 척도인데, 일부 〈스타워즈〉 영화에서는 시간의 척도처럼 다루었다.[20]

우리와 가장 가까운 이웃 별은 프록시마 켄타우리(Proxima Centauri)다. 이 별은 4.2광년, 즉 1.3파섹 떨어져 있다. 따라서 태양에서 1파섹 이내의 거리에는 별이 하나도 없다. 요즘은 유럽의 관측 위성 가이아(Gaia) 덕분에 우리은하에 속하는 20억여 개 별의 시차를 관측해 수천 광년까지 거리를 측정한다. 전파 망원경 국제 네트워크를 통해 몇몇 별과 가스 성운까지 거리가 우리은하 너머 6만 광년에 이른다는 것을 측정한 바 있다.[21]

오늘날 인공위성들이 눈을 감고도 갈 수 있을 만큼 안전하게 태양계를 가로지르고 또 천문학자들이 우주의 크기를 측정할 수 있는 것은 17~19세기의 초기 천문 탐사 덕분이다. 선배 천문학자들은 최초로 망원경을 사용하고 창의적인 아이디어로 우리 태양계를 연구했다. 이들 천문학자 중 누구도 혼자서 새로운 길을 개척하지 않았다. 하늘은 우리 모두의 것이다. 하늘을 연구하기 위해 우리는 자주 전 세계 학자들의 도움을 받을 필요가 있다. 국제적인 협력과 경쟁은 오랫동안 천문학의 핵심이었다. 《성경》 시대에 동방의 최초 점성술가에서부터 태양계 연구와 금성의 태양면 통과를 거쳐 중력파 검출이나 전파로 블랙홀의 이미지를 얻으려는 시도까지, 천문학자들은 하늘을 발견하고 또 측정하기 위해 끊임없이 협력하고 경쟁했다.

2부

우주의 신비

오늘날 우주로의 여행과 현대 천문학 및 전파천문학의 역사:
상대성이론의 혁명, 항성과 블랙홀의 탄생, 퀘이사의 비밀,
팽창하는 우주와 빅뱅의 발견

03

가장 행복한 아인슈타인의 생각들

빛과 시간

태양은 우리 하늘에서 가장 밝게 빛나고, 태양계의 크기는 우리가 우주의 크기를 다룰 때 기본 척도가 된다. 태양계에서 거리는 달까지는 광초, 태양까지는 광분, 외행성까지는 광시로 측정한다. 그러나 일상생활에서는 빛으로 거리를 측정한다. 1966년까지 길이의 단위는 '미터원기(prototype meter)'로 정의되었다. 이것은 백금-이리듐 합금 막대로 파리에 보관되어 있으며 미터의 표준 역할을 했다. '미터원기'는 지구 사분원의 북극에서 파리를 지나는 자오선을 따라 측정한 지구둘레의 1000만분의 1의 거리에 해당한다. 영국이 지금까지 미터법 사용을 거부해온 것은 놀랄 일이 아니다. 그러나 오늘날 미터는 빛의 속도로 정의되며, 1미터는 빛이 진공에서 정확히 299,792,458분의 1초 동안 이동하는 거리다. 왜 사람들은 이런 복잡한 숫자를 선택했을까? 글쎄, 이 길이는 파리의 미터원기와 정확히 일치하지만 더 이상 국가적 자부심에 얽매이지 않는다. 미터자로 거리를 재는 사람은 실제로 빛의 단위로 길이를 재는 것이다.

빛은 전자기 진동으로 이루어져 있기 때문에 오늘날 시간을 측정하는 데도 빛을 이용한다. 빛은 만물의 기본 척도이며, 이 말은 더 심오한 의미에서 사실이다. 아인슈타인은 사람이 얼마나 빨리 이동하는지와 상관없이 빛은 실제로 항상 똑같은 속도로 운동한다는 사실이 무엇을 의미하는지 고민했다. 이런 사고 과정은 시간과 공간이 불변하며 절대적이라는 우리의 생각을 완전히 바꿔놓았다.

그런데 빛은 어떻게 늘 똑같은 속도로 운동할까? 달리는 스포츠카에서 기어가는 개미는 아스팔트 위를 기어가는 개미보다 더 빨리 움직인다. 자동차의 속도와 개미의 속도가 더해지기 때문이다. 그렇다면 빛에도 똑같이 적용되어야 하지 않을까? 아니다. 빛은 개미도, 자동차도, 축구공도, 로켓도 아니기 때문이다. 빛은 순전히 에너지다. 그리고 빛은 관성질량도 없다. 물질은 힘과 에너지로만 가속된다. 그러나 물질이 가벼울수록 더 쉽게 가속된다. 개미는 자동차보다 더 쉽게 가속될 수 있다. 빛 역시 너무 '가벼워서' 사람들은 빛을 움직이기 위해 아무런 노력을 하지 않아도 된다. 빛은 스스로 전파된다. 진공 상태에서는 늘 최고 속도, 즉 빛의 속도—거의 정확히 시속 10억 킬로미터—를 유지한다.

빛보다 가벼운 물질은 없기 때문에 당연히 빛보다 빨리 움직일 수 있는 물질도 없다. 중력이 변해 생긴 중력파도 빛의 속도로만 전파된다. 일단 빛의 속도로 시작했다 하면 그사이에 속도는 실제로 불변속도(speed of causality)가 되어버린다. 여기서 '빛'에 대해 논할 때 우리는 암묵적으로 빛과 같이 파동 형식으로 정보를 전달하는 또 다른 물리 과정을 말하고 있는 것이다.

빛에 상대적으로 움직일 때 무언가는 변해야 하지 않을까? 아인슈타인은 시간과 공간의 변화를 주장했다. 시간과 공간이 서로 독립적으로 존재하는가? 내 대답은 "아니다"이다. 에너지나 물질과 달리 시간과 공간은 우주를 서술할 때 사용하는 추상적 물리량이다. 사람은 시간과 공간을 만질 수 없다. 시간과 공간은 측정될 때 비로소 물리적 실제로 느껴진다.[1] 늘 빛이나 빛과 비교할 만한 파동으로 물리적 실제를 측정한다. 우주와 지구에서 실질적 판단 기준은 빛이다. 빛은 시간과 공간을 측정할 뿐만 아니라 시간과 공간을 정의해준다.

《성경》의 창조 역사에서 처음으로 만들어진 것도 빛이다. 빛과 함께 첫 번째 날이 창조되었다. 우리의 자연과학적 창조의 역사에서도 태초에 빛이 있었다. 우주의 시작점에 빛과 물질로 이루어진 불덩이가 있었다.

왜 빛은 그렇게 근본적일까? 우주는 빛과 물질로 구성되어 있다! 그러나 계속 질문을 이어가다 보면 결국 모든 것은 빛과 에너지로 이루어졌다는 결론에 도달한다. 다음은 아인슈타인의 유명한 방정식이다.

$$E=mc^2$$

이것은 에너지(E)는 질량(m) 곱하기 빛의 속도(c)의 제곱임을 의미한다. 질량은 곧 에너지이고, 에너지는 질량이라는 것이다. 원래, 이 방정식에는 또 다른 변형이 있다.

$$E=h\nu$$

여기서 그리스 문자 ν(누)는 빛의 주파수를 나타내고, h는 플랑크상수로 빛을 에너지로 변환해주는 상수다. 이 방정식은 독일 물리학자 막스 플랑크(Max Planck)가 세운 양자이론 방정식이다. 원자 같은 작은 규모에서 에너지는 빛의 형태로, 이른바 광자라는 특정한 에너지 단위로 공급받거나 빼앗기게 된다.

빛 역시 에너지다. 빛의 주파수가 커질수록 빛의 에너지도 커진다. 물질과 빛은 에너지이고, 그래서 서로 변환될 수 있다.

더 큰 혼란을 막기 위해 아인슈타인은 높은 에너지에서 빛이 입자처럼 행동한다는 개념을 고안해냈다. 여기서 광자라는 개념을 사용한다. 이는 작은 파동 덩어리로, 이곳에서 빛이 계속 진동하고 그러나 그 빛은 작은 빛 덩어리로 공간을 윙윙거리며 퍼져나간다.

뉴턴과 맥스웰은 둘 다 옳았다. 빛은 입자이면서 파동이다. 무엇을 측정하려 하느냐에 따라 그 성질이 달라진다는 뜻이다. 여기서 질문에 따라 답이 결정되는 것이다! 오늘날 우리는 이 입자-파동 이중성이 작은 입자에도 적용된다는 사실을 알고 있다. 물질 스스로도 아주 작은 형태를 지닐 때 파동처럼 행동한다.

일상에서 마주하는 힘들도 빛을 통해 전달된다. 원자나 분자를 잡고 있는 것은 양자물리와 전자기력이다. 이 두 가지 모두 힘이 미치는 장(field)으로, 빛은 이런 장으로 구성된다. 양자이론에서는 이 모든 힘이 가상의 빛 입자의 교환으로 전달된다. 우리가 서로 만지거나 망치로 못을 박을 때 전자기력을 통해 가장 작은 수준으로 힘이 전달된다. 소리파는 가스가 압축되어 압력파가 공기 중으로 움직이기 때문에 전파된다. 기체 내 공기 분자들이 서로 만나서 부딪힐 때도 가장 작은 양의 가상 빛 입자가 교환된다. 우리가 감지하고 측정하고 인지하고 또는 변화시키는 모든 것은 결국 빛의 성질이다. 보는 것뿐만 아니라 느끼고, 냄새 맡고, 맛을 보는 우리의 모든 감각도 가장 작은 원자적 수준에서 일어나는 빛의 교환이다. 그래서 어떤 정보도 절대 빛보다 빨리 도착할 수 없다.

따라서 우리는 늘 빛으로 측정하고, 내가 측정할 수 있는 것만이 내게 존재하는 것이다. 그런 의미에서 빛이 없는 우주는 존재하지 않는다. 시간과 공간, 물질과 감각, 이 모든 것은 기본적으로 빛 없이는 아무것도 아니다.[2]

실제 존재하는지를 파악하기 위해 측정을 했다는 것은 인식했음을 의미하는데, 이런 사고는 20세기의 모든 물리학을 지배하게 된다. 이는 사고의 급진적 혁명이며 양자물리학뿐만 아니라 상대성이론을 태동하게 했다. 오늘날에도 이런 사고가 지배하고 있다. 양자물리학에서 "어떤 것을 측정할 때에만 그것은 실재가 된다"는 명제가 성립하기 때문이다. 다른 모든 것은 해석이고, 특히 양자물리학에서 해석은 측정이 실제 무엇을 의미하는지 묻는 질문처럼 치열한 논쟁의 대상이다.[3] 측정은 입자가 힘과 빛을 서로 교환하는 물리 과정을 항상 포함한다. 이런 사고는 완전히 새로운 관점으로 이끈다. 양자물리학에서 한 입자는 측정되기까지 어디에나 존재할 확률이 있다. 아무것도 없는 어둠 속에서 누군가 빛을 비추기 전까지는 모든 것이 가능하다. 측정한다는 것은, 이를테면 빛을 양자 과정으로 판단한다는 뜻이다. 우리는 가장 작은 원자 영역을 다루기 때문에, 입자를 측정하려는 시도는 언제나 빛 양자를 통해 입자들에게 영향을 미치고 변형하고 규정하는 것을 의미한다. 측정 과정은 실제 존재하는지 여부를 알려줄 뿐만 아니라 그 존재 여부 자체를 변화시키기도 한다.

에르빈 슈뢰딩거(Erwin Schrödinger)는 그의 유명한 역설에서 이것을 이렇게 서술했다. 그는 구두 상자 안에 들어 있는 고양이를 고안해냈다. 아무도 상자 뚜껑을 열지 않는 한, 상자 안의 고양이는 죽었거나 살아 있을 확률이 똑같다. 슈뢰딩거의 가설은 당연히 약간의 오해를 불러일으켰는데, 상자 안의 고양이는 개별적으로 분리된 양자물리적 물체가 아니기 때문이다. 양자물리적 입자는 양자 간에 서로, 그리고 바닥과 또는 공기와 끊임없이 가상의 광자를 교환한다. 고양이는 계속해서 누군가에 의해 측정되거나 스스로 측정한다. 그 측정이 고양이의 상태를 알려준다.[4] 상자 뚜껑이 열리는 순간 이런 측정 과정은 일어나지 않는다. 그러나 오늘날 아무도 불쌍한 고양이를 상자에 가두어 죽일 리 없다는 사실은 별개로 치더라도 이 가설은 상상해본 그림에 불과하다. 실제였다면 그는 동물애호가들의 반발에 부딪혀 곤경에 처했을 것이다!

진짜 고양이라면 죽었거나 살아 있거나 둘 중 하나지 두 경우가 동시에 발생할 수는 없다. 그러나 고양이가 빈 공간에서 만일 다른 물질들과 아주 멀리 떨어져 홀로 있는 전자라면 이 진술이 상대적으로 옳을 수 있다. 그 경우라면 전자는 이곳 또는 저곳에 있지 않고 작은 (대부분은 아주 무시할 정도로 작은) 확률로 우주 공간의 모든 곳에 분포하게 되는데, 우주 공간에 골고루 분포하지는 않는다. 전자 고양이에 빛을 쏘였을 때 비로소 전자 고양이의 위치가 확정되고, 그래서 전자 고양이는 모든 우주 공간에 존재한 것이 아닌 특정한 곳에 존재한다고 여겨지는 것이다. 전자는 2개의 문을 동시에 통과할 수 있는데, 빛의 통과를 측정하는 문에 광전차단기를 설치한 경우에는 한쪽 문으로만 통과한다.

이것은 빛의 놀랍고도 특이한 성질을 다시 한 번 강조한다. 빛은 정보를 전달하기 때문에 존재가 밝혀졌다. 빛과 물질이 존재하기에 시간과 공간이 생겨났다. 시간과 공간은 추상적 개념이어서, 내가 시간을 기록하거나 공간을 측정할 때 비로소 실재가 된다. 시계 없이는 시간이 존재하지 않고, 거리를 측정하는 자가 없으면 공간도 없다. 가장 기본적인 시공 측정기는 빛이다. 모델과 예측에서 설명하는 공간의 물리적 성질들은 측정을 통해서만 얻어진다.

그러나 빛이 모든 관측자가 보았을 때 언제나 같은 속도로 움직인다면, 한 관측자에 대해서는 무엇이 변하는 걸까? 공간과 시간 중 하나는 변해야 하는데 말이다. 아인슈타인은 이 문제를 간단한 사고실험을 통해 보여줄 수 있었고, 시간과 공간은 변하지 않고 고정되었다고 주장한 뉴턴과 달리 시간과 공간은 절대적 물리량이 아니라고 결론지었다. 시간과 공간은 상대적이다. 절대적인 것은 오직 빛의 속도뿐이다.[5]

예를 들어 자동차가 내 쪽으로 달려온다면 자동차 안의 시간은 내가 있는 곳의 시간과는 다르게 흐른다. 좀 이상하게 들리지만 사실이다. 하지만 빛의 속도가 상수라는 것을 진지하게 고려해보면 이런 혼동을 피할 수 있다.

시간을 측정하는 가장 기본적인 방법을 고려해보자. 기계식 손목시계는 일정한 주파수로 똑딱거리는데, 이는 진동의 성질을 이용한 것이다. 규칙적인 똑딱거림을 초 단위로 측정한다. 똑딱거린 횟수만 세면 시간이 얼마나 흘렀는지 알 수 있다. 고맙게도 시계의 초침이 횟수 세는 작업을 대신해주어 우리는 시계의 숫자판만 보면 된다.

똑같은 원리가 디지털시계에도 적용되는데, 여기서는 수정이 진동한다. 그것이 무엇이든 결국 가장 작은 원자 수준에서는 전자기력을 통해 힘의 전달이 일어난다. 즉 가상의 광자가 교환된다. 모래시계도 모래 분자가 서로 부딪히면서 좁은 유리 통로로 내려갈 때 빛을 낼 수 있다.

그래서 간단하게 실제 무게추가 아니라 빛이 두 거울 사이를 왔다 갔다 하는 추시계를 만들어보자. 15센티미터의 고정된 거리에서 빛은 한쪽에서 출발해 다른 쪽 거울에 다녀오는 데 나노초가 걸린다. 그러고는 빛의 똑딱거림이 1초에 10억 번임을 측정한다. 여기에 상응하는 주파수를 기가헤르츠라 하고, 축약해서 GHz로 쓴다. 1헤르츠는 1초에 한 번 진동하는 것을 일컫는다. 이 주파수 단위는 독일 본 대학교 물리학 교수 하인리히 헤르츠(Heinrich Hertz)의 이름을 따서 명명했다. 헤르츠는 맥스웰이 예측한 전자기파를 실제로 발생시켜 측정한 최초의 물리학자다.

이제 결정적인 순간이 왔다. 빛 시계를 갖고 자동차에 탑승해 있다면, 내게 빛은 두 거울 사이에서 위아래로 수직 운동을 하는 것처럼 보인다. 하지만 길가에 서 있는 경찰이 고속으로 지나가는 자동차를 자세히 관찰한다면, 그에게 시계의 빛은 약간 비스듬하게 위아래 운동을 하는 것으로 보인다. 이때 빛의 궤적은 지그재그 형태와 비슷하다. 빛이 자동차 안에서 위아래로 수직 운동하는 개미처럼 천천히 움직인다면 더 쉽게 상상할 수 있다. 경찰은 개미가 위로 기어 올라가는 동시에 자동차와 함께 옆으로 운동하는 것을 보게 된다. 그의 관점에서 개미는 그와 상대적으로 매우 비스듬하지만 아주 빨리 운동하는 것으로 보인다.

물론 개미와 빛의 운동이 만드는 비스듬한 선은 수직으로 이동한 선보다 더 길다. 동시에 경찰이 볼 때 개미와 빛은 더 먼 거리를 움직였다. 그래서 순진한 관찰자는 개미가 개미의 속도보다 더 빠르게 움직이고, 그래서 자동차 안의 빛은 초광속이 된다고 생각할 수 있다. 개미에게는 이것이 허용되지만, 아인슈타인과 맥스웰은 이렇게 빛의 '속도보다 커지는 현상'이 일어나지 않는다고 설명한다. 법을 준수하는 경찰은 빛이 더 먼 거리를 운동했다 할지라도, 운전자가 보는 빛의 속도와 똑같은 운동을 보게 된다.

이것이 어떻게 가능할까? 유일한 답은 경찰 관점에서 빛의 이동 거리가 변하면 시간도 같이 변해야 한다는 것이다. 그래서 빛의 속도는 일정하게 상수로 유지된다. 속도는 운동 거리를 시간으로 나눈 값인데, 예를 들어 1초에 1킬로미터를 이동했을 때 초속 1킬로미터라고 한다. 거리가 눈에 띌 만큼 바뀌면 시간 역시 함께 바뀌어야 한다. 경찰은 밖에서 시간을 측정하는데, 그 시간은 자동차 안에서는 좀더 느리게 흘러간다.

이런 현상을 상대론적 시간지연이라고 하는데, 이는 우리의 모든 직관과 완전히 일치하지 않는다. 우리는 속도가 변할 수 있다는 생각에 익숙하다. 우회로로 자동차를 운전했는데 같은 시간에 목적지에 도착했다면 나는 더 빠르게 운전한 것이다. 일부는 과속 때문에 물게 될 벌금을 감수하기도 한다. 빛의 경우는 이런 일이 일어나지 않는다. 왜냐하면 빛이 시간을 정의하므로, 빛이 변하면서 같은 속도로 시간도 변화시키기 때문이다. 우리는 모두 시간을 기준으로 행동해야 하지만, 그 시간은 빛을 기준으로 정해진다.

이 모든 것이 마치 자동차 속의 빛 시계처럼 믿기 어려울 만큼 추상적으로 들린다. 그런데 실제 시계가 이것과 크게 다르지 않게 작동하지 않는가! 이것을 검증하기 위해 조지프 해펄리(Joseph Hafele)와 리처드 키팅(Richard Keating)은 1971년 여객기를 타고 한 번은 지구 자전 방향으로 또 한 번은 지구 자전 반대 방향으로 세계 여행을 했다. 그들은 고정밀 세슘 원자시계 4개를 갖고 여객기에 탑승했다. 여객기 내 시계를 나중에 지상의 원자시계와 비교해보았다. 비행기가 더 빨리 비행한다면, 그 시계들은 서로 다르게 작동할까? 실험은 아주 간단했다. 즉 그들은 시계를 빌렸다. 실험에서 가장 비용이 많은 든 것은 시계의 세계 여행에 필요한 비행기표 값이었다. 그래서 이 실험을 "미스터 클록스(Mr. Clocks)"라 한다. 이 특이한 탑승객은 각자의 자리에 안전벨트로 꽉 고정되었다. 그럼에도 이 실험은 지금까지 상대성이론을 검증하기 위한 모든 실험 중 가장 저렴한 실험이었음이 분명하다.

실제로 해펄리와 키팅의 실험은 동쪽으로 여행한 시계가 비행을 마쳤을 때 60나노초 느리게 작동했다는 것을 보여주었다. 즉 지구의 자전 방향으로 지상의 시계에 대해 상대적으로 작은 운동을 한 시계가 느렸다는 것이다. 서쪽으로 여행한 시계는 지구 자전과 반대 방향으로 지상의 시계에 대해 상대적으로 큰 운동을 하여, 실험실의 시계보다 270나노초 더 빨리 작동했다.[6] 이 실험은 이후 여러 번 반복되었고 상대성이론의 중요한 관점을 인상적으로 증명해주었다.

이제 우리는 시간을 믿을 수 없게 되었을 뿐만 아니라 빛으로 거리를 측정하기 때문에 거리조차 믿을 수 없게 되었다. 자동차가 빛의 속도로 경찰을 지나간다면 경찰은 스톱워치로 자동차의 길이를 측정할 수 있다. 즉 자동차가 지나갈 때 걸린 시간과 속도로 길이를 계산한다. 그러나 운전자가 완전히 동기화된 시계 2개를 자동차의 앞뒤에 각각 놓고 경찰을 지나쳐간 시간을 측정한다면 운전자는 시간지연 때문에 다른 시간 차이를 발견하게 된다. 경찰이 운전자보다 더 짧은 시간 간격을 측정하므로, 결과적으로 자동차에 탄 사람보다 더 짧은 거리를 재는 것이다. 서 있는 경찰에게 자동차는 너무 좁아 보이는 반면, 운전자에게는 다리를 쭉 펴고 즐길 수 있는 정도다.

따라서 모든 물체가 운동하고 있다면 우리는 더 이상 공간 자체를 신뢰할 수 없다. 여기에 중력까지 작용하기 시작하면 엄청난 결과를 초래하게 된다.

수성이 주는 힌트: 시공에 대한 새로운 이론

몇 년 전 한 네덜란드 기자가 우리에게 전화를 걸어왔다. 그는 기초과학 연구가 사회에 도움을 주지 못한다고 의심하며, 관련 기사를 준비한다고 했다. 그 기자의 첫 번째 도발적 질문은 이랬다. "수성의 궤도를 정확히 측정한다고 해서 인간이 거기에서 얻을 수 있는 유익은 무엇입니까?" 나는 너무 놀라서 "몰래카메라 농담이지요?"라고 되물으면서 "수성은 아무 쓸모없는 연구처럼 보이지만 인간의 물리적 우주관을 근본적으로 바꿔놓았고 아주 새로운 산업 분야를 가능하게 해준 모범 사례입니다"라고 대답했다. 항법 장치와 소프트웨어를 취급하는 톰톰(TomTom) 같은 네덜란드 회사는 무엇보다도 수성 궤도를 천문학적으로 정확히 측정한 사실과 그 측정 방법을 설명한 특허청 직원 알베르트 아인슈타인 덕택에 연간 5억 유로가 넘는 매출을 올렸다. "그런데도 작은 수성을 이렇게 웃음거리로 만들 수 있습니까?"

케플러와 뉴턴이 행성 궤도 법칙의 아름다움을 이해하고 난 뒤, 행성은 19세기에 마법에서 풀려나 자신들의 비밀을 털어놓기 시작했다. 이후 비밀리에 연구자들의 관심을 받던 점성술은 소수만이 추구하는 분야가 되었고, 태양계는 초등학교에서 가르치기 좋은 교육 자료로 여겨졌다. 문제가 해결된 것 같지 않은가? 사실 모든 것이 해결된 것은 아니다. 말 그대로 우리의 태양계를 정확히 측정하는 것이 얼마나 중요한지를 보여주는 작은 문제가 발생했다.

케플러 시대 이후로 우리는 행성들이 타원 궤도로 태양 주위를 돌고 있다고 알고 있다. 그러나 이게 완전히 옳은 것은 아니다. 실제로 궤도는 작은 꽃 모양, 더 정확히는 장미꽃 궤도를 돈다. 이 타원 궤도는 닫힌 궤도가 아니다. 각 타원은 매번 조금씩 회전하므로 어떤 행성도 다음 궤도에서 태양과 똑같은 위치에 놓이지 않는다. 이 효과를 근일점 세차 운동이라고 한다. 태양과 가장 가까운 점인 근일점이 세차 운동을 한다. 즉 행성의 근일점이 태양 주위를 돈다.

행성들은 태양의 중력만 느끼는 것이 아니라 다른 모든 행성의 인력도 같이 느낀다. 뉴턴의 고전 중력이론의 도움으로 사람들은 이 효과를 완전하게 계산할 수 있다. 그러나 이와 같은 시스템에서 각각의 행성은 다른 행성들을 끌어당기기 때문에 실제 그런 계산을 하는 것은 간단하지 않다. 행성들과 태양의 질량이 같았더라면 이 천체들은 우리 귓전을 날아다니고 있을 것이다. 때로는 2개의 행성이 동시에 다른 한 행성을 잡아당겨 태양계 밖으로 내던질 수도 있다. 행성들은 다른 행성들을 궤도에서 벗어나게 하기 위해 특별히 세게 잡아당길 필요도 없다. 그저 정확한 박자에 맞춰 잡아당기기만 하면 된다.

이 원리는 정원의 벚나무에 매어놓은 줄이 긴 그네와 같다. 적당한 때에 살짝 밀어주면 그네를 타고 있는 아이는 앞뒤로 왔다 갔다 한다. 그러나 정확한 시점에 규칙적으로 밀어주다 보면 언젠가 이 불쌍한 아이는 그네를 벗어나 이웃집 정원으로 날아가버릴 것이다. 이와 똑같이, 태양 주위를 균일하게 돌고 있는 행성들 간에 공명이 일어나 운동이 계속 더 심화한다.

2개 이상의 그네 또는 2개 이상의 행성이 관여하면 상황은 더욱 복잡해진다. 같은 중력장에 있는 세 물체의 운동은 정확히 계산할 수 없으며, 말 그대로 카오스를 초래한다는 것을 수학적으로 증명할 수 있다. 어린이들과 놀이터에 가본 적이 있는 사람이라면 아마 이 상황을 잘 알 테고, 이런 일이 일어난다는 것을 확인해줄 수 있을 것이다. 3체 문제는 이미 수

세기 동안 많은 수학자를 사로잡았고 유명한 연예소설의 작가들에게 끊임없이 이야깃거리를 제공했다는 것은 놀라운 일이 아니다. 행성이든 별이든 많은 천체가 궤도 운동을 할수록 상황은 더 카오스 상태가 된다. 다음 궤도 운동에 대한 장기적인 예측이 원칙적으로 불가능하다는 것도 밝혀졌다.

카오스 이론은 그러나 완전히 쓸모없는 것은 아니다. 미래를 예측할 수는 없지만, 시스템이 언제 예측 불가능해질지에 대한 정보는 줄 수 있다. 우리 태양계도 카오스의 가장자리에서 운동 중이다. 예를 들어, 행성 궤도를 계산하기 위한 이른바 랴푸노프(Lyapunov) 시간이라 일컫는 카오스 시간 척도는 500만에서 1000만 년 사이이다.[7] 극도로 작은 변화가 미래를 완전히 바꿀 수 있다. 1000만 년 뒤 지구가 어떤 궤도에 있을지는 오늘날 개미가 어디서 기침하느냐에 달렸다고 볼 수 있다.

우리 태양계가 형성되었을 때 혼돈은 지금보다 훨씬 심했다. 당시에 우리 태양계는 많은 작은 미행성과 소행성 들로 가득 차 있었다. 이것들은 점차 그네 효과로 인해 이곳에서 저곳으로 왔다 갔다 하고, 때로는 태양계에서 완전히 벗어나기도 했다. 행성들 사이의 상호작용으로 큰 행성이 궤도 안쪽 또는 바깥쪽으로 움직이기 시작했다. 내 동료 알렉산드로 모르비델리(Alessandro Morbidelli)와 그의 공동 저자가 주장하는 "니스 모델(Nizza-Modell, 영어로 Nice model)"에 따르면 천왕성과 해왕성은 이 효과로 위치가 바꾸었을 수도 있다고 한다. 오래전에는 행성들이 지금 우리 태양계의 모습을 하고 있지는 않았던 것이다. 남아 있는 소행성들은 10억 년 이상 진행된 카오스적으로 괴롭힘당하는 모빙 단계(Mobbingphase)에서 살아남은 용감한 행성들이다.

여담인데, 생존한 미행성 중 하나를 2019년부터 하이노팔케(Heinofalcke)

라고 부르고 있다. 이 미행성은 태양 주위의 이심률이 아주 큰 궤도를 돌고 있으며, 국제천문연맹 소행성센터(Minor Planet Center, MPC)의 소행성 목록에 Nr. 12654로 등재되어 있다. 나의 옛 상사는 "당신한테 딱 맞는 이름이군"이라고 말했다.[8] 나는 "그 미행성은 예전의 저처럼 괴롭힘을 당했을 텐데도 궤도에서 벗어나지 않고 살아남았으니까 말이죠"라고 대꾸했다.

카오스 이론은 우리 태양계뿐 아니라 다른 많은 시스템에도 적용되면서 우리의 예측에 근본적인 한계를 보여준다. 그렇다고 이 이론이 아무것도 예측할 수 없다는 뜻은 아니다. 예를 들어 컴퓨터를 이용해 모든 작은 미행성의 총 질량이 어떻게 장기간에 걸쳐 변하는지를 통계적으로 계산해볼 수 있다. 아쉽게도 수집한 자료로는 하이노팔케 소행성이 어디에 위치해 있는지 정확히 예측할 수 없다. 그래서 나는 그 궤도가 언젠가 지구에서 끝나지 않길 진심으로 희망한다. 지구에서 끝나버리면 방송에서 하이노팔케 소행성이 뉴욕을 방금 파괴해버렸다는 뉴스를 듣게 될 테고, 나는 썩 기분이 좋지 않을 것이다.

다행히 그동안 우리 태양계에 작은 평화가 찾아와 각각의 행성은 거의 안정적인 자리를 차지한 것 같다. 앞으로 당분간은 행성 중 하나가 태양계에서 떠날 걸 두려워할 필요가 없고, 작은 수성조차 큰 행성들의 중력 공격을 충분히 견딜 만한 힘이 있는 것으로 보인다. 가장 강한 태양에 충분히 가까운 곳에 자리를 잡았기 때문이다.

수학적으로 우리는 서로 번갈아가면서 행성을 잡아당기는 현상을 작은 섭동으로 여기며 계산할 수 있다. 이때 타원 궤도는 점차 서로 반대 방향으로 이동하므로 특정 범위 내에서 근일점 세차 운동을 정확히 예측할 수 있다. 우리가 관측을 하는 수백 년 내에는 카오스적 운동을 느끼지 못할 만큼 아주 작다. 이런 섭동이론을 이용한 계산은 천체역학계의 대성공이었고, 결과적으로 1846년 해왕성을 발견하는 데 기여했다.[9]

잠시 19세기로 돌아가보자. 천문학자들은 모든 행성의 궤도를 자세히 설명했다. 모두라고? 그렇지는 않다. 불굴의 작은 행성 하나가 저항을 멈추지 않아 연구자들을 어리둥절하게 만들었다. 모든 행성의 영향을 계산해보면 수성의 타원 궤도 축이 매년 5.32각초 회전해야 한다. 실제로 그 축은 1년에 5.74각초 도는 것으로 밝혀져서 약 0.42각초의 차이가 생긴다.

이 차이가 얼마나 작은 값인지 분명하게 해둘 필요가 있다. 생일 케이크를 12조각으로 나누면 각 조각의 개구각은 30도다. 각 조각을 1각분(arc minute)의 개구각을 갖도록 나누면 1800조각이 나온다. 1각분을 60각초로 나누어보자. 이때 0.4각초의 오차가 생긴다면, 이는 지름 30센티미터인 생일 케이크를 한 조각 더 자른 셈이 되고, 이 조각은 사람의 머리카락보다 300배 더 가늘다.

그렇게 작은 오차로 물리학이라는 국그릇에서 머리카락 하나를 발견하려면 아주 꼼꼼한 사람이어야 한다. 그러나 그렇게 작은 차이가 시간이 지남에 따라 누적되면서 물리학자들을 근본적으로 성가시게 한다. 수성에 대한 관측 결과가 더 이상 이론과 맞지 않는다면, 이는 부정확하게 관측되었거나 이론이 틀렸다는 뜻이다. 아주 사소한 것을 누락했을까? 그렇다면 무엇을, 어디서, 왜 빠뜨렸을까?

오랫동안 사람들은 이런 일을 초래한 주범으로 태양 아주 가까이에 위치한 신비스럽지만 아직 발견되지 않은 행성을 지목했다. 천문학자들은 그 행성을 화산(Vulcan)이라 명명했고, 그곳에 사는 사람들을 화산인이라 했다. 그러나 한 젊은 특허청 직원[10]의 아주 새롭고 혁명적인 아이디어로 요즘은 공상과학소설에서나 그 이름을 찾아볼 수 있다.

공간은 단지 침대보에 불과하다

20세기 초 아인슈타인은 시공에 대한 우리의 생각을 말 그대로 뒤집어버리면서 고전 물리학을 자신의 새로운 상대성이론에 포함시켰다.[11] 아인슈타인은 대변혁에 성공한 고독한 천재가 아니라 교제하기 좋아하는 자유분방한 사람이고 사교 모임을 즐기는 지식인이었다.

1896년 아인슈타인은 취리히 연방공과대학에서 밀레바 마리치(Mileva Marić)와 함께 학업을 시작했다.[12] 이 젊은 여성 물리학자는 아인슈타인과 대등했고 실험물리학에서는 훨씬 뛰어났다. 아인슈타인이 첫 일자리를 얻었을 때 그들은 결혼했다. 몇 시간 동안 함께 토론하고 철학 책을 읽었다. 둘은 첫 논문을 함께 쓴 것 같은데, 아인슈타인만 저자로 이름을 올렸다.

마리치가 아인슈타인의 취업 기회를 높여주기 위해 저자에서 빠졌을까? 오늘날의 기준으로 보면 마리치를 당연히 논문의 공동 저자로 표기했어야 한다고 사람들은 생각한다. 아인슈타인은 초기 저술에서 "나는 아내가 필요하다. 내 모든 수학 문제를 풀어주기 때문이다"고 언급하고 있다. 마리치는 주로 공동의 미래를 염두에 두었던 것 같다. 공동 개발한 특허 출원에서 그녀의 이름을 아인슈타인 이름 옆에 표기하지 않은 이유를 묻자 그녀는 "우리 둘은 하나의 돌[Ein-Stein(one stone)]이다"라고 답했다. 당시 여성 과학자로서 물리학계에서 살아남는 게 불가능하지는 않았지만 아주 어려웠다. 아인슈타인의 아이디어에 그녀의 과학적 기여도가 얼마나 컸는지는 오늘날까지도 역사학자들 사이에서 논란이 되고 있지만, 분명 작지는 않았다. 자료가 분명하지 않다. 아인슈타인은 많은 물리학자와 편지로 소통했으나, 집 부엌 식탁에서 토론한 아이디어들은 자료로 남아 있지 않다.

졸업 후 아인슈타인은 학교 동기 마르셀 그로스만(Marcel Grossmann)의 아버지 도움으로 현재 전설적인 베른의 특허청에서 첫 근무를 시작했다. 그러고는 기적의 해인 1905년 아인슈타인은 획기적인 논문 다섯 편을 발표했다. 빛의 성질에 대한 연구인 "광전효과 법칙의 발견"으로 아인슈타인은 1921년에 노벨상을 받았다. 또 다른 논문은 질량과 에너지가 동등하다는 것을 밝혀주었다. 즉 $E=mc^2$은 오늘날에도 여전히 세계적으로 가장 유명한 물리 공식이다. 마침내 1905년 특수상대성이론에 대한 논문도 발표했다. 여기서 아인슈타인은 시간과 공간은 상대적이고 관측자들의 상대적인 속도에 따라 변화한다는 것을 보여주었다. 그러나 그의 연구는 아직 끝나지 않았다.

아인슈타인의 대성공 전에도 그의 상대론적 길이 수축은 절대 공간의 존재에 대해 의문을 불러일으켰다. 두 번째 단계는 뉴턴, 회전하는 양동이, 돌고 있는 회전목마와 함께 시작되었다. 이 영국의 물리학자는 회전하는 양동이의 이상한 성질에 대해 생각한 적이 있다. 아인슈타인은 더 깊이 생각한 끝에 다음과 같이 결론지었다. 회전하는 원의 둘레와 지름의 관계는 길이 수축 때문에 관측자의 위치에 따라 달라져야 한다.

놀이공원의 회전목마를 생각해보자. 중앙에 회전축이 있고 많은 아이들이 회전하는 원반에 설치된 화려한 경찰차, 로켓, 목마 따위를 타고 있다. 매표소에서 차례를 기다리는 아이가 회전하는 회전목마 원반의 둘레와 지름을 줄자로 잰다면, 이 아이는 그 둘레와 지름의 비율이 그 유명한 원주율(π)과 같다는 걸 알게 될 것이다.

회전목마 원반의 로켓에 앉아 원을 그리며 회전하는 아이가 줄자로 둘레를 잰다면, 매표소에 서 있는 아이는 둘레가 더 작을 것이라고 예측하게 된다. 그에게는 상대론적 길이 수축 현상 때문에 줄자가 더 짧게 보일 것이다. 그러나 이런 겉보기 줄자의 길이는 운동 방향에 따라 달라진다. 회전목마의 둘레를 운동 방향을 따라 측정하면 더 짧아 보인다. 하지만 수직으로 측정한 지름은 그렇지 않다. 그래서 둘레와 지름의 관계는 더 이상 원주율(π)이 아니다. 이것은 놀라운 일이다! 보통의 원은 이런 현상을 보여주지 않는다. 둘레는 언제나 원주율(π)×지름이다.

이 공식은 학생들 공책에 그린 원에도 적용된다. 여기서 우리가 원을 그린 공간은 평면이다. 그러나 휘어진 표면을 고려하면 그 관계는 변한다. 어린이들은 편평하게 편 침대보 가운데에 큰 원을 그릴 수 있다. 그러고는 침대보의 각 모서리를 꽉 잡은 채 들어올리면 2차원 평면이 된다. 이 평면은 휘어졌고 원 기하학은 변하게 된다. 둘레는 거의 변화가 없지만, 침대보의 평면을 따라 측정해보면 지름은 길어졌다. 휘어진 공간에서 둘레와 지름의 비율은 더 이상 π가 아니다. 중요한 것은 침대보가 침대에 딱 맞아야 한다는 것이다. 그렇지 않으면 실제 이런 법칙이 성립하지 않는다.

여전히 휘어진 침대보를 상상할 수 있지만, 사실 공간은 3차원이다. 이 상황은 모든 것을 복잡하고 상상하기 아주 어렵게 만든다. 비록 우리 뇌는 휘어진 3차원의 공간을 상상할 수 없지만, 수학적으로는 묘사할 수 있지 않을까? 시간이 지나면서 아인슈타인은 상대성이론에서 시간이 결정적 역할을 하기 때문에 4차원이 필요하다는 것을 알게 되었다.

그런 휘어진 공간을 묘사하기 위한 수학적 도구는 19세기가 되어서야 개발되었다. 4차원의 휘어진 공간은 텐서(tensor)로 서술된다. 텐서는 예를 들어 4×4=16개의 입력 항을 지닌 숫자표다. 각각의 행과 열은 공간의 차원을 대표하며, 그래서 텐서로 아주 간단한 수의 더하기·곱하기·빼기 등 연산을 할 수 있다. 그러나 이것이 어떻게 작동하는지 알 때만 그런 연산이 가능하다.

당시에는 이 주제를 그렇게 깊이 연구하는 전문가가 많지 않았다. 베른하르트 리만(Bernhard Riemann), 그레고리오 리치쿠르바스트로(Gregorio Ricci-Curbastro), 툴리오 레비치비타(Tullio Levi-Civita), 엘빈 브루노 크리스토펠(Elwin Bruno Christoffel), 헤르만 민코프스키(Hermann Minkowski) 등 유명한 수학자들이 이런 연구를 수행했는데, 이들은 오늘날 고급 수학 교과서에도 등장한다. 리만을 제외하고는 모두 아인슈타인과 동시대 학자다. 이런 수학은 아인슈타인에게는 새롭고 복잡한 분야였다. "나는 수학에 대해 엄청난 존경심을 갖게 되었고, 지금까지 수학의 미묘한 측면을 사치라고 여기는 무지 속에서 살았다"고 그는 말했다.

누구도 혼자 연구하지는 않는다. 다행히도 아인슈타인에게는 대학 시절 친구 마르셀이 있었다. 아인슈타인이 교수가 되었을 때, "그로스만, 나 좀 도와줘. 그렇지 않으면 미쳐버릴 것 같아"라고 편지를 썼다.

아인슈타인과 그로스만은 휘어진 공간에서 성립하는 물리 방정식을 서술하는 임무를 받아들였다. 초음속 단위(마하—옮긴이)의 이름으로 알려진 물리학자이자 철학자인 에른스트 마흐(Ernst Mach)의 영향을 받은 아인슈타인은 모든 자연법칙은 어디서나 같은 형태를 지녀야 한다고 확신했다. 이 법칙은 공원에 소풍 갈 때, 회전하는 회전목마 위, 우주의 로켓에도 다 적용된다.

얼핏 보기에 물리 법칙의 보편타당성에 대한 요구는 당연해 보인다. 그러나 이런 요구가 아인슈타인으로 하여금 공간·시간·중력의 성질을 하나의 보편적으로 적용 가능한 이론, 즉 1915년에 일반상대성이론으로 통합하도록 해주었다.

여전히 베른의 특허청에서 근무하던 때 아인슈타인에게 결정적 영감이 찾아왔다. 특허청 직원으로서 얼마나 동기부여를 받았는지는 알 수 없으나, 그 직업이 그에게 사고할 충분한 시간을 제공해주었다는 것은 분명하다. 창의적인 번뜩임으로 아인슈타인은 오늘날 팽창하는 우주를 블랙홀의 중력이나 중력파에 의한 시공간의 진동만큼이나 확실하게 묘사한다는 이론의 기초를 세웠다.

훗날 아인슈타인은 "내 생에서 가장 행복한 사고였다"고 고백했다. 결정적 아이디어는 중력과 보통의 가속도를 근본적으로 구분할 수 없다는 것이었다. "눈을 감고 창밖으로 뛰어내리는 사람은 적어도 땅에 떨어질 때까지는 자신이 공간에 떠 있는지 아니면 자유 낙하 운동을 하는지 구분할 수 없다." 아마도 아인슈타인은 이와 비슷하게 생각했을 것이다.[13] 어쩌면 그 순간 그는 꿈을 꾸었을지 모른다. 그러니까 창문을 닫으면 우주의 엘리베이터에 떠 있는 것도 상상해볼 수 있다고 말이다. 엘리베이터가 계속 가속하면 의자에 앉아 있는 그는 짓눌리는 느낌을 받을 것이다. 의자에 주저앉히는 힘이 지구의 인력인지 아니면 엘리베이터의 가속인지 그는 어떻게 알 수 있단 말인가? 그는 절대 구별할 수 없다![14]

중력 또는 가속은 국소적으로는 구분이 불가능하다. 이 원리는 오늘날 아인슈타인의 등가원리(aequivalent prinzip)로 알려져 있다. 이는 기본 가정이지 확증된 논거는 아니다. 사람들이 실험을 통해 반복해서 해석하고 검증해야 할 원리이자 교리다.[15]

반대로, 이 원리는 의자에 가만히 앉아 있어도 동시에 가속하고 있다는 것을 의미한다. 똑같이 느낀다는 것이다. 우리가 편하게 앉아 있을 때에도 급하게 가속하는 엘리베이터 안이나 로켓에서와 같이 이런 상대성 법칙이 적용된다. 즉 가속 운동을 할 때 공간은 침대보처럼 휘어져 보인다.

그러나 아인슈타인은 자신이 특허청의 내부 시설이 갖춰진 엘리베이터 안에 앉아 있는지 또는 지구의 중력장 안에 있는 실제 특허청 사무실에 앉아 있는지 구별할 수 없기 때문에, 지구는 지구의 질량에 의한 중력으로만 공간을 휘게 한다고 주장했다. 실제로 중력은 공간뿐만 아니라 시간도 휘게 한다는 것이 밝혀졌다! 공간과 시간은 함께 고려해야 한다.

결론은 급진적이다. 중력은 힘이 아니다. 중력은 오히려 시공간 기하학에서 잘 표현된다. 4차원의 휘어진 공간을 생각할 수 없기 때문에 우리는 시공을 팽팽하게 잘 펴진 침대보로 상상한다. 그 위에 아무것도 놓여 있지 않으면 침대보는 편평하다. 그런데 가운데에 볼링공을 놓으면 움푹 파인 곳이 생긴다. 당구공을 침대보의 가장자리에 놓으면 살짝 움푹 들어가면서 볼링공 쪽으로 굴러가기 시작한다. 두 공이 서로 가까워지는 셈이다. 당구공은 아주 빨리, 볼링공은 천천히 움직인다. 두 공이 가까워질수록 움푹 파인 기울기도 급격히 가팔라져 공은 더 빨리 운동한다. 침대보의 휘어짐이 곧 인력으로 작용한다.

이제 구슬을 침대보에 살짝 튕기면 그것은 볼링공이 만든 트랙 주위를 작은 타원 궤도를 따라 움직인다. 편평한 침대보 위에서라면 구슬은 선형 운동을 했을 텐데, 휘어진 공간에서는 휘어진 궤도로 운동한다. 침대보의 마찰력 때문에 구슬은 곧 추진력을 잃고 무거운 볼링공 쪽으로 더욱 가까워지다가 결국 볼링공이 있는 깔때기 속 같은 좁은 곳으로 들어가버린다. 침대보의 마찰력이 없다면 구슬은 계속 운동하면서 오랫동안 방해받지 않고 타원 궤도를 따라 운동할 것이다. 마치 태양 주위를 돌고 있는 행성들처럼 말이다.

중력을 포함한 일반상대성이론에 대해 처음 사고를 시작하고부터 이 이론을 확고하게 정립하기까지 아인슈타인은 1907년부터 1915년까지

8년 동안 많은 대화와 편지 그리고 토론을 이어갔다. 그사이에 그는 결정적인 중력이론을 발견했다고 확신했지만 곧 폐기했다. 1915년 말이 되어서야 완전하고 정확한 이론을 정비하는 데 성공했다. 아인슈타인은 마침내 정답을 찾았다고 확신했다.

아인슈타인은 일반상대성이론으로 수성의 근일점 운동을 계산해내고 나서 안도감을 느꼈다. 실제로 그의 이론은 오랫동안 이해하지 못한 극소오차를 마침내 설명했다. 측정할 수 없이 큰 침대보에서 태양 주위에 생긴 시공간 구덩이는 원 궤도 둘레 길이를 약간 짧게 보이도록 했으며, 그래서 수성의 타원 궤도 운동이 생각보다 조금 빠르게 진행되었다. 아인슈타인은 "며칠 동안 기쁨에 도취되어 제정신이 아니었고" 심장이 심하게 두근거렸다. 뉴턴은 패배했지만 아직 완전히 패배한 것은 아니었다.

새로운 이론이 일관되고 합리적인 것처럼 보인다고 해도 결코 충분하지 않다. 모든 이론은 실험과 삶 속에서 스스로를 증명해야 한다. 가톨릭교회에서 성인을 추대하는 원칙 같은 것이다. 성인 후보는 사후 내세에서 기적 하나가 아니라 두 가지를 행함으로써 자격이 있음을 스스로 입증해야만 한다. 기적을 하나만 행한 사람은 복자로 추대된다.

아인슈타인이 복자로 추대될 수 있었던 첫 번째 기적 행함은 일반상대성이론을 통해 이상해 보이던 수성의 근일점 운동을 설명한 것이다. 그러나 이 이론의 성인 추대는 아직 진행 중이었다. 그의 다음 기적 행함은 다시 빛의 성질과 관련한 것이었다.

암흑 세계로의 탐험

본다는 것은 인간뿐만 아니라 과학에서도 근본적으로 중요하다. 시각을 통해 우리는 올바른 방향을 잡고, 사실의 타당성 여부를 확인할 수 있다. 본다는 것은 특히 천문학을 경험하고 느낄 수 있게 해준다. 우리 대부분은 어떤 것을 보고 나면 믿게 된다. "보는 것이 믿는 것"이라고 말해도 무리가 없다.

보는 행위는 빛이 없이는 작동하지 못한다. 그럼에도 사물의 본질을 더 잘 인지하기 위해서는 어둠도 필요하다. 1919년 5월 29일, 아마도 현대 물리학에서 가장 유명한 일식 관측을 위한 탐험에서도 마찬가지였다. 물리학자 아서 에딩턴(Arthur Eddington)은 탐구 여행을 하면서 아인슈타인의 일반상대성이론을 검증하길 원했다.[16] 그는 별빛이 태양에 의해 휘어진다는 것을 증명하고 싶었다. 여기서 특히 주목할 점은 영국인 에딩턴이 이 탐험으로 독일인 아인슈타인이 세계적 명성을 얻는 데 도움을 줄 수 있었다는 사실이다. 이는 당시에는 결코 당연한 일이 아니었다. 제1차 세계대전이 끝나고 또 연합국과 독일 사이에 수년간 이어진 전쟁이 끝난 지 몇 개월밖에 지나지 않은 상황에서 그런 탐험은 특별히 용감한 일이었고, 물리학의 역사에서는 정말로 대단한 일이었다.

일반상대성이론에 따르면, 태양의 질량은 주변의 시공을 휘어지게 해서 무엇보다도 태양 뒤에 있는 천체의 빛을 굴절시킨다.[17] 이상한 소리로 들리겠지만, 지구에서 볼 때 태양 가까이에 있는 별들은 미세하게 위치가 바뀐 것처럼 보일 것이다. 아인슈타인의 이론은 수학적으로 흠잡을 데 없이 완전하지만 실험적 검증을 통과할 수 있을까? 이 질문의 답을 얻기 위해 천문학자들에겐 개기일식이 필요했다. 태양이 빛나는 낮에는 별을 전혀 볼 수 없고, 반대로 밤에는 태양이 없어 실험할 수 없기 때문이다.

1919년 에딩턴은 배에 올랐다. 서아프리카 해안의 화산섬 프린시페에서 아인슈타인이 예측한 빛의 휘어짐을 측정하고자 했다. 에딩턴과 함께 원정대를 조직한 영국의 왕실 천문학자 프랭크 왓슨 다이슨(Frank Watson Dyson)은 두 번째 팀을 브라질에 파견했다. 5월의 태양은 히아데스성단 주변에 있었다. 조건은 거의 완벽했다. 아인슈타인 이론의 추종자일 뿐만 아니라 뛰어한 수학자인 에딩턴은 두 손을 비볐다.

태양은 5분 이상 달의 본영에 있어야 했다. 그러나 결정적인 날 아침에 비가 내렸다. 에딩턴은 긴장했다. 바다 위와 망원경 뒤에서 일어나는 일에 한해서 적어도 날씨만큼은 신의 손에 달려 있었다. 그런데 일식이 일어나기 바로 전 갑자기 구름이 걷혔다! 지금이 유일한 기회다. 사진 건판 16개로 바쁘게 관측했지만, 그중 2개에만 사용 가능한 관측 자료가 담겼다. 태양이 없는 참조 사진은 이미 여행 전에 찍어놓았다. 한편 강한 태양빛은 브라질의 동료들이 사용하는 망원경의 금속 골조를 변형시켰다.

집으로 돌아온 과학자들은 수개월 동안 관측 자료를 분석했다. 그리고 성공했다. 사진 건판에 있는 별들의 위치가 실제로 200분의 1밀리미터만큼 변한 것이다. 이 값은 관측 오차를 고려했을 때 아인슈타인이 수학적으로 예측한 바로 그 값과 일치했다. 빛은 실제로 휘어진 것으로 판명되었다!

"아인슈타인 이론의 승리! 하늘의 빛은 모두 휘어졌다"는 제목이 〈뉴욕타임스〉의 헤드라인을 장식했다. 이 측정은 아인슈타인의 위대한 이론이 이루어낸 두 번째 기적이며, 아인슈타인을 일거에 과학계의 유명인으로 만들어주었다. 오늘날까지도 이 이중 탐험은 이론과 실험의 완전한 팀

워크의 모범 사례로 여겨진다. 민족의 벽을 넘어선 국제 협력은 제1차 세계대전 이후 전 세계 과학계를 위한 긍정적 신호였다. 이는 전쟁의 혼란을 겪은 뒤 적과 아군이 환희와 매혹을 함께 나눈 최초의 순간이었다.

놀랍게도 왕실 천문학자 다이슨도 1900년에 이미 이와 똑같은 일식 사진을 찍은 바 있으며, 그의 사진 건판에서도 별을 볼 수 있다. 그러나 이 관측 자료를 분석한 당시 사람들은 미지의 행성 화산을 찾고 있었고 위치가 약간 바뀐 별에는 큰 관심을 기울이지 않았다. 따라서 답변에 결정적 역할을 할 수 있는 자료가 아인슈타인이 특수상대성이론과 일반상대성이론을 정립하기 수년 전부터 발견되지 않은 채 기록 보관소에 보관되어 있었던 것이다. 확실한 이론을 바탕으로 올바른 질문을 하는 것이 중요하다.

탐험은 에딩턴에게 의기양양한 성공을 이뤄주었고, 아인슈타인에게는 더 큰 성공을 안겨주었다. 1919년 11월, 런던에서 에딩턴이 자신의 결과를 발표했을 때만 해도 일반상대성이론을 추종하는 학자가 그렇게 많지 않았다. 나이 든 물리학자들은 신출내기 아인슈타인을 의심했고, 많은 학자는 아인슈타인의 생각을 이해할 수조차 없었다. 에딩턴은 아인슈타인의 생각을 이해한 몇 안 되는 사람 중 한 명으로 여겨졌다. 아인슈타인의 이론을 이해한 사람이 세 명밖에 없다는 것이 사실이냐는 질문에 에딩턴은 "세 번째 사람이 누구입니까?"라고 반문했다고 한다.

천문학적 관측은 아인슈타인의 이론을 받아들일 수 있게 했고, 오늘날도 우리는 일생생활에서 그 결과의 혜택을 누리고 있다. 이론의 또 다른 예측은 시공간의 휘어짐이 시간을 변화시킨다는 것이다. 간단히 말해, 빛이 휘어진 공간을 운동한다면 그 빛은 더 긴 거리를 여행해야 한다. 그러나 빛의 속도가 변하지 않는다면 시간이 길어져야 한다. 빛의 파동이 길어져 시계도 느려진다. 지구에서 시간은 우주에서보다 더 천천히 흐른다.

1977년 미국의 첫 번째 GPS 위성이 발사되었을 때, 지구의 항법 장치에 혁명을 일으킬 것으로 예상했다. 위성은 최고로 정확한 시계를 탑재하고 있었다. 이 시계에서 보내는 시간 신호는 무선으로 지구 표면에 전송된다. 이 프로젝트의 계획 단계에서 물리학자들은 우주에서는 시계가 더 빨라질 것이라고 개발자들에게 알려주었다. 아인슈타인에 따르면 지구가 시공간을 왜곡하기 때문이다.

공학자들은 마지못해 그런 보정 기능을 삽입했지만, 실제로는 그것을 믿지 않았다. 그들은 인공위성을 발사한 후에 시간 보정 기능을 꺼버렸다. 곧바로 시계가 매일 39×10^{-6}초 빨라지는 것이 확인되었다.[18] 그 이후 일반상대성이론을 기반으로 한 보정 덕에 시계는 약간 느리게 움직였다. 지구에서 시계는 틀리게 작동하지만, 인공위성의 궤도 위에 있을 때는 정확하다. 우리는 모두 암묵적으로 이런 시계를 사용하고 있다.[19]

오늘날 최신 광학 시계는 아주 정확해서 지구의 휘어진 시공간이 만들어내는 아주 작은 시간 차를 측정하기 위해 굳이 우주로 나갈 필요가 없다. 지상의 시계와 상대적인 시간 차를 검출하려면 이 시계를 10센티미터 들어올리는 것으로 충분하다.[20]

지구의 가장자리에서 시간 보정은 아주 미미하지만 그렇더라도 기술적으로는 의미가 있다. 이런 모든 효과는 큰 질량이 아주 작은 공간에 압축되어 공간의 휘어짐이 커질 때 훨씬 심각하게 나타난다. 블랙홀의 가장자리에서 시간은 정지한 것처럼 보인다. 그러나 이런 공간의 휘어짐을 만들어내려면 엄청나게 큰 힘, 즉 별에게 큰 질량이 필요하다.

04

은하수와 은하수에 속한 별들

별들의 신비로운 일생

우리 인간에게 별이 빛나는 하늘은 늘 똑같아 보인다. 그러나 그것은 사실이 아니다. 밤하늘은 변한다. 장시간에 걸쳐 별은 변화를 겪는다. 별은 저마다 고유한 삶을 살며, 그래서 별의 일생을 거의 말할 수 있다.

별은 태어나고 죽는데, 먼지에서 태어나서 먼지로 돌아간다. 지구상의 식물과 동물처럼 별은 태어나서 죽어가는 지속적인 순환을 겪는다. 별은 죽게 되면 바깥 껍질을 구성하고 있는 물질을 우주 공간으로 내보낸다. 이 물질은 젊은 별이 탄생하는 재료가 된다. 별이 죽음과 사투를 벌일 때 가스와 먼지가 우주 공간으로 분출되고, 이들은 거기에서 거대한 분자운으로 모인다. 이 거대 분자운은 활동하는 별의 잔해를 모으면서 더욱 커진다. 이런 화학적 혼합물은 새로운 별과 행성이 탄생하기 위한 최적의 장소가 된다.

지름 10광년에서 100광년에 달하는 성간 가스와 먼지구름은 우주에서 매우 아름다운 구조물이다. 우리 은하수를 깊이 들여다보면 얼마나 많은 성간 구름이 존재하는지 알 수 있다. 특이한 물질이 밀집해 있는 천체 또는 거대 분자운은 밝게 빛나거나 은하수에서 나오는 빛 앞에서 검은 구름을 형성하기도 한다. 우리은하는 엄청나게 힘센 나선 팔로 마치 제설기가 눈덩이를 밀어붙이는 것처럼 이 분자운을 밀어내고 있다. 망원경으로 이런 구조들을 들여다보면 환상적인 우주의 예술품이 그 신비를 보여준다.

우리은하에서 매우 아름다운 성운 중 하나인 오리온성운은 지구에서 1300광년 떨어져 있다. 이런 방출 성운은 날씨가 좋으면 맨눈으로도 관측할 수 있다. 오리온성운은 젊고 뜨거운 별들에겐 화려한 성운들의 베일에 둘러싸인 거대한 분만실이다. 일반적으로 빨간색에서부터 장밋빛, 분홍색으로 빛나고, 군데군데 푸르스름하며 조금 난해 보인다. 중심핵이 흥미로운데, 안쪽에서 나오는 가시광선 빛이 먼지로 가로막혀 있어 사람의 눈에는 보이지 않는다. 천문학자들은 가시광선보다 긴 파장을 이용해 먼지 장벽을 뚫고 들여다본 후에야 이런 구름의 중심에 대한 구조를 밝혀낼 수 있었다. 전파와 마찬가지로 뜨거운 가스에서 나오는 적외선은 방해받지 않고 밖으로 빠져나온다. 엑스선이 인체를 투과하듯 적외선도 분자운을 통과해 밖으로 빠져나올 수 있다.

가스나 별의 표면에 있는 뜨거운 원소들이 특정 색깔의 바코드를 방출하는 것과 같이 분자도 먼지구름에서 똑같은 현상을 일으킨다.[1] 특히 고주파 대역의 전파 영역에는 이런 분자선이 꽉 차 있다. 이런 분자선의 파장은 몇 밀리미터 이하다. 우리 일상생활에서는 주로 공항의 최신 승객 스캐너에 사용된다.

우주 공간의 가스 구름에서 나오는 빛은 지구에서 측정할 수 있다. 지난 40년간 이런 우주 공간에서 분자의 모습을 관측하기 위해 전 세계에 전파 망원경을 두루 설치했다. 고도 2550미터인 프랑스 알프스 플라토 드뷔르(Plateau de Bure)의 전파 망원경은 북반구에서 가장 큰 간섭계다. IRAM-NOEMA 망원경의 지름 15미터 반사경 안테나 11개가 눈 덮인 산 등성이에서 반짝이고 있다. 이런 형태의 전파 천문대 가운데 세계에서 가장 큰 것은 칠레의 ALMA(Atacama Large Millimeter Array, 아타카마 대형 밀리미터 집합체) 천문대다. 이 전파 천문대는 주로 지름 12미터 전파 안테나 66개로 구성되어 있다. 유럽, 미국, 일본의 천문학자가 공동으로 운영하는 이 망원경은 대기 두께가 아주 얇고 공기는 건조한 상태에서 작동하도록 고도 5000미터 높이에 있다. 그렇지 않으면 크기가 작은 전파가 낮은 고도의 습한 대기에 의해 아주 강하게 흡수되기 때문이다. 블랙홀 영상을 얻는 데 결정적 역할을 하는 것이 바로 이런 전파 망원경이다.

다시 우주 공간으로 돌아와서 별과 가스 성운의 탄생을 살펴보자. 이곳은 아주 먼 우주에서 보여주는 신비로운 장소 같다. 구름의 내부에서 마법의 손이 젊은 별들을 탄생시키고 있다. 물론 이것은 마법이 아니라 매혹적인 자연과학이다. 여기에 있는 가벼운 원소들은 우주에서 빛이 나오고 별이 탄생하는 데 결정적 재료로 쓰인다. 지구에서 작은 가스 구름들은 몹시 빨리 지나가지만, 우주 공간에서는 더 큰 질량의 가스가 뭉치게 된다. 이들은 중력에 의해 뭉쳐 점점 더 강하게 압축된다. 영국 천문학자 제임스 진스(Jame Jeans)의 이름을 딴 진스 조건은 별이 탄생하기 전에 어떤 일이 일어나는지 알려준다. 그런 구름에서는 중력과 가스 압력이 늘 평형을 이룬다. 진스는 다양한 요소가 이 균형을 깰 수 있음을 알아차렸다. 임계 진스 질량을 초과하면, 구름은 수축한다. 이 구름은 임신을 해서 새로운 별을 낳게 된다.

때때로 작은 압축만으로 충분하며, 구름은 자체 중력의 영향으로 수백만 년에 걸쳐 점점 더 응축한다. 구름의 온도는 처음에 섭씨 영하 260도에서 시작해 영상 100도까지 상승한다. 구름 안에서 뜨거워진 분자가 빛을 내면서 에너지를 방출한다.

가스가 수천 도로 뜨거워지면 분자와 원자가 파괴되면서 압력은 낮아지고 구조는 갑자기 깨져버린다. 구름은 응축하면서 작은 조각으로 부서진다. 우주적 규모에서 이 현상은 아주 빨리 진행된다. 작은 원시별이 우주에 빛을 발할 때까지 3만 년도 걸리지 않는다. 이 원시별은 따뜻한 붉은색의 빛을 방출한다. 이 상태에서 젊은 별이 되기까지 3000만 년은 더 기다려야 한다. 이 시기에 온도는 엄청난 압력을 겪으면서 수백만 도까지 올라가며 핵융합이 시작될 때까지 계속된다. 이제 수소는 핵융합하여 헬륨이 된다. 우리 태양에서도 이런 핵융합 과정이 똑같이 일어난다. 마침내 우리가 하늘에서 보는 무수한 별과 같은 새로운 별이 탄생한다.

물질 덩어리에서 행성이 탄생하다

우주 구름에서 별만 탄생하는 것은 아니다. 관측 자료를 분석해 어떻게 행성계가 형성되고 진화하는지 밝혀냈다. 구름이 서로 뭉치면서 새로 생긴 아기별 주위에 먼지가 아주 크고 서서히 회전하는 원반을 형성한다. 중심 주위에 물질이 더 많이 모일수록 원반은 더 빠르게 회전한다.

우리는 피겨스케이팅 선수의 피루엣 효과를 알고 있다. 팔을 바깥쪽으로 펼쳐 자신의 축을 중심으로 천천히 회전하던 선수가 팔과 다리를 몸쪽으로 모으면 회전 속도가 증가한다. 물리학자들은 이 현상을 냉철하게 다음과 같이 서술한다. 각운동량은 질량, 거리, 속도의 곱과 같으며 보존된다. 거리가 작아지면 속도가 증가해야 한다. 우주 공간에서도 젊은 별을 둘러싼 먼지구름에서 이런 현상이 일어난다. 구름이 더 작게 뭉쳐질수록 회전 속도는 더욱 빨라진다. 이 과정에서 강착 원반이 탄생한다.

기본적으로 이와 똑같은 일이 별의 탄생 과정에서도 일어난다. 먼지 원반에도 작은 덩어리들이 형성된다. 나는 이것을 냄비 속 상황으로 상상해본다. 소스를 걸쭉하게 만드는 과정에서 충분히 빨리 저어주지 않으면 제대로 된 소스가 아니라 작은 덩어리들이 생긴다. 이번에는 먼지 덩어리에서 별이 아니라 행성이 생성된다. 이런 원시 행성들은 내부에서 핵융합 반응이 시작될 정도로 충분히 뜨겁지 않다. 질량이 너무 작고 압력도 낮기 때문이다. 행성은 성장하면서 자신의 궤도 주변에 있는 먼지를 빨아들이고 젊은 별 주위의 먼지 원반에 고랑을 만든다. ALMA 망원경이 찍은 사진을 보면 그런 원시별의 원반 고리가 보이는데, 거대한 변종 토성 고리 같다.[2]

또한 원반의 회전 운동은 우리 태양계의 궤도가 어떻게 타원 궤도가 되었는지를 설명해준다. 모든 행성은 태양 주위의 먼지로 구성된 원시 원반에서 형성되었다. 천천히 따뜻해지는 태양의 원시별은 우리 태양계를 탄생시킨 얼음 공주였다.

이런 탄생의 초기 단계에서 생성된 얼음 덩어리는 아직도 태양계의 가장자리에 놓여 있다. 이들은 물, 암석, 먼지가 모여 더러운 얼음 덩어리를 형성하는 솜털 혜성이다. 소용돌이치는 모든 먼지 원반 덩어리가 작은 원시 행성이 되는 것은 아니다. 명왕성 같은 왜행성이 되거나 미행성과 소행성 같은 더 작은 암석 덩어리가 되기도 한다. 이런 덩어리에는 아름다운 구의 형태를 만드는 데 필요한 중력이 충분치 않다.

결국 이 덩어리들은 우주먼지로, 지구에 생명을 전달해주었다. 물과 많은 유기분자가 이런 방법으로 지구에 도달해 풍부해졌다. 지금 우리를 구성하는 모든 원소는 먼저 별에서 만들어진 뒤 먼지구름에서 분자로 얼어붙고, 마침내 지구의 탄생과 그 이후 과정을 통해 우리에게 들어오게 되었다. 그러므로 우리 인간은 우주적 존재이며, 우리 몸은 별 먼지로 구성되어 있다.[3]

우주 생명체의 존재: 외계 생명

이 모든 먼지와 행성 원반을 관측하면서 갑자기 떠오르는 질문이 있다. 지구 외의 또 다른 곳에도 생명체가 존재할 수 있지 않을까? 우리는 우주에서 고독하게 살고 있을까? 외계에 다른 형태의 생명체가 존재할까? 어린아이일 때 나는 스스로에게 이런 질문들을 한 적이 있다. 사람은 누구나 하늘의 광대함을 이해하기 시작하면서 똑같은 질문을 해온 것 같다.

1990년대 중반 내가 연구를 시작할 때만 해도, 우리가 아는 태양계 밖 행성은 하나뿐이었다. 죽은 별인 펄서 PSR 1257+12 주위를 돌고 있는 이 행성은, 1990년 폴란드의 천문학자 알렉산데르 볼슈찬(Aleksander Wolszczan)과 그의 미국 동료 데일 프레일(Dale Frail)이 발견했다. 그곳은 생명이 존재할 만한 환경이 아니었다. 내가 박사 학위를 받고 얼마 지나지 않은 1995년 미셸 마요르(Michael Mayor)와 그의 박사 과정 학생 디디에 쿠엘로(Didier Queloz)가 마르세유 부근의 오트플로방스 천문대(Observatoire de Haute-Provence, OHP)에서 또 다른 외계 행성을 발견했다. 나중에 디미디움(Dimidium)[4]으로 명명된 이 행성은 지구에서 50광년 떨어진 페가수스자리에서 우리 태양과 닮은 헬베티오스(Helvetios)라는 별 주위를 돌고 있다. 이 두 천문학자는 외계 행성 발견으로 노벨상을 수상했다.

그러는 동안 다른 태양계의 행성들에 속하는 수천 개의 외계 행성이 발견되었다. 그러나 우리은하에 존재하는 것으로 여겨지는 행성의 수로 따지면 사실 아무것도 아니다. 통계적으로 1000억 개의 외계 행성이 존재하는 것 같은데, 사실은 그보다 더 많을 수도 있다. 그러나 그 행성에 생명체가 존재한다는 분명한 증거는 아직 발견하지 못했다. 우리가 우주에 생명체로서 홀로 존재하는 것은 분명 아닌 것 같다. 그사이에 외계 생명체를 언급하고 또 외계인의 존재에 대해 진지하게 고민하는 학자들이 점점 더 늘어났다.

외계에 살고 있는 지적 생명체의 존재는 전파 관측으로 확인해볼 수 있다. 10년 전 내가 네덜란드에서 박사 과정 학생과 함께 LOFAR 전파 망원경 자료로 가능성 있는 외계 생명체의 신호를 찾는 연구를 시작했을 때 동료들이 나를 이상하게 여긴 것을 기억한다.[5] 나중에 그 학생은 캘리포니아 대학교 버클리 캠퍼스에서 연구원으로 일했다. 그 대학 외계 생명체 연구 프로젝트에 러시아 갑부 유리 밀너(Yuri Milner)가 1억 달러를 기부하기도 했다. 나도 그런 연구비를 받고 싶다. 이보다 앞서 영화 〈콘택트(Contact)〉로 유명해진 여성 천문학자 질 타터(Jill Tarter)가 기부금으로 캘리포니아에 SETI 연구소를 설립한 바 있다. SETI는 외계 지적 생명체를 찾는 연구를 하고 있다.

아직까지 우리는 우주에서 어떤 지적 생명체도 찾지 못했다. 몇몇 동료는 지구에서조차 인간 외의 지적 생명체는 없다고 주장하기도 한다. 어쨌든 외계인을 찾는 연구는 전파천문학에 몇 가지 유용한 기술적 발전을 가져왔다. SETI를 위해 엄청난 양의 자료를 처리할 수 있는 아주 성능 좋은 소프트웨어와 하드웨어가 필요하다. 이를 위해 천문학자들은 컴퓨터 전문가의 도움을 받아야 한다. 예를 들어 댄 워디머(Dan Werthimer) 같은 컴퓨터 전문가는 캘리포니아 대학교 버클리 캠퍼스에서 SETI 프로젝트를 시작했다. 그는 유명한 홈브루 컴퓨터 클럽(Homebrew Computer Club) 출신으로 마이크로소프트 창립자 빌 게이츠(Bill Gates), 애플의 창립자 스티브 잡스(Steve Jobs)·스티브 워즈니악(Steve Wozniak)과도 좋은 관계를 유지했다. 이 세 사람도 모두 홈브루 컴퓨터 클럽 소속이었고 상상할 수 없을 만큼 엄청난 부자가 되었으나, 워디머는 그렇지 못했다. 나중에 우리는 워디머가 개발한 빠른 컴퓨터 보드를 사용해 우리 망원경이 쏟아내는 방대한 관측 자료를 처리했다.

결국 우리는 블랙홀의 첫 번째 사진을 얻는 과정에서 별들이 탄생하는 곳과 분자 성운을 관측하기 위해 개발한 서브밀리미터 전파 망원경의 도움뿐만 아니라 한때 이상하게 여겼던 외계 생명체를 찾는 연구의 도움도 받았다.

우리가 발견하기 전까지는 외계 생명체가 실제로 존재하는지 알 수 없다. 내게 이것은 냉철한 과학적 질문이다. 우리가 외계 생명체를 발견했다고 해서 사회 공동체나 종교가 무너지지는 않을 것이다. 약간 흥분의 도가니에 빠졌다가 다시 일상으로 돌아갈 것이다. 우리가 누구인지는 외계인이 아니라 우선적으로 우리에게 달려 있다. 모든 생활이 가능한 행성은 수 광년, 어쩌면 수백 광년 또는 수천 광년 떨어져 있어서 이들과의 소통은 아마 몇 세대가 지나서야 가능할지 모른다. 우주로부터 구원을 기대하기보다는 우리 행성을 질서 있게 유지하고 서로 현명하게 대해야 한다.

05

죽은 별과 블랙홀

하늘에서의 죽음: 별은 어떻게 죽는가

별은 태어나고 죽으면서 새로운 별이 탄생할 공간뿐 아니라, 별의 사후에 생겨날 블랙홀을 위한 공간도 마련한다. 우주에서는 모든 것이 단순하게 연결되어 있으며, 그곳에서의 죽음 역시 매혹적이고 놀라운 모습을 제공한다.

몇 년 전 나는 천문학자 밀러 고스(Miller Goss)를 축하하기 위해 열린 미국의 한 심포지엄에 참석한 적이 있다. 그는 뉴멕시코주의 조용한 마을 소코로(Socorro)에서 미국 내 가장 크고 성공적인 전파 간섭계 천문대 두 곳, VLA(Very Large Array)와 VLBA(Very Long Baseline Array)를 운영하고 있었다. 이보다 더 중요한 사실은 그가 많은 젊은 천문학자를 길러냈다는 것인데, 나도 그중 한 사람이다. 그를 축하하기 위해 전 세계의 동료들이 모여들었고, 심포지엄의 마지막에 그는 자기가 가장 좋아하는 곳으로 여행을 준비했다. 우리는 유명한 차코협곡(Chaco Canyon)으로 운전해 갔다. 1000년경 인디언이 점토로 감동적인 주거지를 건축한 곳이었다. 이 푸에블로 인디언 마을의 끝에 낮은 벽으로 둘러쳐진 곳이 있었다. 이곳에 한때 천체 관측자들이 앉아 있었다고 턱수염을 기른 공원 관리인이 설명해주었다.

나는 매일 밤 이 자리에서 꼼짝 않고 앉아 아침이 와서 어둠이 걷힐 때까지 별들의 움직임을 추적하는 한 인디언 노인을 상상해보았다. 여명이 밝아오는 아침 태양 빛이 몸을 비출 때 그에게는 늘 숭고한 순간이었을 터이다. 여명은 이 사람들의 삶에서 아주 중요한 일상의 의식이었다. 어쩌면 지구와 자연의 항상성에 안도의 숨을 내쉬는 순간이었을 테다. 그리고 시간의 흐름에 대한 무언의 신호였다. 아마 생명이 연장되었다는 기쁨의 순간이었을 것이다. 빛이 다시 찾아오고 태양이 지면을 따뜻하게 데우고 새들이 지저귀고 여기저기서 식물이 자란다.

인디언들에게 이 협곡은 달력이었다. 날카로운 절벽 가장자리를 기준으로 그들은 일출 때 태양의 위치를 찾아낼 수 있었고, 그래서 1년 중 하루하루를 아주 정확하게 결정할 수 있었다. 지구가 태양 주위를 돌기 때문에 일출 지점이 가을에는 약간 남쪽에 위치하고, 봄에는 다시 북쪽으로 돌아오게 된다.

콜럼버스가 신대륙에 도착하기 훨씬 전부터 이곳에서 별을 관측하던 고대 인디언은 그러나 이 현상을 조금 다르게 이해했다. 1000년 전쯤 이상한 일이 발생했기 때문이다. 아주 가까이에 있는 암벽화는 극히 드문 천문 현상을 묘사하고 있을 것이다. 즉 밝은 천체가 낮에도 관측할 수 있을 만큼 아주 밝게 빛났다.

1054년 여름 전 세계 사람들은 놀라 하늘을 올려다보았다. 많은 사람이 대재앙이 올 거라고 두려워한 것 같다. 고대 중국의 송나라 천문학자들은 이 우주에서 일어난 선풍적 사건을 자신들의 연대기에 정확히 기록해놓았다. 그들은 하늘에서 금성처럼 밝게 빛나는 객성(客星)에 대해 기록했다. 심지어 아랍의 의사는 새로운 별이라고 기록했다.

유럽 사람들도 오후의 하늘을 지배한 '밝은 원반'에 놀란 것 같다. 그러나 그곳에서 확실한 관측은 없었다. 거의 모든 나라에서 기록할 정도로 사람들을 사로잡은 것의 정체는 무엇이었을까?

그 현상은 초신성, 거대한 별의 폭발이었다.[1] 이 초신성은 우리은하에서 6000광년 떨어진 곳에서 일어났다. 고대 인디언이 앉아서 관측하던 협곡의 암벽화에는 노란색 바위에 빨간색으로 반달이 그려져 있다. 그 옆에 큰 별 하나가 보인다. 마치 아이들이 별을 그릴 때처럼 빛이 사방으로 퍼지는 동그란 모양을 하고 있다. 이 별은 달처럼 크다. 이것은 당시 인디언 화가가 초신성을 묘사한 방법이라고 공원 관리인이 설명했다. 우리 천문학자 그룹은 그것을 확신하지 못했다. 이제 전문가들은 이 그림이 그 유명한 초신성 1054인지 아닌지 토론했다.[2] 그러나 그런 보기 드문 현상이 눈에 띄지 않았을 가능성은 아주 낮다고 나는 생각한다.

별은 열기구와 비슷한 것으로 상상해볼 수 있다. 중심의 열 때문에 풍선은 부풀어 오른다. 연료를 다 소모하면 가스가 냉각되고 압력이 떨어지면서 풍선은 쭈그러든다. 그렇게 별도 마지막을 맞이한다. 연료가 다 타면 별은 수축한다. 비유적으로 별이 언제 어떻게 죽는지는 그 질량에 따라 다르다. 대부분은 가벼운 별인데, 이 별들은 아주 오랫동안 빛을 내다가 시름시름 천천히 죽어간다.

태양은 전체 별들 중 평균 정도의 수명을 지니고 있다. 태양이 쭈그러들기 시작하면 다시 불이 지펴진다. 별의 심실에는 핵융합의 산물인 뜨거운 헬륨 핵이 모인다. 폭축(implosion, 爆縮: 내부 폭발—옮긴이)하는 별의 높은 압력 때문에 온도는 다시 상승하고 헬륨이 탄소로 핵융합을 하면서 자신의 마지막 에너지를 방출한다. 그 결과 '바깥 껍질'이 부풀어 오른다. 죽기 직전 태양은 부풀어 오르면서 적색거성으로 성장해 수성, 금성, 아마 지구까지 삼켜버릴 것이다.

우리 태양보다 질량이 큰 별은 마지막 숨을 내쉴 때 가스와 플라스마를 우주 공간에 내뿜는다. 죽어가는 별이 내부에서 빛을 비출 때 멋진 모양과 색을 지닌 행성상 성운이 형성된다. 이 장관은 우주 스케일로 보면 눈 깜짝할 순간만큼 지속되며, 수천 년이 지나면 없어진다. 행성상 성운의 모습이 실제 행성과는 전혀 상관이 없기 때문에 행성상 성운이라 일컫는 것은 오해의 소지가 있다. 18세기에 망원경으로 관찰했을 때 멀리 떨어져 있는 가스 행성처럼 보였던 것이다.

행성상 성운의 중심에는 핵융합의 결과물이 압축되어 뭉쳐 있는데, 여기에 죽은 별의 전체 질량이 다 모여 있다. 이곳의 압력은 아주 커서 원자들이 더 이상 자리가 없어 완전히 밀착될 때까지 압축은 계속된다. 이때 전자 압력은 별의 계속되는 수축을 저지한다. 별 내부의 개별 원자핵 주위를 돌고 있는 전자는 이른바 페르미온(Fermion)이다. 이 전자들은 물리적 외톨이여서 다른 페르미온과 침대를 절대 공유하지 않는다. 너무 좁게 압축되면 전자들은 중력의 압력에 저항해 다 타버린 핵의 완전한 폭축을 저지한다.

별의 바깥층이 다 날아가버리면 이제 빽빽하게 채워진, 밝게 빛나는 탄소로 구성된 작은 핵만 남는다. 이 천체가 백색왜성이다. 백색왜성은 지구 정도의 크기이지만 태양 정도의 질량을 지니고 있다. 찻숟가락에 담긴 백색왜성 물질은 9톤 화물차의 무게와 맞먹는다. 태양도 수십억 년 뒤 백색왜성이 된다. 왜성의 표면은 아주 뜨겁고 오랫동안 열에너지를 우주로 방출한다. 그러고 난 뒤 이 죽은 별은 결국 차갑고 완전히 둥근 탄소 결정체가 된다. 우주에 떠 있는 엄청나게 큰 다이아몬드가 되는 것이다.

인도 물리학자 수브라마니안 찬드라세카르(Subrahmanyan Chandrasekhar)는 이 과정에서 어떤 양자역학적 효과가 영향을 미치는지 계산해냈다. 1930년 찬드라세카르는 인도에서 시작한 물리학 공부를 케임브리지에서 계속하기 위해 19세에 배를 타고 영국으로 건너갔다. 긴 여행 중 그는 시간이 많이 남아 백색왜성의 질량이 최대가 되는 값을 계산해보았고, 태양 질량의 1.44배란 값을 얻었다.

그런데 별이 태양보다 훨씬 크고 무거워서, 말 그대로 압력이 견딜 수 없을 만큼 상승하면 어떤 일이 벌어질까? 태양 질량의 8배 이상인 별은 폭축을 방해하기 위해 다음 연소 장치를 점화한다. 양파 껍질처럼 겹겹이 거대한 별의 핵에서 핵 연소가 스스로 일어난다. 각 껍질은 중심으로 갈수록 더 뜨거워지고, 각 껍질을 둘러싸고 있는 물질의 핵융합 산물은 늘 더 무거운 원자핵으로 핵 연소가 일어나며, 그때마다 거기에 맞는 에너지가 방출된다. 수소는 헬륨으로, 헬륨은 탄소로, 탄소와 헬륨은 산소로, 산소는 규소로, 규소는 철로 핵 연소가 진행된다. 각각의 핵 연소 과정은 이전보다 빨리 진행된다. 헬륨이 탄소로 핵 연소되는 데는 100만 년 정도 걸리지만, 규소 전부를 철로 융합하는 데는 며칠밖에 걸리지 않는다.

그러고 나면 끝이다! 철은 자연에서 에너지가 가장 밀집된 원자핵이다. 압력이 매우 커서 철이 다른 새로운 원소로 융합할 때, 이 과정은 더 이상 에너지를 제공하지 않고 오히려 추가 에너지를 요구한다. 단순하게 압력을 높이고 원자에서 계속 에너지를 뽑아내는 작업이 한순간에 정지해버린다. 순식간에 가열이 아닌 원자 냉각이 일어난다. 압력은 증가하는 대신 줄어든다. 노쇠한 별의 불안정한 다리가 부러져 넘어지게 되고, 별은 죽어서 폭축한다. 몇 분 만에 핵이 폭축해버린다. 죽어가는 별은 더 이상 자체 중력에 저항할 수 없다.

별 주검의 내부 압력은 상상할 수 없을 만큼 상승해 빽빽하게 채워진 원자들이 짓눌리게 된다. 이런 별들의 핵은 찬드라세카르가 계산한 백색왜성 질량의 상한값보다 더 큰 질량을 보유하기 때문이다. 돌이킬 수 없는 영원한 폭축이 일어나기 바로 전 마지막 정지가 일어난다. 보통 때는 접촉을 싫어하는 전자들이 원자핵에서 구조되어 양성자와 결합해 중성자를 형성한다. 중심에서 원자 껍질이 벗겨지고 나머지는 이전의 원자보다 1만 배가량 작아진다.

껍질을 지닌 원자의 크기가 내가 응원하는 축구팀 FC 쾰른의 홈그라운드 라인에네르기슈타디온(Rheinenergiestadion)만 하다고 상상해보면, 원자핵은 킥오프 지점에 놓인 5센트짜리 동전 크기에 불과하다. 따라서 원자 속은 보통 거의 진공 상태라고 보면 된다. 별의 원자가 중성자로 변하면, 이 별은 중성자별로 수축해버린다. 폭축은 마치 축구장 전체를 작은 동전 하나 크기로 압축하는 것과 같다. 태양 질량의 1.5배가 넘는 질량이 중성자별에서 지름이 약 24킬로미터인 구에 모여든다. 밀도는 믿기 어려울 만큼 크다. 중성자별 물질 5밀리리터가 25억 톤 정도 된다. 작은 찻숟가락 하나에 담긴 물질이 쾰른 대성당 질량의 8000배나 되는 것이다.

중성자별은 오랫동안 억측처럼 여겨졌다. 1967년 11월 28일 조슬린 벨(Jocelyn Bell)과 그녀의 박사 과정 지도교수 앤터니 휴이시(Antony Hewish)가 케임브리지의 멀라드(Mullard) 전파 천문대에서 이상한 전파 신호를 발견하기 전까지는 말이다. 여러 개의 짧은 펄스가 정확한 시간 간격으로 지구에 도착했다. 이 신호는 마치 우주에 있는 시계가 똑딱거리는 것 같았다. 그래서 이런 펄스를 내는 천체를 펄서라고 불렀다. 그러나 처음에 두 천문학자는 이 신호의 정확성에 조금 당황했고, 장난삼아 이 전파원에 작은 외계인이라는 뜻으로 'LGM(Little Green Men)'이라는 이름을 붙여주었다. 얼마 지나지 않아 이들이 발견한 것은 극히 작지만 질량이 매우 큰 천체로, 아주 빠른 속도로 자전하고 있음이 밝혀졌다. 이 천체가 실제로 중성자별이었다. 즉 질량은 태양과 비슷하지만 크기는 독일 바이에른 지방의 소행성 충돌 분화구인 뇌르틀링겐 리스(Nördlinger Ries)만 한 죽은 별이었다. 모든 중성자별이 펄서가 되는 것은 아니지만 모든 펄서는 중성자별이다. 우주의 등대처럼 펄서는 전파를 2개의 원뿔 모양 빔 형태로 우주에 방출한다. 그 전파 빔이 규칙적으로 우리에게 도달하고 하늘에 전파 섬광을 야기하는 것이다. 중성자별은 아주 안정적이고 무거워서 거대한 속도 조절 바퀴처럼 작동한다. 또 원자시계처럼 정확하게 똑딱거린다. 중성자별이 지닌 엄청난 안정성과 지속성 덕에 천문학자들은 펄서를 이용해 상대성이론을 검증하는 많은 실험을 수행했다.[3] 가장 유명한 예는 2개의 펄서가 서로를 중심으로 공전하는 이중 펄서 PSR J0737-3039[4]이다. 공전 궤도의 세차 운동을 측정했을 때 아인슈타인의 심장이 심하게 뛰었는데, 이 이중 펄서에서의 타원 궤도 세차가 수성보다 1만 배 이상 크다는 것을 소수점 아래 다섯 번째 자리까지 정확하게 측정했다.

중성자별의 생성은 장관을 연출하는데, 질량이 태양보다 8배 이상 되는 별에서 일어난다. 그렇게 큰 별은 우리 태양보다 더 깊은 인상을 주며 죽어간다. 별의 연료가 소진되면 은하의 불꽃놀이가 시작된다. 폭축하는 질량의 압력으로 인해 중심에서 갑작스럽게 새로운 중성자별이 생성되고 별에 남아 있는 물질들이 초음속으로 안쪽으로 붕괴한다. 전자와 양성자가 핵에서 갑자기 녹아버리면서, 엄청나게 많은 양의 중성미자가 방출된다. 전자나 양성자보다 작은 중성미자가 별의 껍질에 추가 에너지를 축적한다. 이때 파국적인 충격파가 별 전역에 걸쳐 바깥쪽으로 퍼져나가면서 별을 최종적으로 파괴해버린다. 이런 은하 내에서 일어나는 폭음을 천문학자들은 초신성이라 일컫는다. 초신성은 우주에서 반짝거리며 환상적인 우주 쇼를 선사한다. 이런 장관이 1000년 전 차코협곡의 인디언들과 전 세계의 많은 관측자들을 놀라게 한 것이다.

초신성이 무엇인지 상상해보자. 은하에서 일어나는 폭발은 눈 깜짝할 사이에 태양이 전 생애 동안 만들어내는 에너지보다 더 많은 양을 방출한다. 그러나 전체 빛이 팽창하는 별 껍질을 통과할 때까지는 몇 주가 걸린다. 그래서 사람들은 초신성을 때때로 한 달 내내 관측할 수 있다. 극한의 온도와 압력 조건에서 철보다 무거운 새로운 원소들이 생성된다. 잔해 구름 속에 있는 코발트, 니켈, 구리, 아연 등이 수백만 도가 되는 뜨거운 가스로부터 나와 우주 공간으로 내뿜어지면서 빛을 발하게 된다.

이 성간 충격파는 초속 1만 킬로미터의 속도로 공간 속으로 질주하며 구 형태로 퍼져나가는 엄청난 힘을 지닌 입자 가속기다. 어떤 원자핵은 거의 빛의 속도까지 가속되면서 성간 공간의 난류 속 자기장을 따라 우리 은하를 방황한다. 보이지 않을 만큼 작은 양이 큰 에너지를 지닌 채 지구에 내려와 우주선(cosmic ray)에 기여하게 된다.

이 충격파 면을 오늘날 우리가 관측하고 있는 것이다. 2009년 내 제자 중 한 명[5]이 이웃 은하인 M82에서 새로운 전파원을 발견했다. 실제로 우리는 한 달 넘게 초속 1만 2000킬로미터로 퍼져나가는 아주 밝은 전파 고리를 관측했다.[6] 퍼져나가는 속도와 크기로 그 별이 이미 1년 전에 폭발한 것으로 결론지을 수 있었다. 초신성 2008iz를 발견한 것이다. 이 초신성은 넓게 퍼진 먼지 성운 뒤에 숨어 있어서 어떤 망원경으로도 관측되지 않았다. 공상과학영화나 순수 학술 서적에서만 다루는 이런 우주 드라마를 직접 발견하고 생생하게 경험하는 일은 매우 흥미롭다.

1054년의 밝은 초신성 잔해를 오늘날에도 관측할 수 있다. 이 초신성은 아름다운 게성운을 남겨주었다. 우리은하의 페르세우스 팔에 있는 이 천체는 각종 화학 원소가 타면서 여러 색깔을 내는 구름처럼 보이는데, 이는 오래전부터 내려오는 초신성의 기록이 동화가 아니라 실제임을 증명해준다.

우리은하에서는 1000년에 약 20개의 초신성이 폭발하는 것으로 추정된다. 1572년 11월 11일, 그중 하나를 튀코 브라헤가 여동생 소피(Sophie)와 함께 관측하고 놀랐다. 그들은 새로운 별이 탄생하는 현상으로 여겨 그 천체에 신성이라는 뜻의 '스텔라 노바(stella nova)'라는 이름을 붙여주었다. 1604년 케플러도 초신성 하나를 기록했다. 어떤 세차도 관측되지 않았다는 것은 이 빛이 우리 지구 대기에서 오는 것이 아니라 적어도 달보다 더 먼 곳에서 발생했음이 분명하다는 것을 보여주었다. 이 초신성은 별들의 천구가 변화하지 않는다는 아리스토텔레스의 우주관을 철퇴시키는 또 하나의 증거가 되었다.

오늘날에도 천문학자들은 멀리 떨어진 외부은하에서 새로운 초신성을 계속 발견하고 있다. 그러나 매일 새로운 초신성이 우리은하에서도 맨눈으로 관측 가능한 하늘에 나타날 수 있다. 사실 초신성은 관측할 때가 되었을 수도 있지만, 또 관측하기 위해 100년을 더 기다려야 할 수도 있다.

아주 가까이에 초신성이 있어도 인간은 위험하지 않다. 근본적으로 이런 초신성 덕택에 우리 행성과 지구에 생명체가 생겨났다. 별은 일생의 마지막 단계에서 아주 빠른 순환으로 중요한 원소들을 생성한다. 초신성을 통해 그 물질들이 우주 공간으로 흩어지고, 이 물질들은 먼지구름에서 다시 모이며, 그로부터 다음 세대의 별 생성 과정에서 새로운 별과 행성이 탄생할 수 있다. 우리 지구에서 중요한 모든 원소는 바로 이곳에서 생성되었다. 별의 죽음 없이 생명체는 결코 존재할 수 없으며, 금문교에 추가된 아름다운 빨간색도 볼 수 없었을 것이다. 금문교의 재질은 산화철로, 여기에 사용한 철 역시 초신성 폭발로 분배된 원소이다. 따라서 우리는 죽어가는 별들에게 아주 많이 고마워해야 한다.

블랙홀이 태어나다

중성자별에게도 너무 무거운 별이 있다. 과체중의 알프레트 삼촌을 위해 준비한 거실의 아주 안정적인 의자와 같다. 삼촌이 싸구려 플라스틱 접이식 의자에 앉았다가 의자가 부서지는 일을 겪은 뒤부터 그를 위해 이런 무거운 나무 의자를 준비해놓았다. 안전한 것이 좋은 것이니까! 그러나 아무리 안정적인 의자라도 한계가 있는 법이다. 알프레트 삼촌이 서커스 코끼리를 데려와 나무 의자에 앉힌다면, 이 의자도 부서지고 말 것이다.

천제물리학에서 백색왜성은 가장 싼 플라스틱 의자이고, 중성자별은 안정적인 나무 의자다. 이 나무 의자는 훨씬 잘 견뎌내지만 모든 것을 견뎌낼 수는 없는데, 별 중에 진짜 코끼리가 존재하기 때문이다. 이런 통찰은 공교롭게도 미국 원자폭탄의 아버지 로버트 오펜하이머(Robert Oppenheimer)와 동료 및 학생들 덕택이다. 그들은 제2차 세계대전이 발발하기 직전에 중성자별이 최대 한계 질량을 지니고 있음을 증명했다. 마치 찬드라세카르가 백색왜성의 회복력이 무한하지 않다는 것을 보여주었듯이 말이다.[7] 오늘날의 계산에 따르면 중성자별의 최대 한계 질량은 태양 질량의 2~3배가 넘는다.

우주에서 코끼리별은 무게가 태양의 25배 이상인 별이다. 이 별이 폭발할 때 상당 부분의 질량이 우주 공간으로 방출되고, 핵에는 우선 백색왜성이 형성되었다가 다음에 중성자별이 형성된다. 내부에서 점점 더 많은 물질이 중심으로 떨어져 중성자별조차 언젠가는 폭축하고 더 이상 수축을 저지할 수 없게 된다. 질량이 그렇게 큰 별의 자체 중력을 저지할 힘은 아직까지 밝혀지지 않았다. 폭축은 제지할 수 없다. 별은 끝없이 아래로 가라앉고, 언젠가 모든 질량이 무한대로 높은 밀도를 지닌 한 점에 도달할 때까지 점점 작아진다. 이제 우주의 이상한 천체, 즉 블랙홀이 태어났다. 물론 오펜하이머 시대에는 그렇게 부르지 않았다.

아인슈타인 자신도 이 사고에 충격을 받았다. 상대성이론을 발표한 지 몇 달도 되지 않아 독일 천문학자 카를 슈바르츠실트(Karl Schwarzschild)가 한 점으로 수축한 질량의 시공 구조를 계산했는데, 그 결과가 아주 자극적이었던 것이다.

현대 천체물리학의 선구자 슈바르츠실트는 1914년 제1차 세계대전이 발발했을 때 포츠담에 있는 천체물리 천문대의 책임자로 있었다. 반전주의자이자 아인슈타인의 추종자인 에딩턴과 달리, 유대인 상류층 출신의 이 독일 물리학자는 조국을 위해 독일군 포병대에 자원했다. 비극적인 결정이었다. 2년 뒤 그는 전쟁터에서 중병에 걸려 사망하고 말았다.

그럼에도 슈바르츠실트는 전쟁 중[8]에 세계적인 수준의 과학 논문 두 편을 썼다. 한 편의 논문에서 그는 점 질량 주변에서 휘어진 시공간의 휘어짐을 계산했다. 그렇게 슈바르츠실트는 일반상대성이론 방정식을 구체적인 경우에 적용해 정확한 해를 얻은 최초의 학자가 되었고,[9] 그 결과를 깜짝 놀란 아인슈타인에게 자랑스럽게 보냈다. "나는 문제의 정확한 해를 이렇게 간단한 방법으로 표현할 수 있다고는 생각지 못했다"고 아인슈타인은 답장을 하고는 프로이센 학술원의 다음 회의에서 이 결과를 발표했다.

슈바르츠실트의 해[10]에서 모든 질량은 한 점에 집중되지만, 이 점에서 공간 자체는 한 방향으로 무한히 확장되는 것처럼 보이며 공간의 휘어짐은 무한대로 커진다. 갑자기, 제한된 공간에 무한한 공간이 생긴다. 방정식은 특이점을 보여준다. 특이점에서는 방정식이 폭발하고 무한대로 껑충 뛰며 어떤 것도 지속되지 않는다. 물리학자들은 특이점이 실제로 존재하는 것이 아니라 방정식에서 무언가 빠져 있음을 나타낸다는 것을 알고 있다. 따라서 아인슈타인에게 "점 질량은 존재하지 않는다"는 것이 분명했다. 특이점은 단순한 수학적 놀이이지만 흥미롭다.

그런데 아인슈타인을 비롯한 과학자들을 불안하게 만든 것은 중심 특이점 바깥 멀리에서는 방정식에서 약간 이상한 일이 벌어진다는 것이었다. 즉 다음과 같은 거리에서 이런 일이 발생했다.

$$R_s = \frac{2GM}{c^2}$$

오늘날 이 거리를 일컬어 슈바르츠실트 반지름이라 한다. 이 식에서 M은 천체의 질량, c=299,792.458km/s, G=6.6743×$10^{11}$$m^3$/kg/$s^2$은 각각 빛의 속도와 중력상수다.

그곳 바깥쪽에서는 무언가 잘못되고 있다. 방정식은 말도 안 되는 것

이었다. 슈바르츠실트 반지름에 도달하면 시간이 멈춘 듯하다. 그런데 이 반지름 안쪽에 존재하는 사람은 더 이상 공간 여행이 아니라 시간 여행을 하게 된다.

평범한 삶 속에서 나는 편안하게 공원 벤치에 앉아 있을 수 있다. 나는 공간에서 꼼짝 않고 앉아 있는데, 시간은 정지하지 않고 흘러간다. 슈바르츠실트 반지름 안에서 나는 시간적으로 멈춰 있지만, 공간은 기필코 나를 중심 특이점으로 끌어들인다. 바깥으로 나오려고 움직일수록 중심에 더 가까워질 뿐이다.

이는 특이한 일이다. 아마도 이 공간에서 다시 빠져나와 슈바르츠실트 반지름을 안쪽에서 바깥쪽으로 통과하는 것은 불가능하다. 한번 슈바르츠실트 반지름 안에 들어간 것은 절대 못 빠져나온다. 물질도 빛도 정보나 힘도 마찬가지다. 거기서 실제로 무슨 일이 일어났는지 이해하기까지 아주 긴 시간이 걸렸다. 슈바르츠실트는 이것을 알지 못한 채 제1차 세계대전의 음울한 참호 속에서 블랙홀을 묘사한 것이다.

그러나 점 질량 주위에서 언젠가는 무언가 맞지 않게 되는 경우가 생길 거라는 점은 이미 그 전에도 분명했다. 이것을 행성 운동에 대한 케플러와 뉴턴의 간단한 이론으로도 볼 수 있을까? 태양에 가까워질수록 태양 주위를 도는 속도는 더 빨라진다. 만일 태양이 무한히 작다면 반지름이 3킬로미터인 아주 작은 궤도를 지닌 행성이 빛의 속도로 궤도 운동을 하게 될 것이다. 그리고 더 안쪽에서는 빛보다 더 빨리 운동한다. 그러나 이것은 불가능하다!

인력도 아주 커진다. 같은 공간에 더 큰 질량이 집중될수록 중력은 더욱 커지고, 그 천체를 빠져나오기는 더더욱 어려워진다. 지구의 인력을 벗어나려면 발사체를 초속 11.2킬로미터로 우주로 쏘아 올려야 한다. 무거운 태양 표면을 빠져나오려면 초속 617킬로미터가 되어야 한다. 태양을 계속 압축한다면 표면에서 탈출 속도는 계속 증가해 결국 어느 땐가 빛보다 더 빠르게 날아야만 하는 경우가 생긴다. 뉴턴 이론에서는 빛조차 빠져나올 수 없어 빛도 구할 길 없이 다시 별로 떨어져버린다. 아인슈타인 이론에서는 블랙홀의 가장자리에서도 빛의 속도로 앞으로 나아갈 수 없다.

이미 1783년에 존 미셸 목사는 상대성이론에 대한 지식 없이, 만일 태양이 엄청난 인력을 지니고 있다면 탈출 속도가 빛의 속도보다 더 커질 것이고 이런 물체가 자연에 존재한다는 사실을 알아냈다. 이런 '어두운 별'은 그것이 존재하고 우주의 어느 곳에 자리 잡고 있음에도 빛을 내지 않기 때문에 분명 관측이 불가능할 것이다.

아인슈타인 이론에서 블랙홀 주변의 공간은 끌어당기는 강과 같은데,[11] 이 강은 슈바르츠실트 반지름에서 폭포로 끝이 난다. 빛은 공간이란 강에서 수영하는 사람과 같다. 절벽에서 멀리 떨어진 곳에서는 강물의 흐름에 역행해 빠르게 수영할 수 있다. 폭포에 가까워지면 물살이 아주 강하므로 훨씬 더 빨리 헤엄쳐야 한다. 그러나 어느 시점에 이르면 수영 세계 금메달리스트라 할지라도 급류를 피하지 못하고 휩쓸려버린다. 절벽 끝에서 떨어지고 나면 너무 늦었다. 아무도 폭포수를 헤엄쳐 오를 수 없다. 이와 똑같은 일이 슈바르츠실트 반지름에서 일어난다. 이곳은 되돌아올 수 없는 점이다. 빛도 공간 깊숙이 빨려 들어가버린다.

1956년 물리학자 볼프강 린들러(Wolfgang Rindler)는 이 공포의 경계선을 '사건의 지평선'이라 불렀다. 사건의 지평선은 만져볼 수도 느낄 수도 없다. 이것은 빈 공간에서의 특정한 거리이고 수학적 정의이며 정점이다.

태양의 슈바르츠실트 반지름을 계산하면 약 3킬로미터, 지구는 0.9센티미터, 사람은 원자핵 크기의 1000억분의 1이다.

아인슈타인은 슈바르츠실트 반지름 내부 영역은 물리적으로 의미가 없고, 순수하게 환상의 영역이며 수학의 영역이라고 확신했다. 자연은 그런 천체가 존재할 수 없도록 방해하는 것 같다. 그래서 1939년 아인슈타인은 논문 한 편을 발표했는데, 여기서 그는 상대성이론의 도움으로 그런 어두운 별은 존재하지 않는다는 것을 증명하길 원했다. 의기양양하게 그는 한 문장으로 마무리했다. "이 연구의 주요 결과는 왜 슈바르츠실트 특이점이 물리적으로 존재하지 않는지에 대해 분명하게 설명해준다는 것이다." 이 문장은 "블랙홀은 존재하지 않는다"[12]는 말과 같은 뜻이다.

그러나 아인슈타인의 논문은 요점을 빗나갔다. 오펜하이머와 동료들은 거의 동시에 별들은 한 점으로 붕괴할 수 있음을 증명해냈다.[13] 그 별이 충분히 무겁다면 붕괴는 막을 수 없게 된다.

여기에서 상대성이론의 이상한 성질이 다시 나타났다. 붕괴가 일어날 때 무엇을 볼 수 있을지는 어디서 그것을 보느냐에 따라 완전히 달라진다. 망원경으로 붕괴를 주의 깊게 추적하는 관측자는 별이 어떻게 붕괴해 블랙홀로 사라지는지 보게 된다. 사건의 지평선이 생기고, 관측자에게 다가오는 모든 것이 계속 희미해지고 느려진다. 각각의 빛 파동은 무한대로 늘어져 빛이 가장자리에서 나오면 더 이상 측정이 불가능하다. 시간은 쫄깃쫄깃한 당밀이 되어 정지해버린 것처럼 보인다. 빛 파동의 박자로 시계를 만들어 사용한다면, 이때 측정되는 시간은 공간이 늘어 뜨려지듯 천천히 돌 것이다. 시계는 천천히 움직이다가 어느 순간 멈출 것이다.

무모한 관측자가 붕괴하는 별의 표면에 앉아 있다면, 그에게는 확실한 죽음에 이르는 것 외에는 특별한 일이 벌어지지 않는다. 다른 모든 입자와 함께 그는 별 중심으로 떨어진다. 그는 사건의 지평선을 통과할 때 어떤 이상한 점도 감지하지 못하며, 별 중심으로 들어가고 있다는 것조차 인식하지 못한다. 그에게 블랙홀은 항상 그의 앞에 놓인 아주 큰 반점으로 보인다. 블랙홀의 안쪽에 있는데도 그렇다. 그가 밀리초 이내에 별 중심의 특이점에 완전히 압축될 때까지 그의 시간은 정상적으로 움직인다. 별의 빛은 그 관측자와 함께 안으로 떨어진다. 그러나 항성 블랙홀에서 이런 재미는 극도로 제한되어 있다. 이 무모한 사람의 발이 그의 머리보다 별 중심에 더 가까이 놓이기 때문에, 발이 머리보다 더 강하게 당겨진다. 그래서 그 사람은 찢어지면서 스파게티 면처럼 길쭉하게 늘어난다.

남녀 불문하고 모든 물리학자는 이런 시나리오를 곰곰이 생각하기를 즐긴다. 물론 모든 사람이 그것을 즐겁게 여기지 않을지라도 말이다. 오랫동안 사람들은 이런 천체를 일컬어 '얼어붙는 별'이라고 했다. 이 별의 가장자리에서는 시간이 정지해버리기 때문이다. 그러나 이것은 정확한 표현이 아니다. 엄밀히 말해 시간이 정지한다는 것은 영원히 똑같은 블랙홀의 경우에만 성립한다. 블랙홀이 물질을 가속시켜 블랙홀이 커지면 그 블랙홀의 사건의 지평선도 약간 커지면서 안으로 떨어지는 물질을 밀치는 일이 생긴다.

'블랙홀'이란 용어는 1964년 앤 어윙(Ann Ewing) 기자의 기사에 처음 등장했고,[14] 1967년에 존 아치볼드 휠러(John Archibald Wheeler)가 한 학술회의에서 사용하면서 정착됐다. 그 후로 블랙홀은 일반인이나 전문가 모두를 사로잡았다. 어떤 사물이나 현상에 부여되는 명칭은 물리학에서도 아주 중요한데, 미국 사람들은 마케팅에 일가견이 있다. "중력적으로 완전히 붕괴한 천체"를 최초로 찍은 사진이란 제목의 책을 사는 사람은 아무도 없을 것이다.

그러나 블랙홀은 자전할 수도 있다. 1963년 뉴질랜드 수학자 로이 커

(Roy Kerr)는 이런 천체에 대한 수학적 해를 찾아냈는데, 이는 그런 천체 주위의 공간과 시간을 설명해준다.[15] 회전하는 물질이 블랙홀에 떨어지면 각운동량이 보존된다. 그래서 소용돌이가 물을 같이 회전하게 만들듯, 블랙홀은 공간과 같이 회전하게 된다. 소용돌이에 휘말린 배가 바다 깊숙이 빨려드는 것과 마찬가지로 회전하는 공간은 특정 거리부터는 물질과 빛을 함께 회전하게 만든다. 다른 한편 소용돌이치는 영역에 떨어지는 자기장의 도움으로 블랙홀에서 회전 에너지를 뽑아내는 것이 원칙적으로는 가능하다.[16] 회전하는 블랙홀의 안쪽에 있는 특이점은 이상한 성질을 지닌 고리 형태를 띤다. 특이점 주변을 수학적으로 선회할 수 있는데, 어느 시점에 선회를 시작하자마자 곧바로 그곳을 나오게 된다.

블랙홀은 아주 큰 별에서만 생겨날 수 있으며, 그런 큰 별은 오래 살 수 없다. 수명은 수백만 년밖에 안 된다. 거성이 되자마자 바로 폭발한다. 젊은 별이 탄생하는 곳에는 항성 블랙홀이 존재한다. 1억 개의 블랙홀이 우리은하에 존재하는 것으로 추정된다. 이런 블랙홀은 수천 광년 떨어져 있고 너무 작아서 사진을 찍을 수 없다. 많은 경우 블랙홀은 하늘에서 밝은 엑스선원(X線源)으로 관측되며, 블랙홀이 이웃 별에서 물질을 빨아들이고 또 그 물질을 같이 회전시킬 때 엑스선이 방출된다. 이 경우를 엑스선 쌍성이라 일컫는데, 사실 서로 돌고 있는 천체는 한 별과 한 별의 주검이다. 블랙홀 좀비는 제 파트너를 조금씩 조금씩 잡아먹고 있다.

우리은하의 중심

2016년 6월 나는 경치 좋은 나미비아 갬스버그(Gamsberg)산 편편한 산꼭대기에 앉아 있었다. 우리는 그곳에 새로운 전파 망원경을 설치하려 했다.[17] 이곳에는 아직도 조그마한 오두막이 몇 채 있었다. 우리는 돈이 없었지만 압도적인 파노라마 전경을 보여주는 넓은 풍경을 바라보았다. 내 밑에는 지평선에 이르기까지 사방으로 돌투성이의 천연색 사막이 펼쳐져 있고, 내 위에는 지고 있는 태양이 아주 청명한 하늘을 짙은 빨간색으로 물들이고 있었다. 서서히 사라져가는 모래와 태양이 만드는 오색찬란한 번쩍임이 내 눈을 호강시켜주었다. 이보다 더 아름다운 고요의 순간이 있을까? 하늘을 바라보는 내 시선은 언제나 진지하고 매혹되어 있다.

남아프리카의 청명하고 건조한 날 밤, 주택가에서 멀리 떨어진 곳에서 하늘을 바라보면, 마치 아주 넓은 돔 지붕에 촘촘하게 그려 넣은 별이 나를 덮고 있는 것 같다. 은하수는 어두운 우주 속을 뚫고 나와 밝은 띠를 형성하며 자신의 화려함을 뽐낸다. 보이는 별 하나하나가 10만 광년 떨어져 있다. 셀 수 없이 많은 별이 하늘 전체에 펼쳐진 빛나는 베일에 엮여 있다. 희미한 얼룩들이 하늘을 입체적으로 보이게 하는데, 이런 얼룩은 북반구에 사는 나는 볼 수 없다. 이것은 성간 먼지구름으로 젊은 별, 행성, 블랙홀이 탄생하는 장소다. 나는 그런 먼지구름을 맨눈으로도 찾아낼 수 있다. 내 위 수직으로 은하수의 중심이 놓여 있다. 그 중심 어딘가에 '나의' 블랙홀이 숨어 있다. 청명하고 캄캄한 밤에는 아주 가까이 있는 것 같다. 그러나 정확히 어디에 있는지는 추측할 뿐이다. 어두운 먼지구름이 우리은하의 중심을 보지 못하게 가로막기 때문이다. 그래서 은하수가 아주 아름답게 보이기도 하지만 우리은하를 완전히 이해할 수 없도록 방해하기도 한다. 우리가 우리은하의 일부이기 때문이다. 우리는 구경꾼이자 이 우주 섬의 거주자다.

우리은하는 밤하늘에서 달 다음으로 눈에 띄는 형태다. 아주 밝고 선명하게 빛나서, 전설에 따르면 사도 야고보를 산티아고데콤포스텔라(Santiago de Compostela)까지 인도했다고 한다. 오늘날 나는 그 용도로 GPS를 사용하지만, 적어도 쇠똥구리는 퇴비 더미를 굴릴 때 방향 지시용으로 은하수를 이용한다.[18] 그러나 이 하얀 띠는 초기 사냥꾼과 수집가의 감정과 사고에 영감을 주었음이 분명하다.

고대 사회에서 벌써 은하수라는 이름을 썼다. 그리스 신화에서 제우스는 아들 헤라클레스를 잠자는 아내 헤라의 가슴에 눕혔다. 힘차게 젖을 빠는 아들 때문에 잠에서 깬 헤라는 헤라클레스를 밀쳐냈다. 그때 모유가 조금 떨어지면서 하늘에 뿌려져 은하수가 생겨났다. 그리스어로 은하수는 갈락시아스(Galaxias)라 하며 여기서 은하계(Galaxis: 영어로는 Galaxy—옮긴이)라는 용어가 파생했다. 은하수는 수천억 개의 별로 구성되어 있다. 우주에 있는 다른 은하수들을 외부은하라 한다. 자연 연구가 알렉산더 폰 훔볼트(Alexander von Humboldt)는 외부은하를 '우주 섬'이라 일컬었는데, 나는 이 이름이 훨씬 좋은 개념이라고 생각한다.

그리스 철학자 데모크리토스(Democritos)는 기원전 5세기에 은하수의 빛은 많은 개개의 별에서 나오는 빛이 모여 생긴 것이라고 가정했다. 2000여 년 뒤 갈릴레이는 자신의 망원경으로 은하수를 관측하면서 데모크리토스의 가정이 사실이었음을 알아냈다. 18세기에 이마누엘 칸트(Immanuel Kant)는 은하수가 원반 형태로 배열되어야 하고 그 별들은 평면으로 놓여 있어야 한다고 기록했다.

비슷한 시기에 프랑스 천문학자 샤를 메시에(Charles Messier)는 파리 중심, 지금은 국립중세박물관이 자리한 클뤼니 천문대(Hôtel de cluny)에서 혜성을 찾고 있었다. 그는 하늘에 있는 많은 이상한 성운을 발견했다. 그것은 분명 혜성은 아니었고 움직이지도 않았다. 이 성운들이 무엇인지 메시에는 대답할 수 없었지만 그것들을 기록하고 번호를 매겼다. 그는 자신의 이름을 딴 메시에 목록에 110개의 뿌옇게 보이는 현상을 정리했다.

이 메시에 천체들은 오늘날 아마추어 천문가들이 즐겨 관측하는 천체로, 메시에를 뜻하는 M이란 글자 뒤에 번호를 부여해 약어로 사용한다. M1은 게성운으로 1054년 초신성 폭발로 생겨났다. 헤르쿨레스성단 M13은 2만 2000광년 떨어진 북반구에서 가장 밝은 구상성단이다. 늙은 별 10만 개가 지름 150광년의 구 안에서 움직이고 있다. M42는 오리온성운으로 이곳에서 별이 탄생하고 있다.

이 모든 천체는 우리 은하수의 일부다. 은하수는 매우 아름다운 구조와 무리로 가득하다. 그러나 메시에 목록에 있는 모든 천체가 우리 우주 섬의 일원은 아니다. M31은 우리은하 바로 옆에 있는 쌍둥이 은하로, 250만 광년 떨어져 있는 안드로메다은하다. 처녀자리에 있는 M87은 처녀자리 A라고도 일컫는데, 수조 개의 별과 중심에 힘이 아주 센 블랙홀을 지니고 있는 괴물 은하다. 메시에는 이 사실을 전혀 알지 못했다. 그에게 중요한 것은 아무도 이 성운들을 혜성으로 오해하지 않도록 유용한 목록을 만드는 것이었다.

18세기 말 윌리엄 허셜(William Herschel)은 은하수의 실제 크기에 대한 인상을 남겼다. 허셜은 아마추어 천문가였는데, 음악가로서 생계비를 벌었으며 교향곡과 푸가 양식의 음악을 작곡했다. 그러나 그의 진정한 열정은 여동생 캐럴라인(Caroline)과 함께 별을 관측하는 것이었다. 캐럴라인은 가수이자 아주 재능 있는 천문학자였다.

독학으로 천문학을 공부했음에도 독일계인 허셜은 최고의 반사 망원경 제작자의 한 사람으로서 명성을 얻었다. 지름이 2미터에 달하는 반사경을 직접 제작했다. 유럽 전역의 연구자와 귀족 들에게 망원경을 판매했고, 1대는 중국에 보내기도 했다. 그가 제작한 가장 큰 작품은 12미터 길이의 긴 망원경으로 거대한 목조 구조물에 매달아 도르래로 움직였다. 그는 이것으로 별이 빽빽한 밤하늘을 연구하기를 좋아했다.

허셜은 군악가의 아들로 태어났으며, 그의 아버지가 영국으로 전근 갈 때 같이 이주했다. 하노버에서 태어난 허셜 남매는 이곳에서 별을 헤아리며 메시에 목록을 증보했다. 허셜은 동생과 함께 메시에가 성운이라고 기록한 많은 천체가 실제 별들의 모임임을 발견했다. 1785년 두 사람은 5만 개의 별로 구성된 은하수의 모습을 발표했다. 이것은 타원형으로 실제 은하수와 닮기는 했지만, 관측 자료보다는 사용한 방법에 문제가 있었다. 그들에게 태양은 여전히 은하수의 중심에 놓여 있다. 오늘날 우리가 잘 알고 있는 바와 같이 태양을 우리은하의 중심에 놓은 것이 실수였다.

20세기 초 네덜란드의 야코뷔스 캅테인(Jacobus Kapteyn)이 다음 단계를 밟아주었다. 그는 27세에 이미 흐로닝언(Groningen)의 천문학 교수였다. 그는 모든 별이 공통의 중심 주위를 돌고 있다는 사실을 알아차렸다. 1922년 캅테인은 동역학적 은하수 모델을 발표했다. 하지만 다행스럽게도 결정적인 점에서 실수를 범했다. 그의 모델에서도 태양계는 여전히 중심 근처에 위치해 있었는데, 그것이 사실이었다면 우리는 아주 거대한 블랙홀 근처에 놓일 뻔했다.

미국의 천문학자 할로 섀플리(Harlow Shapley)가 이것을 바로잡았다. 그는 윌슨산 천문대에서 연구했고 거대한 망원경으로 관측했다. 섀플리는 구상성단을 관측하고 거기서 지구까지 거리를 측정하는 방법으로 은하수의 크기를 추정했다.

이런 추정은 1912년 미국의 천문학자 헨리에타 스완 레빗(Henrietta Swan Leavitt)이 세페이드라는 별의 광도가 규칙적이고 주기적으로 변광한다는 사실로부터 그 별까지의 거리를 추정하는 방법을 알아냈기에 가능했다. 이때 비로소 은하수의 크기를 추정해볼 수 있게 되었다. 레빗은 애니 점프 캐넌(Annie Jump Cannon)과 함께 열정적이고 지칠 줄 모르는 천문학자 세대로, 당시 그들의 성과는 늘 제대로 인정받지 못했다. 어쨌든 캐넌과 레빗의 이름을 따서 달 분화구를 명명하기는 했다.

구상성단의 위치 추정을 통해 섀플리는 구상성단의 중심이 태양이 아니라는 것을 보여주었다. 우리은하의 나선 팔은 절대로 우리 태양계 주위를 돌고 있는 것이 아니다. 우리은하의 중심은 우리와 아주 멀리 떨어져 있음이 분명하다고 캅테인은 가정했다. 섀플리는 우리 태양계의 위치가 중심에서 약 6만 5000광년 떨어져 있다고 추정했다. 나중에 그는 3만 5000광년으로 수정했다. 이로써 섀플리는 우리은하 연구 분야의 코페르니쿠스가 되었다. 독일-폴란드 성당의 주임 신부이던 코페르니쿠스는 한때 지구를 우리 태양계의 중심에서 바깥 궤도로 이주시켰지만, 이제 섀플리는 태양과 태양계 행성들을 우리은하의 회전축과 중심축에서 가장자리로 추방해버렸다.

섀플리는 우리은하의 크기를 당시 받아들이던 값보다 훨씬 크다고 여겼다. 그의 예측에 따르면 우리은하의 지름은 30만 광년이다. 그는 바깥에 놓인 모든 성운이 우리은하에 속한다고 생각했다. 따라서 우주에는 하나의 은하만 존재할 수 있는데, 그것이 바로 우리은하였다. 전체 우주는 우리은하로만 구성되어 있다고 과소평가한 것이다.

이 주장을 위해 섀플리는 전설적인 토론을 벌였다. 1920년 4월 26일 워싱턴의 국립자연사박물관에서 열린 행사에서였고, 훗날 사람들은 이 논쟁을 '대논쟁(Great Debate)'이라 일컬었다. 두 천문학파가 각자 의견을 개진했다. 한쪽에서는 섀플리가 거대 은하를 주장했는데, 태양이 은하 중심에서 멀리 떨어져 있다는 것이었다. 다른 편에는 그의 반대자 히버 커티스(Heber Curtis)가 우주 섬 이론을 주장했다. 그는 우리은하가 많은 은하 중 하나에 불과하고 나선 성운은 각각 독자적 항성 시스템을 지니고 있음을 가정했다. 그러나 그의 그림에서 우리 태양계는 우리은하 내 중심에 놓여 있었다.

이 회의에서 두 연구원은 하루 종일 자신의 이론을 발표했다. 저녁에는 공개 토론에서 최종 결전을 치렀다. 두 사람 모두 아무런 성과를 얻지 못했다. 많은 천문대를 운영하고 10번 넘게 일식 관측 탐험을 한 경력의 소유자 커티스는 섀플리가 잘못 관측했음이 분명하다고 확신했다. 두 사람은 자신의 관점을 열정적으로 발표했지만 그날 밤에 승자는 없었다. 섀플리는 마지막에 많은 청중을 자기편으로 끌어들였다. 이 토론에서 두 사람 다 근본적으로 조금씩 옳았다.

청중 중에 섀플리와 커티스의 주장을 흥미롭게 듣던 연구자가 있었다. 그의 이름은 에드윈 허블(Edwin Hubble)이었다. 이 전직 변호사가 대토론의 해답을 제공하게 된 것 같다. 얄궂게도 허블은 섀플리가 연구하던 윌슨산 천문대에서 이 논쟁의 돌파구를 찾았다.

허블 덕택에 우리는 육안으로 얼마나 멀리 볼 수 있느냐는 질문에 상당히 정확한 답을 할 수 있게 되었다. 그 대답은 대략 300만 광년이다. 이 거리는 안드로메다성운 M31까지 볼 수 있게 우리 눈을 확장해주었다. 이 성운은 하늘에서 평범한 반점으로 보이는 우리은하의 유일한 이웃 은하로 망원경 없이 관측할 수 있는 천체다. 우리가 관측하는 다른 모든 별은 우리은하에 속한 별들이다. 안드로메다성운은 섀플리-커티스 논쟁을 해결하는 열쇠다. 나아가 우주의 전체 구조를 설명하는 데도 결정적 단서를 제공한다.

이 전설적인 논쟁이 끝난 지 겨우 3년 만에 허블은 안드로메다성운이 새로운 별들이 탄생하는 간단한 가스 성운 이상의 정보를 지니고 있음을 발견했다.[19] 그는 지구까지 거리를 측정할 수 있을 것으로 추정되는 성운에서 별 하나를 발견했다. 레빗이 언급한 것처럼 이것은 세페이드 별과 관계되는데, 맥동하면서 주기적으로 반짝이는 빛을 낸다. 그래서 세페이드의 광도 곡선으로부터 이 별의 절대 광도를 얻은 뒤 지구에서부터의 거리를 계산할 수 있었다.

이 결과로 얻은 큰 거리가 의미하는 것은 분명하다. 이 전체 성운은 우리은하 밖에 위치해야 한다. 다른 관측 결과를 참고한 허블은 이 성운이 실제로 독자적인 은하라는 사실을 알게 되었다. 섀플리가 틀렸다. 우리은하는 우주의 수많은 은하 중 하나일 뿐이다. 허블은 이 연구 결과를 발표하기 전에 섀플리에게 편지로 알렸다. 그가 악의적으로 그런 행동을 했는지 아니면 기사다운 의무감에서 그랬는지는 알려지지 않았다. 섀플리는 이전에 허블이 자신의 아이디어를 특별히 높게 평가하지 않는다고 분명하게 비판한 적이 있다. 그러나 이제 섀플리는 자신의 실수를 인정했다. 그는 허블의 편지를 읽은 뒤 제자에게 보여주며 이렇게 말했다. "이 편지가 내 우주를 파괴하는군."

1936년 허블은 자신의 책 《성운의 세계(The Realm of the Nebulae)》[20]에서 다음과 같이 언급했다. "천문학의 역사는 후퇴하는 지평선의 역사다." 그러나 우리은하의 경우 은하의 지평선은 1920년대에 허블을 비롯한 과학자들의 발견 이후에도 지금 우리가 알고 있는 만큼 그렇게 넓게 펼쳐지지 않았다. 우주는 더 클 것이고 또 우리가 정확히 어디에 위치해 있는지 아직 확실하지 않다! 우리은하의 중심이 은하수의 원반에 있는 먼지에 가려 광학 망원경으로 관측할 수 없기 때문이다.

1930년대 초 전파 망원경이 천문학에 우주를 보는 새로운 창을 열어주었을 때 비로소 지평선에 변화가 일어났다. 1932년 우주 전파를 발견한 카를 구스 잰스키(Karl Guthe Jansky)는 분명히 우주에서 나오는 것으로 보이는 전파 잡음 신호를 측정했고, 또 궁수자리 근처에서 나오는 아주 강한 전파 신호를 관측했다. 오늘날 우리는 이곳이 우리은하의 중심 방향이라는 것을 알고 있다. 우리은하의 중심이 그곳에 놓여 있다.

네덜란드 천문학자 얀 오르트(Jan Oort)는 그곳 어딘가에 우리은하의 중심이 있다고 믿었다. 태양계 주위에 있는 혜성의 고향인 오르트 구름은 그의 이름을 딴 것이다. 오르트는 우리은하의 중심까지 3만 광년 떨어져 있다고 간주했다. 이 값은 오늘날 알려진 2만 7000광년에 아주 가까운 수치다. 같은 네덜란드 천문학자 헝크 판더훌스트(Henk van de Hulst)는 제2차 세계대전 당시 독일군이 점령하는 동안 위트레흐트 천문대(Utrecht Observatory)에 숨어 있으면서 전파천문학을 한 단계 더 발전시켰다. 그는 우리은하에 풍부하게 존재하는 수소 원자가 전파 영역에서 분광 스펙트럼을 방출하고 있다고 예측했다. 이 분광선은 정확히 1.4GHz에서 발생하는데, 이는 오늘날 휴대전화가 사용하는 주파수 영역이다.

이것은 진정한 의미에서 큰 발견이었다. 전파는 스스로 장벽을 통과하며, 따라서 우리은하의 먼지구름은 전파에 큰 방해꾼이 아니다. 전파가 우리은하의 어두운 얼룩을 통과해 이제 희미하게 빛났고, 판더훌스트와 오르트는 우리은하의 구조를 측정하고 심지어 나선 팔을 발견할 수 있었다. 우리가 한 은하 위에 떠 있다면 이런 구조를 쉽게 관측할 수 있을 테지만, 우리는 우리은하 내에 존재하고 게다가 우리은하를 옆에서 보고 있다.

1950년대 중반, 우리은하에서 우리의 위치를 정확히 측정하는 데 성공했다. 우리 태양계는 궁수자리 팔과 페르세우스 팔 사이, 이른바 국부 팔에 있다. 거기서 우리는 초속 250킬로미터로 은하 중심 주위를 돌고 있다. 우리가 시간 주기를 은하 주위를 한 바퀴 도는 은하년에 맞추어 살지 않아도 된다는 점은 다행이다. 우리 태양계가 우리은하 회전목마를 완전히 한 바퀴 도는 데 2억 년이 걸리기 때문이다.

행성들이 태양 주위를 도는 것과 마찬가지로, 태양도 우리은하 중심 주위를 돌고 있다. 오늘날 우리는 이 운동을 몇 주 내로 측정한다. 전파 망원경으로 중심의 블랙홀을 관측하기만 하면 된다. 내 동료 안드레아스 브룬탈러(Andreas Brunthaler)와 마크 리드(Marc Reid)가 이 작업을 정기적으로 수행한다.[21] 아주 빠른 속도로 하늘에서 운동하는 것처럼 보인다. 이것은 착시다. 우리은하 중심에 상대적으로 운동하는 것은 우리 자신이기 때문이다. 그래서 모든 별이 우리 주위를 도는 것처럼 보이는 것이다.

이것은 또한 하늘을 보는 우리의 시각에 장기적으로 영향을 끼친다. 10만 년쯤 뒤에는 큰곰자리에 속한 북두칠성의 모습이 요즘과는 다르게 보일 것이다. 손잡이 모양이 뚜렷한 사다리꼴 수레가 마치 벽에 부딪힌 모습을 하게 될 것이다.

우리은하를 탐구하는 일은 여전히 중요한 주제다. 유럽우주국(ESA)의 가이아 우주 탐사 계획은 은하의 구조와 진화에 대한 새로운 세부 정보를 제공해준다. 아미나 헬미(Amina Helmi)는 은하 고고학자이자 흐로닝언 대학의 교수이며, 위대한 전임자 캅테인과 오르트의 계승자이다. 2018년 그녀는 우리은하가 태곳적부터 숨겨온 비밀을 밝혀냈다. 우리은하가 100억 년 전 삼켜버린 가이아-엔켈라두스(Gaia-Enceladus) 은하의 잔해가 우리은하를 소용돌이치며 운동하고 있다는 사실을 밝혀낸 것이다. 은하계의 포획물로서 이 잔해는 우리은하의 원반을 키우고 중심을 약간 부풀어 오르게 하는데, 이곳을 팽대부라고 한다.

우리은하의 진화가 여기서 마무리된 것은 아니다. 많은 다른 작은 은하가 우리은하 주위를 돌고 있고, 수십억 년 뒤 우리는 같은 크기의 이웃 은하 안드로메다와 합쳐질 것이다. 우리은하는 이런 극적인 순간에 임박해 있다.

06

은하, 퀘이사 그리고 빅뱅

도망가는 은하

나는 첫 학기 강의를 시작할 때 학생들과 체조를 한다. 다섯 명씩 어깨를 나란히 하고 벽에 직각으로 한 줄로 서게 한다. 마지막 학생은 왼팔을 구부려 몸에 밀착한 뒤 왼손으로 벽을 짚는다. 다른 학생들은 왼손을 옆에 있는 학생의 오른쪽 어깨 위에 올려놓는다. 시작 구령과 함께 모든 학생은 1초 안에 동시에 팔을 옆으로 뻗어 이웃 학생과 거리가 한 팔 길이가 되도록 움직인다. 그러면 어떤 일이 벌어질까?

모든 학생이 동시에 팔을 뻗으려면 벽에 붙어 서 있는 학생은 한 발자국 옆으로 가야 한다. 이 학생 옆에 있는 학생은 동시에 두 발자국을 옆으로 옮겨야 한다. 갑자기 두 팔 길이만큼 벽에서 떨어져야 하기 때문이다. 두 번째 학생 오른쪽에 있는 학생은 1초 안에 세 발자국을 옆으로 가야 한다. 가장 마지막에 있는 작은 학생은 어떻게 될까? 그는 굉장한 충격을 받고 옆으로 날아가버린다. 1초에 다섯 걸음은 너무 많다. 다행히 대부분은 내가 그를 붙잡는다.

이 예는 공간이 팽창할 때 어떤 일이 일어나는지를 설명하기 위한 것이다. 두 학생 사이 또는 두 은하 사이에 공간이 추가되면 어떤 일이 일어날까? 모든 것이 서로 멀어져간다! 어떤 사람이 더 멀리 떨어질수록 더 빠르게 운동하거나 또는 서로 더 빨리 멀어진다. 이 현상은 아주 간단한 관측이지만 이것을 우주에 적용했을 때, 코페르니쿠스·케플러·뉴턴이 그랬던 것처럼 우리의 우주관을 혁명적으로 변화시킨다.

상대성이론을 발표한 직후 아인슈타인은 우주와 관련해 한 가지 문제가 있음을 발견했다. 우주는 안정된 상태가 아니었다. 중력은 단지 인력으로만 작용한다. 그리고 물질로 가득 찬 우주는 공기가 빠지는 열기구처럼 결국 수축하게 될 것이다. 오늘날 사람들은 이 현상을 "대붕괴(Big Crunch)"라고 한다.

다행히 이 방정식은 비책의 도입을 허용했다. 아인슈타인은 그 방정식에 자유 상수 하나를 도입하는 묘수를 사용해 문제를 해결했다. 이 자유 상수는 미지의 힘으로, 반중력처럼 작용해 우주를 팽창시킨다. 이른바 우주 상수의 도입으로 아인슈타인은 자신의 모델을 가까스로 구해냈지만, 그것에 행복해하지는 않았다.

상황은 더욱 심각해졌다. 1922년 러시아 물리학자 알렉산드르 프리드만(Alexander Friedmann)이 아인슈타인의 상대성이론 방정식을 바탕으로 미지 상수를 도입하지 않고도 팽창하는 우주를 설명할 수 있다고 편지로 알려왔다. 아인슈타인은 이 생각을 일축했다. 아인슈타인에게 우주는 영원하고 정적인 상태였다. 당시에는 그렇게 생각하는 데 타당한 이유가 있었다.

그러던 중 한 가톨릭 신부가 아인슈타인의 핵심 신념을 다시 한 번 흔들어놓았다. 그는 팽창하는 우주를 수학적으로 기술했을 뿐만 아니라 천문학자들이 이미 우주 팽창의 증거를 발견했다고까지 주장했다.

이 신부가 예수회 학교 학생이던 벨기에의 조르주 르메트르(Georges Lemaître)다. 그는 제1차 세계대전의 충격으로 사제 서품을 받고 신부가 되었으며, 벨기에의 루뱅에서 수학과 물리학을 공부했다. 그 뒤 케임브리지의 유명한 에딩턴에게서 수학했고, 미국 보스턴의 매사추세츠 공과대학(MIT)에서 박사 학위를 받았다.

르메트르는 미국 천문학자 베스토 슬라이퍼(Vesto Slipher)가 애리조나의 로웰 천문대에서 발견한 은하성운의 이상한 성질을 처음 주목했다. 1917년 슬라이퍼는 은하의 속도를 도플러 효과를 이용해 측정했다. 우리는 이미 도플러 효과를 알고 있다. 사이렌을 울리는 구급차가 우리 쪽으로 점점 더 가까이 다가올수록 우리는 더 큰 소리를 듣는다. 구급차가 우리를 지나쳐 멀어져가면 우리는 더 낮은 톤의 사이렌 소리를 듣는다. 사이렌 소리에 적용되는 원칙이 빛에도 적용된다. 은하가 우리 쪽으로 움직이면 빛은 압축되어 더 푸른색을 띤다. 은하가 우리에게서 멀어지면 빛은 길게 늘어나면서 더 붉어진다. 물론 그것은 양방향으로 늘 빛의 속도로 움직이지만 우리의 인식에 따라 색이 변한다. 이제 분광기로 은하의 빛 속에서 원자의 지문을 측정하면 아주 작은 색의 편이를 측정할 수 있고, 따라서 시선 방향에서 은하의 속도도 측정할 수 있다.

결과는 우리 이웃 은하인 안드로메다은하를 제외하고는 대부분 빛이 적색편이 되어 있다는 것이다. 거의 모든 은하가 우리에게서 멀어지고 있다! 이것은 아주 이상하고 우연이 아닌 것 같았다. 큰 무도회장에서 갑자기 분위기가 어수선해졌다고 상상해보자. 무도회장은 무대를 빙빙 돌며

춤추는 커플로 가득 차 있다. 당신 쪽으로 다가오는 커플의 수와 멀어지는 커플의 수가 똑같아야만 할까? 모든 커플이 당신 커플과 멀어진다면 어떻게 될까? 당신 커플은 사랑받지 못하는 걸까?

그렇게 멀어지는 것은 우리 때문이 아니라 전체 우주가 팽창하고, 또 팽창하는 우주와 함께 빛도 멀어지기 때문이라는 게 르메트르의 대답이다. 슬라이퍼가 얻은 은하의 후퇴 속도와 허블이 밝혀낸 은하의 거리를 연관 지음으로써 르메트르는 우리로부터 멀리 떨어진 은하일수록 후퇴 속도가 더 빠르다는 사실을 발견했다. 가장 멀리 떨어진 은하가 가장 빨리 움직인다. 마치 내 강의에서 끝에 서 있던 작은 학생이 가장 빨리 움직여야 했듯이 말이다.

우리가 싫어서 은하들이 도망가는 것이 아니라는 안도감은 컸다. 이렇게 은하들이 성급하게 달아나는 현상은 우리은하에게는 딱히 혐오스러운 성질이 아니다. 다른 은하에 있는 관측자들도 우리와 똑같이 은하가 도망가고 있음을 관측하게 될 것이다. 내 강의실의 벽과 달리, 우리은하는 우주의 어느 곳에 꽉 붙들려 있지 않기 때문이다. 우리은하는 우주의 중심에 붙박여 있는 게 아니라 우주라는 소란스러운 무도회장에서 다른 은하들과 같이 어디론가 움직인다. 우주의 모든 커플은 무도회장과 함께 계속 팽창하고 있다.

이렇게 상상해볼 수 있을 것이다. 무대가 거대한 풍선의 표면이라면 커플들이 그 표면 위에서 춤출 것이다. 풍선에 공기를 더 주입해 부풀리면 무대가 점점 넓어지고 춤추는 사람들은 서로가 서로에게서 멀어지게 된다. 마치 우리은하와 안드로메다은하처럼 팔을 꼭 잡고 있는 커플만 함께 서 있게 된다. 서로 끌어당기는 인력은 팽창하는 우주가 지닌 힘보다 더 세다.

1927년 르메트르는 허블의 거리 자료를 인용한 자신의 결과를 프랑스어로 발표했다. 2년 뒤 허블도 똑같은 상관관계를 거의 똑같은 자료를 이용해 영어로 발표했다. 그러나 그는 슬라이퍼의 이름을 빠뜨렸다. 관측자료 중 슬라이퍼가 측정한 자료가 있었는데도 말이다. 르메트르 역시 슬라이퍼와 사적으로 이야기를 나누었다는 것을 언급하지 않았다. 과학사학자와 동시대 연구자들은 "허블은 인용을 몹시 선택적으로 했고, 논문에서 동료들의 연구 결과를 언급하지 않았다"고 주장했다.[1] 이것은 아주 정중한 표현이다. 과학에서 중요한 가치는 동료들에 대한 언급과 인정이다. 안타깝게도 허블과 같은 행동은 드물지 않게 발생하는데, 매우 비윤리적이다.

과학은 때때로 호메로스의 고대 영웅 서사시 《일리아드(Iliad)》에 나오는 다음 문장과 같다. 당신의 행동과 삶보다 더 중요한 것은 나중에 후세들이 당신에 대해 전하는 이야기다. 허블은 역사에서 자신의 자리를 확보하는 데 성공했다. 유명한 우주 망원경도 그의 이름을 땄고, 우주가 팽창한다는 법칙도 오랫동안 허블 법칙으로 알려졌다. 2019년이 되어서야 국제천문연맹은 이 법칙을 허블-르메트르 법칙으로 개명했다.

허블-르메트르 법칙은 멀리 있는 은하의 거리를 추정하는 데 적용할 수 있어 우주의 지평선을 크게 확장했다. 그 이후로 수십억 광년은 더 이상 문제가 되지 않았다. 우리은하에서 나온 빛에서 원자의 분광학적 지문을 발견하면, 분광선의 적색편이가 거리의 단위가 된다.

아인슈타인은 이런 새로운 발견에 전혀 동의하지 않았다. 이런 우주 팽창은 역으로 아주 오래전에 전체 우주가 한 점으로 압축되어 있었음을 의미하기 때문이다. 다시 말하지만, 그의 방정식은 블랙홀의 경우에서처럼 시간과 공간에서 특이점을 지니게 된다. 우주에는 시작점이 있었음이 분명하다! 르메트르는 이것을 공식화한 최초의 학자였고, 마치 달걀에서 나온 것처럼 수십억 년 전에 젊은 우주가 탄생한 원시 원자의 존재를 언급한 것이다.

아인슈타인은 그것 역시 좋게 여기지 않았다. 신부님의 희망찬 생각처럼 의심스럽지 않은가. 《성경》의 창조 개념에서 나온 아이디어도 아니었다. 가톨릭교회는 일반적으로 의심을 했고, 과학자들은 여전히 회의적이었으며, 일부는 심지어 그의 모델을 대폭발을 의미하는 빅뱅(Big Bang)이라고 조롱하기도 했다. 이 말은 원래 경멸의 의미를 담고 있었으나, 결국 올바른 말이었기에 오늘날에도 계속 사용하고 있다. 독일어로는 우주의 초기 대폭발이라는 의미의 우어크날(Urknall)을 사용하는데, 나는 개인적으로 이 표현이 더 적합하다고 생각한다.

긴 대화 속에서 르메트르는 아인슈타인에게 정적 우주가 더 이상 작동하지 않는다는 점을 설득하려 노력했다. 그러나 빅뱅 이론이 완전히 받아들여지기까지는 상당히 오랜 시간이 걸렸다. 젊은 과학자 시절에 나는 빅뱅 아이디어를 강하게 거부하는 천문학 대가를 만난 적이 있다. 그는 "빅뱅 아이디어는 창조주가 관 속에서 뛰쳐나올 일"이라고 우려했다. 그러나 역사는 다른 상황으로 반복된다. 코페르니쿠스와 갈릴레이 시대에 바티칸은 새로운 우주관을 부정했지만, 르메트르의 경우에는 1951년 교황 비오 12세(Pius XII)가 팽창하는 새로운 우주론을 처음으로 옹호하고 나섰다.

낡은 이론은 최후의 반대자와 함께 죽는다는 말이 있듯이 실제 이 경우에도 그대로 적용되었다. 오늘날 빅뱅의 신비는 여전히 밝혀지지 않았지만, 역동적으로 팽창하는 우주는 과학에서 완전히 받아들여지고 있다.

새로운 빛: 전파천문학

수천 년 동안 사람들은 하늘을 맨눈으로만 관측할 수밖에 없었다. 17세기부터는 광학 망원경이 도와주었다. 그러나 90년 전 완전히 새로운 기술이 등장했다. 이 기술은 우주 연구에서 가장 짧은 시간에 혁명을 불러일으켰다. 1932년 잰스키가 우주에서 오는 전파 신호를 발견했을 때, 사람들은 즉시 전체 우주를 아주 다르게 인지하게 되었다. 광학 영역이 빛이 아닌 전자기파의 다른 파장 영역의 빛을 최초로 사용했기 때문이다. 천문학자들은 이런 방법으로 완전히 새로운 분야에 들어가게 되었고, 무엇보다 먼저 그 분야에 적응해야 했다. 몇몇 천문학자는 비웃기도 했다. 이 새로운 학문 영역이 전파천문학으로, 전파 망원경이 새로운 관측기기로 인정받고 정립되기까지는 상당한 시간이 걸렸다. 광학 망원경에서 이미지를 만들어주는 부분이 보통 코팅한 유리로 이루어진다면 전파 망원경은 금속으로 구성된다.

오늘날 우리는 전 파장의 전자기파 영역으로 하늘을 스캔한다. 이때 전파 망원경, 적외선 망원경, 광학 망원경, 엑스선 망원경, 감마선 망원경 등을 사용한다. 우리는 주택 정도 크기의 파장에 해당하는 0.01GHz 전파를 수신한다. 또 1000억 GHz의 주파수를 지닌 감마선도 수신하는데, 감마선은 원자보다 1억 배 정도 작은 파장이다. 1GHz는 1초당 10억 번 진동한다. 우리가 사용하는 무선 랜이 이 영역의 주파수를 사용한다. 가시광선은 50만 GHz의 주파수를 지니고 있다. 그래서 우주에서 오는 빛을 우주 음악에 비유할 수 있다. 이 우주 음악에서 방출되는 각각의 주파수는 빛의 음계에 해당한다. 우리가 사용하는 악기로 보면 63옥타브의 주파수 영역을 포괄하며, 이 정도 음역을 내려면 피아노 건반이 거의 12미터는 되어야 한다. 전파천문학이 시작되기 전까지 우리는 한 옥타브에서 나오는 우주의 빛 음악을 들었다. 전파천문학과 함께 더욱 깊은 톤이 추가되어 우주에 아주 새로운 소리가 제공되었다. 별이 가득한 광학적 하늘이 아니라 전파 하늘에서는 블랙홀과 빅뱅의 빛까지 빛을 내게 된다. 그 이후 엑스선 망원경과 감마선 망원경은 더 높은 톤의 빛을 관측하게 해 주었다.

이런 새로운 천문학의 발전은 제2차 세계대전 후에 시작되었다. 공중전이 레이더 기술의 발전을 촉진했으므로 이 시점은 우연이 아니다. 무엇보다 전쟁에서 전투에 필요한 기술을 개발해낸 것이다. 전파천문학의 모든 매혹적인 모습에도 우리는 전파천문학의 쓰라린 기원을 결코 잊어서는 안 된다. 전쟁이 끝난 뒤 전파 안테나, 수신 접시, 송신기 등이 엄청나게 많아지면서 천문학자들의 경쟁이 시작되었다.

그 후 몇 년 동안은 거대한 전파 수신기가 천문학 연구를 지배했다. 영국에서는 버나드 러벌(Bernard Lovell)이 이끄는 영국 공군 출신 연구 그룹이 지름 76미터의 대형 전파 망원경을 조드럴 뱅크에 설치하기 시작했다. 이 프로젝트는 계산 오류로 규모가 원래 목적에 전혀 맞지 않았고, 경제적 어려움에 봉착한 러벌은 감옥에 갇힐 위기에 처하기도 했다. 그러나 1957년 스푸트니크호의 충격이 망원경을 구해냈다. 러시아에서 최초로 발사한 이 인공위성의 무선 신호를 수신하고 해석할 수 있는 사람은 영국에서 이 그룹이 유일했기 때문이다. 그들은 수신 접시가 아니라 간단한 전선으로 인공위성의 신호를 수신하는 데 성공했다.

네덜란드인 역시 이 새로운 빛인 전파로 하늘을 관측하기 시작했다. 그들은 먼저 독일의 레이더 장치로 시작한 후에 드빙엘로(Dwingeloo)에 25미터 전파 망원경을 설치했다. 이 망원경으로 판더훌스트가 예측한 21센티미터 수소 전파를 관측했다.

오스트레일리아는 뉴사우스웨일스의 파크스(Parkes) 근처에 지름 64미터의 전파 안테나를 설치했다. 이 전파 망원경은 아폴로 11호가 달에 착륙했을 때 보낸 첫 번째 텔레비전 영상을 수신하는 극적인 작업에 성공해 새로운 역사를 썼다.

1970년대 독일 전파천문학자들은 당시 독일의 수도 본 근처의 에펠스베르크(Effelsberg)에 세계에서 가장 큰, 지름 100미터짜리 움직이는 전파 망원경을 설치했다. 이 망원경을 소유하고 있던 막스 플랑크 전파천문학 연구소의 박사 과정 학생으로서 나는 그곳에서 생애 최초로 전파 관측을 수행했다.

이보다 더 큰 전파 망원경이 있었으니, 푸에르토리코의 아레시보 천문대가 보유한 300미터 전파 안테나다. 이 전파 망원경은 1960년대 미국 국방부에서 설치해 나중에 천문학자들에게 이양한 이력이 있으며, 절구 모양의 골짜기에 세워져 완전히 고정되어 움직이지 않는다. 그래서 하늘의 좁은 부분만 관측 가능하다. 이 시설은 수신 접시에 물을 가득 채운 제임스 본드의 영화 〈골든 아이(Golden Eye)〉 덕에 유명해졌다.

같은 시기에 미국은 지름 90미터의 움직이는 전파 망원경을 설치했다. 이 전파 망원경은 전파 잡음이 없다는 웨스트버지니아의 아주 시골 마을 그린뱅크에 들어섰다. 오늘날 이곳은 전파 방출을 두려워하는 사람들에게 관심을 받고 있다. 1990년대에 이 전파 망원경은 재료 피로(material fatigue: 고체 재료가 작은 힘을 반복해서 받음으로써 틈이나 균열이 생겨 마침내 파괴되는 현상—옮긴이) 현상으로 밤새 붕괴했다. 본에 근무하던 동료[2]가 붕괴하기 하루 전 전파 망원경의 마지막 모습을 사진에 담았고, 이튿날 아침에는 붕괴한 천문대의 잔해 사진을 찍었다. 우리 천문학자는 미신을 믿지는 않지만, 그날 이후 그가 카메라를 꺼내 들면 모두 살짝 긴장한다!

그린뱅크 전파 망원경은 재건되었는데, 안테나가 독일 에펠스베르크의 100미터 전파 망원경보다 유효 지름이 1미터 더 길다. 1미터를 더 길게 한 이유를 설명하는 과학적 근거에 나는 완전히 동의하지는 않지만, 그래도 이 기술이 더 첨단인 것은 분명하다. 이보다 더 큰 전파 망원경은 아무도 제작하려 하지 않았고 또 제작할 수도 없었다.

그럼에도 천문학자들에겐 더욱 선명한 이미지를 얻기 위해 더 큰 안테나가 간절히 필요했다. 망원경의 선명도는 빛의 파장과 안테나의 지름에 따라 달라진다! 망원경이 크면 클수록 더 선명한 정보를 얻을 수 있다. 그러나 이미지의 선명도는 파장이 길수록 나빠진다. 전파천문학은 광학천문학보다 훨씬 긴 파장을 다루므로 에펠스베르크의 100미터 전파 망원경은 우리 눈보다 더 선명하게 볼 수 없다. 이 망원경으로는 블랙홀을 관측할 수 없다. 선명한 이미지를 얻기 위해서는 망원경의 크기가 더 커야 하는데, 이 문제를 전파 간섭계가 해결해주었다. 전파 간섭계는 대형 망원경과 동등한 성능을 얻기 위해 여러 개의 전파 망원경을 연결해 동시에 관측하는 것이다.

제2차 세계대전 후 오스트레일리아의 여성 천문학자 루비 페인-스콧(Ruby Payne-Scott)이 처음으로 성공적인 전파 간섭 측정을 해냈다. 안테나가 하나뿐이었지만 바다 표면을 부가적인 전파 거울로 활용했다. 영국의 마틴 라일(Martin Ryle)은 1964년에 1마일 망원경을 설치했고, 1974년에는 전파 안테나 3개를 성공적으로 연결해 대형 전파 망원경을 설치한 공로로 노벨물리학상을 수상했다. 이후 전파천문학자들은 더 선명한 이미지를 얻기 위해 라일이 사용한 원리를 계속해서 개선해나갔다. 네덜란드에서는 베스테르보르크(Westerbork) 강제수용소 자리에 25미터 전파 안테나 14개를 연결한 네트워크 망원경을 설치했다. 미국 뉴멕시코주에서는 36킬로미터에 걸쳐 다양한 구성으로 배열할 수 있는 총 27개의 포물면 안테나를 결합한 VLA(Very Large Array)를 설치했다. 각각의 안테나는 지름이 25미터로 과학자들은 보스턴시 전체보다 실질적으로 더 큰 망원경을 사용할 수 있다. 이 간섭계 망원경은 수십 년 동안 천문학에서 매우 생산성 높은 관측기기 중 하나로 인정받았다.

전파 망원경은 이제 전 세계에서 동시에 연결 가능하며, 이 전파 망원경들로 지구 크기의 전파 망원경 역할을 할 수 있도록 해 가장 선명한 천문학적 이미지를 얻는 날이 올 것이다. 이 기술은 아주 긴 영어 이름 Very Long Baseline Interferometry(초장기선 전파 간섭계)를 얻었다. 천문학자들은 '브이엘비아이(VLBI)'라고 부른다. 전파 망원경들이 아주 멀리 떨어져 있기 때문에 아주 긴 기선을 지닌 전파 간섭계다. 이 기술로 지구 크기의 세계 망원경이 탄생했고, 그 망원경으로 마침내 블랙홀의 이미지를 관측하는 데 성공했다.

퀘이사: 질량이 큰 괴물이 되어가는 중

전파천문학을 통해 천문학자들은 완전히 새로운 경험을 하고 있다. 마치 촉각, 후각, 미각, 시각, 청각 외에 여섯 번째 감각을 갖고 있는 듯했다. 그들은 곧바로 하늘에 있는 전파원을 체계적으로 찾는 작업을 시작했다. 갑자기 수천 개의 새로운 천체를 찾아냈고, 당시에는 아무도 그것의 정체를 몰랐다. 처음에는 별이라고 가정했다. 별 말고 다른 것으로 설명할 수 있을까?

오스트레일리아에서는 존 볼턴(John Bolton)이 M87이라는 메시에 천체 방향에서 나오는 전파를 관측했다. 그는 암묵적으로 M87이 독자적인 은하라는 것을 확신했음에도 우리은하의 일부라고 주장했다. 거부당할까 봐 두려운 나머지,[3] 그는 동료에게 이 전파 신호가 수백만 광년 떨어진 거리에서 우리에게 도착했다는 사실을 감히 말하지 못했다. 천체가 그렇게 멀리 떨어져 있다면 전파 신호가 어떻게 그렇게 강하게 방출되었을지 알지 못했기 때문이다. 그렇게 강한 양의 전파 신호를 방출하는 이 천체의 정체는 무엇일까? 어떤 은하일까? 우주에 있는 어떤 신비로운 천체일까? 그 생각은 너무 급진적이었다.

불과 10년 뒤 볼턴의 두려움이 사라졌고, 이른바 전파 은하의 존재는 오래도록 받아들여졌다. M87과 백조자리 A(Cyg A) 은하가 이런 전파 은하에 속하며, 백조자리 A 은하는 지구에서 7억 5000만 광년이라는 믿기 어려운 거리에 있는 것으로 알려져 사람들은 더 이상 허블-르메트르 법칙을 의심할 수 없게 되었다. 천문학자들은 흥분에 휩싸였다. 천체 거리 측정에 사용한 지 불과 몇 년 만에 이 전파 신호가 우리 인류에게 우주의 가장 깊은 곳, 나아가 우주의 과거를 들여다볼 수 있게 해주었기 때문이다.

케임브리지의 연구원들이 모든 전파의 신호 목록을 만들었다. 1차 목록은 아주 짧았고, 2차 목록은 많은 오류를 담고 있었지만, 3C 목록이라 일컫는 세 번째 버전은 많은 연구의 기초로 활용되고 있다. 늘 그렇듯 새로운 전파 별과 전파 은하에 간단한 번호를 매겼다. 무엇이 이 전파 신호를 만들어냈는지는 누구도 막연하게조차 상상할 수 없었다. 이 신비에 싸인 천체의 이미지는 여전히 극도로 흐릿했고, 위치 측정도 매우 부정확했다. 복사 자체는 우주 자기장에서 편향되는 거의 빛의 속도로 이동하는 전자에 의해 생성되는 것으로 인식되었다. 이런 물리 과정은 싱크로트론이란 지상 입자 가속기로부터 알게 되었기 때문에, 이런 전파 복사를 싱크로트론 복사(synchrotron radiation)라고 한다.

어떤 전파원은 길게 퍼져 있어 아령(Dumbbell)처럼 보이고, 다른 전파원은 별처럼 작고 점처럼 보인다. 관측 파장 영역을 바꾸어 광학 영역에서 전파원 3C 48을 관측해보면 실제 별과 유사한 성질을 띠는 것이 발견된다. 별처럼 보이는 이 천체에 대한 분광학적 연구는 답보다 의문을 더 많이 제공했다. 3C 48 천체는 알려지지 않은 파장에서 방출선을 보였다. 빛에 기록된 분광 코드는 알려진 어떤 원소에도 해당하지 않았다. 우주에서 새로운 원소를 발견한 것일까?

볼턴과 공저자 제시 그린스타인(Jesse Greenstein)은 그 방출선이 수소에서 나온 빛이 적색편이 된 것은 아닐까 잠시 생각해봤지만, 적색편이 정도가 너무 컸다. 만일 그렇다면 이 천체는 45억 광년 떨어져 있어야 하므로 믿을 수 없었다. "나는 급진주의자라는 평판을 받았고, 내가 너무 터무니없는 가정을 한 게 아닌가 걱정도 했다"고 그린스타인은 나중에 이야기했다.

은하들까지 거리가 엄청나다는 가정에 반대하는 강력한 근거 중 하나는 점광원이 몇 달도 안 돼 밝기가 급격하게 변한다는 것이다. 이것은 우리은하에서 나오는 현상이 아닐 수 있다! 어떻게 10억 광년 떨어진 수십억 개의 별이 자신들에게서 나오는 빛의 박자를 맞추어 한 달 안에 동시에 더 밝아졌다가 다시 더 어두워지자고 합의할 수 있단 말인가?

지구에 살고 있는 80억 명이 동시에 손뼉을 친다고 상상해보자. 나는 짧고 분명한 소리파를 들을 수 없고, 낮고 오래 지속되는 우르릉 소리만 듣게 될 것이다. 소리는 모든 곳에서 나와서 지구 전체로 퍼지기 때문에 수신자에게 절대로 동시에 도착하지 않는다.

결국 우리는 소리의 파장과 속도를 측정해 적어도 음원의 크기를 추정해볼 수 있다. 소리의 파장이 짧아질수록 소리를 내는 공간은 더 작아질 것이다. 내가 1초 동안 손뼉 소리를 듣는다면, 모든 사람이 경기장 안에 앉아 있는 것이 분명하다. 왜냐하면 경기장이 대략 1초 동안 이동하는 크기이기 때문이다. 물론 더 작은 것도 효과가 있다. 변광하는 광원에 대해서도 똑같이 작용한다. 광원이 한 달 안에 변화한다면 그 광원은 우리와 그다음 별까지의 거리보다 작다. 그러므로 3C 48은 별이어야 하지 않을까?

다음으로 연구원들은 목록에서 두 번째로 강한 전파원인 3C 273을 살펴보았다. 정확한 위치를 결정하기 위해 오스트레일리아 파크스 천문대의 전파천문학자들은 약간의 꼼수를 썼다. 달이 도움이 되었다. 달의 궤도가 우연히 하늘에서 퀘이사 위치를 지나간 것이다. 달이 전파원 앞을 지나갈 때 전파 신호는 큰 전파 망원경의 화면에서 잠시 사라져버렸다. 이것은 마치 일식과도 같은데, 여기서는 태양이 아니라 미지의 전파원이 달에 가려진 것이다.

전파 신호가 사라진 바로 그 순간 천문학자들은 그 천체의 좌표를 처음으로 얻었다. 이 전파원은 앞에 있는 달 가장자리의 어딘가에 놓여 있음이 분명하다. 두 번째 좌표는 달이 3C 273을 막 벗어날 때 얻을 수 있었다. 달의 크기와 위치를 정확히 알고 있으므로, 두 좌표의 교차점을 이용해 정확한 위치도 계산이 가능했다.

그런데 3C 273은 하늘에서 매우 밝은 전파원 중 하나이지만, 휴대전화 주파수에서는 지구에서 달에 있는 LTE 휴대전화의 신호를 측정한 신호 세기보다 5배 정도밖에 강하지 않다. 3C 273의 위치가 밝혀진 뒤 미국 패서디나의 칼텍(CalTech) 연구소에서 일하던 네덜란드 천문학자 마르턴 스밋(Maarten Schmidt)이 팔로마산 천문대 망원경으로 이 지역을 탐색했다. 그는 아주 밝은 별 하나를 발견했는데, 그 별은 요즘 아마추어 천문학자들이 적당한 망원경을 구비해 처녀자리에서 쉽게 관측할 수 있을 만큼 밝았다. 스밋은 곧바로 분광 관측을 시작했다. 또다시 스펙트럼의 바코드가 아주 이상했다. 6주 뒤, 그는 드디어 그 분광선의 정체를 확실히 파악했다. 이것은 상상할 수 없이 먼 거리인 20억 광년 떨어진 천체에서 나온 수소 스펙트럼이었다. 우주 팽창으로 방출선의 빛이 아주 길게 늘어나 16퍼센트나 적색편이 되어 아무도 예상치 못한 곳에서 관측된 것이다.

스밋의 자료는 매우 우수해서 바로 논문으로 발표할 준비를 했다. 그는 이 우주의 별이 무엇인지 몰랐지만 그것 때문에 두려워하지는 않았다. 그 천체는 별처럼 보이지만 별은 아니었기 때문에 그는 적당한 이름을 찾지 못해 간단하게 '준성전파원(quasi-stellar radio source, QSR)'이라고 불렀다. 천문학자들은 간단하게 '퀘이사(quasar)'라고도 일컫는다. 스밋은 나중에 "마치 눈을 가리던 가리개가 갑자기 벗겨져버린 것 같았다. 그래서 우리는 별이라고 여기던 천체가 사실 별이 아니라는 것을 알아차리게 되었다"고 말했다.[4]

이런 발견이 야기한 흥분을 오늘날은 쉽게 상상할 수 없다. 다시 한 번, 관측 가능한 우주의 지평선이 엄청나게 확장되었고, 우주 공간은 말 그대로 폭발했다.

전체 우주는 시간이 지남에 따라 변하고 진화하는 것처럼 보였다. 100억 년 전은 퀘이사의 시대였다. 당시에 퀘이사의 활동성이 정점에 달했다. 우리 우주가 생겨난 지 초기 40억 년간 퀘이사의 수는 급격하게 증가했고 전체 우주를 비추었다. 그다음 우주 시기에 퀘이사는 하나씩 하나씩 빛을 잃어갔다.

그런데 3C 273의 정체는 무엇일까? 결론은 아주 극적이었다. 이런 엄청나게 먼 거리에서 나오는 3C 273의 빛이 아주 밝아서 지구에서도 관측되었다면, 이 천체는 은하 전체보다 100배 더 강한 빛을 내고 있음이 분명하다는 것이다. 그리고 이 준성체가 몇 주 혹은 몇 달을 주기로 변광한다는 것은 그 천체가 광월(light month)보다 더 클 수 없다는 뜻으로, 아마 태양계 정도의 크기일 것이다.

천문학자들은 3C 273이 아주 무서운 곳임에 틀림없다는 사실을 서서히 깨닫기 시작했다. 무시무시한 힘이 이 천체로부터 발산된다. 그리고 이 모든 에너지가 우주의 상당히 작은 한 점에서 생겨난다. 어떻게 그렇게 작은 공간에서 그런 엄청난 에너지가 생성될 수 있을까? 퀘이사가 무엇이든 간에 처음에는 가장 뛰어난 천문학자들을 절망하게 만들었다. 그런 거대한 크기는 천체물리학에서 아직까지 아무도 경험해보지 못한 것이었다.

일부 연구자의 초점은 우주에 존재하는 모든 힘 중 가장 크다고 여겨지는 중력에 빠르게 맞춰졌다. 어떤 천체가 그렇게 밝게 빛난다면 그 천체의 질량은 상상할 수 없을 만큼 클 것이 분명하다. 에딩턴 경이 이런 논거를 최초로 별에 적용했다. 빛도 압력을 행사하기 때문이다. 한 별이 아주 밝게 빛난다면, 그 별은 폭발하게 될 것이다. 마치 풍선에 바람을 너무 심하게 불어넣으면 터지듯이 말이다. 어떤 천체에서 나오는 광도 측면에서 살펴볼 때, 그렇게 밝게 빛나는 천체를 유지하려면 그 천체의 중력이 아주 커야 한다.

에딩턴의 논거를 바탕으로 퀘이사를 유지하는 데 필요한 최소 질량을 계산해보면 태양 질량의 10억 배 정도의 값을 얻는다. 정말 어처구니없는 결과였다. 10억 개의 태양에서 나온 빛과 태양의 10억 배 되는 질량이 태양계 하나 정도에 자리 잡고 있단 말인가?

퀘이사를 발견한 지 6년 뒤, 영국의 천체물리학자 도널드 린든-벨(Donald Lynden-Bell)은 이 모순을 해결할 방법을 찾아냈다. 은하 중심에 초대질량 블랙홀이 존재한다면 어떻게 될까? 이 초대질량 블랙홀은 한 별의 초신성에서 생겨난 작은 항성 블랙홀이 아니라, 거대한 괴물로 합쳐진 수십억 개의 별 시체인 것이다. 그런 천체만이 한꺼번에 갈기갈기 찢기지 않고 엄청난 에너지를 방출할 수 있었다. 그런 일이 일어나기에 충분히 조그만 상태였다.

그러나 이런 거대한 블랙홀이 어떻게 빛을 방출할 수 있을까? 그 블랙홀은 어두워야 하는 것 아닌가? 아니다! 블랙홀 자체는 어둡지만, 블랙홀에 끌려와 바로 그 앞에서 사라지기 직전의 가스는 그렇지 않다. 이 가스는 놀라운 에너지를 지닌 채 블랙홀로 질주하며, 중력에너지·각운동량·마찰력 등에 의해 가열된다. 더욱이 블랙홀은 모든 것을 거의 빛의 속도로 춤추게 하기 때문에 믿을 수 없을 만큼 효율적이다.

주먹 크기의 불(boule: 번갈아가며 금속 공을 작은 공 가까이로 굴리는 프랑스 게임—옮긴이) 공을 상상해보자. 이 금속 공을 땅바닥에 던지면 둔탁한 소리를 내며 움푹 파인다. 같은 공을 대포에 넣고 초속 1킬로미터의 속도로 발사하면 벽을 뚫고 날아갈 것이다. 만일 이 공을 블랙홀 방향으로 떨어뜨려 거의 빛의 속도에 도달하게 하면 어떤 일이 벌어질까? 대포에서 발사할 때보다 30만 배 더 빠를 것이다. 그러나 운동에너지는 속도의 제곱의 크기로 커지므로 이 공은 1000억 배 더 큰 에너지를 내서 불 공의 전체 에너지는 약 100억 킬로와트시(KWh)가 된다. 이 정도 충격에너지라면 독일에서 4인 가족 기준 300만 가구에 1년 동안 전력을 공급할 수 있다.

상상할 수 없어 보이지만, 블랙홀은 그것을 할 수 있다. 먼지와 가스가 블랙홀의 중력 영향권에 들어오면, 젊은 별이 탄생할 때처럼 가스와 자기장을 지닌 난류성 원반이 형성된다. 이 원반을 강착 원반이라 한다. 그리고 이런 거대한 소용돌이는 블랙홀 주위를 돌면서 빛 속도보다 아주 조금 작은 속도로 안쪽 가장자리로 향한다. 가스는 자기 마찰에 의해 가열되면서 반짝반짝 빛을 내기 시작한다. 어둡다고 여겨지는 블랙홀이 밝은 푸른색의 별처럼 빛을 내는 것이다. 안으로 흘러들어오는 뜨거운 플라스마의 아주 작은 일부는 자기장 때문에 엄청나게 빛나는 빔 형태로 우주로 방출되는데, 이를 제트라고 한다. 제트는 겉보기에 실제로 비행기에서 나오는 제트와 비슷하다. 소수의 운 좋은 입자만 제트가 되는 데 성공한다. 그들만 블랙홀에서 빠져나올 수 있다. 태양 코로나에서처럼 입자들은 자기력선에서 가속되면서 강한 싱크로트론 복사를 방출한다. 바로 이 뜨겁고 전파를 방출하며 자기화해(magnetized) 뭉친 제트가 전파 망원경으로 퀘이사에서 관측된다.

거대한 중력 소용돌이와 그 소용돌이가 만들어내는 제트의 효과는 엄청나다. 그 위력은 별에서 일어나는 핵융합에 의한 힘보다 최대 50배 더 크다. 그래서 블랙홀은 우주에서 가장 효과적인 발전소다. 불 공을 대포로 발사하는 대신 블랙홀에 물 1리터를 붓는 것으로 인구 100만 명인 도시에 충분한 에너지를 공급할 수 있다. 하지만 안타깝게도 물은 있으나 가까운 곳에 블랙홀이 없다. 그렇지 않으면 우리의 모든 에너지 문제가 단번에 해결될 텐데 말이다.

퀘이사는 엄청난 갈증을 겪으며 지구에 존재하는 총 물 양의 45배에 달하는 양을 1초에 집어삼킨다. 이는 연간 태양 전체 질량에 해당하는 양이다. 블랙홀은 무엇보다 지속 가능하지 않은데, 퀘이사 안의 블랙홀이 삼킨 물은 재활용할 수 없기 때문이다. 사라진 것은 사라진 것이다. 블랙홀은 극도로 자기중심적이다. 한 번 삼킬 때마다 블랙홀은 더 무거워지고, 더 커지고, 더 큰 중력을 행사하면서 더 위협적이 된다.

3C 273으로 천문학자들은 간접적으로 최초의 블랙홀을 발견했다. 그러나 과학계 모든 사람이 그런 블랙홀이 있다는 가정을 인정한 것은 아니었다. 10년이 지나서야, 이 이론이 하나의 패러다임으로 받아들여졌다. 일부는 퀘이사가 은하에서 내뿜은 항성이라고 믿었다. 오늘날 천문학자들은 이런 믿음을 괴상한 이론으로 여기지만, 최종 증거가 있기 전까지 아직 갈 길이 멀기 때문에 실제로 논의를 하기도 했다.

빅뱅의 관측

퀘이사의 발견과 함께 우주 전체에 대한 이해가 급속도로 발전하기 시작했다. 1964년 아노 펜지어스(Arno Penzias)와 로버트 우드로 윌슨(Robert Woodrow Wilson)은 벨 연구소에서 통신 안테나로 하늘에서 나오는 전파 소리를 듣기 시작했다. 안테나는 아주 큰 보청기와 비슷하다. 그들이 관측한 것은 모든 방향에서 아주 희미하지만 꾸준히 변하는 잡음들이었기에 관측 시스템의 어딘가에 문제가 있다고 생각했다. 모든 전선을 점검하고, 비둘기 떼를 쫓아내고, 안테나에 묻은 배설물을 청소했지만 그런 신호는 여전히 수신되었다. 결국 그들은 이 전파가 우주에서 균일하게 수신되므로 우주 마이크로파 배경복사(Cosmic Microwave Background, CMB. 우주

배경복사라고도 한다—옮긴이)의 존재를 확인했다고 결론지었다. 이 배경복사는 하늘 전체를 덮고 있는 절대온도 3도인 검은색 불투명 천에서 나오는 열복사의 성질을 띠었다. 이는 섭씨 영하 270도에 해당한다. 이 값은 아무것도 움직일 수 없는 절대영도보다 3도밖에 높지 않다. 그래서 이 배경복사를 3K 복사라 한다. 이것은 빅뱅이 일어난 불덩이의 식은 잔재였으며, 이 발견으로 펜지어스와 윌슨은 나중에 노벨상을 받았다.

초기 단계에서 우주는 아주 뜨겁고 투명한 가스로 가득 차 있었다. 양성자와 전자는 격렬하게 혼돈 상태로 운동했다. 그러나 우주가 팽창하면 할수록 우주는 더욱 차가워진다. 빅뱅이 일어난 지 38만 년 뒤 우주는 3000K 정도로 식었다. 이는 달아오른 쇳덩이처럼 뜨겁지만 양성자가 전기적 인력으로 전자들을 포획해 원자를 형성하기에 충분히 차가운 상태다. 이제 우주는 투명한 수소 가스로 가득 찬 바다가 되었다.

작은 안테나처럼 모든 빛을 흡수하던 자유 전자들이 갑자기 원자에 포획되었다. 천이 걷히고 빛이 자유로워진 후로는 방해받지 않고 우리에게 도달하는 것처럼 보인다. 우주가 팽창하면서 우리는 이 빛의 일부로부터 항상 더 멀어져가고 있다. 우리에게 도달한 빛은 138억 년간 지속된 마라톤에서 우주 팽창을 통해 1000배 이상 늘어났고 그사이에 차가워진 것이다. 3000도의 빛이 식어서 오늘날에는 아주 차가운 3K 복사가 되었다. 뜨거운 열복사를 내던 빅뱅 상태가 우리에게 도달해 이제 차가운 상태가 되었다. 그러나 이를 통해 우리는 우주가 불투명하고 액체로 붉게 달아오른 쇠솥과 같던 원시 우주 시대까지 뒤돌아볼 수도 있다. 이 예상치 못한 우주 마이크로파 배경복사의 발견은 빅뱅 모델의 결정적 증거가 되었다. 우리는 시간과 공간의 시작을 직시하고 있는 것이다.

1990년대에 COBE 위성은 우주 전파를 정확히 측정해 밝기의 아주 작은 변화를 발견했다. 이 변화는 원시 수소 바다에서 나온 빛에서 유래한다. 그 원시 바다는 계속되는 우주의 역사 속에서 은하단과 은하로 뭉쳐진 초기 슈퍼 덩어리의 전신이다. NASA의 WMAP 위성(Wilkinson Microwave Anisotropy Probe: 우주배경복사의 미세한 비등방성을 관측하기 위해 발사한 위성—옮긴이)과 ESA의 플랑크 위성, 그리고 다른 많은 실험을 통해 오늘날 우리은하의 씨앗을 더 자세히 관측해 우주의 역사와 구조에 대한 세밀한 통찰력을 얻게 되었다.

실제로 천문학자들은 1980년대 후반부터 대형 전천 탐사를 통해 우주에서 은하가 균일하게 분포하지 않고 선조(filigree) 구조로 흩어져 대규모로 모여 있다는 사실을 발견했다. 은하는 생각보다 더 사회적이고 매력적이며, 때때로 큰 은하단으로 뭉쳐 존재한다.

물론 이런 은하단에 있는 우리은하는 멈춰 있지 않고 중력의 영향으로 은하들 주위를 이리저리 움직인다. 은하는 초속 1000킬로미터가 넘는 속도로 서로를 스쳐 지나간다. 10억 년 정도 관측해보면 은하는 활기 넘치는 물고기 떼처럼 움직이는 듯하다. 때때로 두세 개 은하를 관통해 새로운 대형 은하를 형성하고 엄청나게 큰 구형이나 굵은 시가(cigar) 형태의 구조를 형성하기도 한다. 우리는 이런 은하를 타원 은하라고 한다. 여기에 M87 은하가 속해 있다. 별들은 아주 멀리 떨어져 있기 때문에 거의 충돌하지 않는다. 그들의 중력만 서로에게 영향을 미친다.

질량이 큰 은하들은 은하단의 중심부로 가라앉으면서 커진다. 그 안의 블랙홀들도 합쳐진다. 한 은하단의 중심에 가장 크고 무거운 은하가 자리 잡으면서 우주에서 가장 큰 블랙홀이 생긴다. 그들은 거인 중의 괴물이다. 그렇게 처녀자리 은하단의 중심부에서 M87이 탄생했다. 처녀자리 은하단은 우리 주변에서 은하들이 모여 있는 가장 큰 은하의 중심지다. 초

중량급 질량을 지닌 모든 은하와 블랙홀 중에서 M87은 우리와 가장 가까운 은하다.

1933년 이미 패서디나의 칼텍 연구소에서 연구하던 스위스 천문학자 프리츠 츠비키(Fritz Zwicky)는 실제로 이들 은하가 상당히 빨리 운동하고 있다는 걸 발견했다. 별의 중력은 날뛰는 은하들을 꽉 붙잡아놓을 만큼 크지 않다. 은하들은 모든 방향으로 달아나버렸어야 한다. 그러나 실제로 그런 일은 일어나지 않았고, 그렇다면 어떤 미지의 힘이 그것을 막고 꽉 붙잡고 있어야 했다. 중력이 그 역할을 한다면 그곳 어딘가에 인간이 관측할 수 없는 미지의 암흑물질이 있음이 분명하다. 이 암흑물질은 우리에게 알려진 보통 물질보다 5~10배 더 많이 존재해야 할 것이다.

1970년대에 천문학자 베라 루빈(Vera Rubin)은 광학 망원경과 도플러 효과를 이용해 은하가 얼마나 빨리 운동하는지 측정했다. 은하는 예상보다 더 빨리 회전하는 것처럼 보였다. 이것을 증명한 이는 웨스터보르크에 새로 설치한 전파 간섭계로 이 현상을 연구하던 네덜란드 천문학자 알베르트 보스만(Albert Bosman)이었다. 보스만은 아직 별을 탄생시키지 않은 가스를 관측했는데, 그래서 그 가스가 광학 망원경으로 관측할 수 있는 은하들보다 더 멀리 놓여 있다는 사실도 알아냈다. 그곳에서도 모든 것이 아주 빨리 회전했다. 은하들이 이들을 꽉 붙잡아주는 이런 암흑물질로 꽉 차 있어야 했다. 암흑물질이 없다면 은하는 중국 음식점의 회전 식탁을 강하게 돌렸을 때 식탁에 놓인 그릇처럼 멀리 날아갈 것이다.

우리는 아직 암흑물질이 무엇인지 모른다. 몇몇 동료는 이 이론을 말도 안 된다고 여기면서 암흑물질은 존재하지 않는다고 주장한다. 오히려 중력 법칙이 은하 간 거리 규모에서는 작용하지 않을 거라고 한다. 하지만 대부분의 천문학자는 암흑물질이 아직 알려지지 않은 소립자군으로 구성되어 있다고 가정한다.

1990년대에 하늘에서 특정 초신성을 체계적으로 찾는 연구를 통해 그 밝기를 아주 정확히 측정했을 때 이 문제는 더욱 혼란스러워졌다. 이 초신성들은 우주 팽창과 허블-르메트르 법칙을 근거로 예측한 것만큼 밝지 않다는 사실이 밝혀졌다. 그것들은 더 멀리 있단 말인가? 그렇다면 우주가 생각한 것보다 최근에 더 빨리 팽창했다는 이야기가 된다. 그 이후 암흑에너지도 우리의 물리-천문학적 우주관에 들어오게 되었다. 이 미지의 신비에 싸인 에너지는 우주를 계속 더 빠르게 팽창시키고 있다. 이 암흑에너지의 힘은 아인슈타인의 방정식에서 이미 우주 상수 안에 숨어 있었지만, 그는 이를 자신의 '가장 큰 실수'라며 나중에 폐기했다.

최근의 시뮬레이션과 우주의 관측 결과들은 우주를 구성하는 전체 물질 중 약 85퍼센트가 이런 암흑에너지와 암흑물질임을 보여주었다. 15퍼센트가 우리가 물질이라고 알고 있는 보통의 바리온 물질(baryonic matter: 중성자나 양성자—옮긴이)이다. 더욱이 암흑물질과 바리온 물질을 합한 것보다 2배 이상 많은 에너지가 암흑에너지에 들어 있다. 결국 아인슈타인의 유명한 공식 $E = mc^2$에 따르면 질량은 곧 에너지다. 이 공식으로 추정해 보면 우주에 있는 전체 에너지의 약 5퍼센트만이 우리가 지구에서 알고 있는 물질의 형태, 즉 주기율표의 원소와 원자 들로 저장되어 있다. 나머지 엄청나게 많은 부분은 말 그대로 암흑 속에 묻혀 있다.

천문학자들은 이런 발견을 또 다른 코페르니쿠스 혁명이라고 이야기한다. 우리 인간은 우주의 중심에도, 우리은하의 중심에도, 우리 태양계의 중심에도 놓여 있지 않다. 그리고 인간과 인간이 살고 있는 세계는 보통 물질로 구성되어 있는데, 이 물질은 우주에서는 보통이 아니라 이상한 성질을 지니고 있다. 나는 이 사실을 반대로 보고 싶다. 우리 인간은 매우 특별한 재료로 만들어졌다고 우리는 배웠다.

신비스럽고 어두워 보이기는 하지만, 암흑물질과 암흑에너지는 블랙홀과 직접적인 연관성은 없다. 그러나 암흑물질이 블랙홀 안으로 떨어져 블랙홀을 더 성장하게 할 수는 있다. 암흑물질이 은하의 중심에 넓고 엷게 퍼져 있기 때문에 이런 현상은 아주 작은 영역에서만 일어나는 것 같다. 암흑에너지는 우주의 거대 규모에서만 감지되며, 또 원칙적으로 블랙홀의 구조를 변화시키지는 않는 듯하다. 이것은 마치 지구 전체에 있는 공기의 질량이 에베레스트산의 질량보다 1만 배 이상 무거울지라도, 지구에서 일어나는 미풍이 단기간에 에베레스트산을 무너뜨리지 않는 것과 같다. 그러나 암흑에너지와 암흑물질의 알려지지 않은 성질은 우리의 물리적 이해에 결함이 있음을 일깨워준다. 암흑물질과 암흑에너지를 고려한 시간과 공간에 대한 새로운 이론은 블랙홀 방정식을 바꿀 수 있을 것이다.

3부

이미지로의 여행

사건 지평선 망원경(EHT)과
첫 번째 블랙홀 영상을 얻는 과정에서 겪은 개인적 경험

07

우리은하 중심

쓰레기차의 매력

나는 쾰른 쥐트슈타트 근처, 대학 물리학연구소로부터 걸어서 10분 거리에서 자랐다. 나중에 그곳에서 첫 강의를 들었고 짧은 기간 동안 조교수로 일하기도 했다. 하지만 어렸을 때 내 세계는 늘 한 무리의 아이들이 놀던 우리 집 앞 보도 위였다. 그 거리는 여전히 자연석 보도블록이 깔려 있었고, 한 주의 하이라이트는 주황색 작업복을 입은 환경미화원들이 큰 쓰레기통을 뒷마당에서부터 거대한 쓰레기차까지 굴리며 갈 때였다. 바로 그런 환경미화원이 되어, 엄청난 양의 쓰레기를 집어삼키는, 거대한 트럭을 운전하고 싶었다. 그들은 버튼 하나만 누르면 그 강력한 기계를 움직일 수 있었다. 나는 그것에 매료당했다. 직업에 대한 나의 소망은 확고했다. 압도적으로 거대한 기계와 관련한 무언가였다!

나중에 나는 물리학을 선택했고, 대학원에서 블랙홀을 연구하려 했다. 이때 어릴 적 쓰레기차에 매료된 것과 놀랍도록 비슷한 점을 발견했다. 블랙홀은 우주 쓰레기를 집어삼키는 존재로, 큰 별뿐 아니라 작은 별도 엄청나게 끌어당긴다. 석사 학위 논문은 페터 비어만(Peter Biermann) 교수에게 지도를 받았다. 그는 학생들을 매우 인간적으로 대했고, 끊임없이 기발한 아이디어를 냈으며, 우리와 토론하는 것을 즐겼다. 또 전 세계를 잘 알고, 여행을 많이 했으며, 천문학에서 어떤 주제가 주목받는지 알고 있었다. 더 중요한 것은 그의 잦은 여행 덕에 우리는 방해받지 않고 일할 수 있었다는 점이다! 내 박사 학위 학생들도 이제 이 느낌을 잘 알고 있다. 나 역시 출장을 자주 간다. 비어만 교수는 분필 한 자루로 모든 중요한 계산과 추정치를 칠판에 옮겨놓고 로그 계산을 할 수 있는 구식 물리학자였다. 그의 아버지 루트비히 비어만(Ludwig Biermann)은 뮌헨에 있는 막스 플랑크 물리학 및 천체물리학 연구소 소장이었고 태양 자기장에 관한 중요한 논문을 발표했다. 비어만가에는 어린 페터 비어만이 "오토 삼촌"이라고 부르던 오토 한(Otto Hahn)과 베르너 하이젠베르크(Werner Heisenberg) 같은 유명인이 손님으로 드나들었다.

내가 처음 블랙홀을 향한 열정에 사로잡힌 것은 강의실에서가 아니라, 〈과학의 스펙트럼(Spektrum der Wissenschaft)〉이라는 과학 잡지에 실린 찰스 타운스(Charles Townes)와 라인하르트 겐첼(Reinhard Genzel)의 논문을 읽었을 때였다. 이 글에서 저자들은 우리은하 중심부에도 태양 질량의 200만 배가량의 질량을 가진, 특이한 초대질량 블랙홀이 있을 수 있다고 했다.[1]

나는 곧바로 열광했다. 그들의 논문은 천문학에서 아주 흥미진진한 일이 벌어졌다는 사실을 명확하게 일깨워주었기 때문이다. 입자물리학도 재미있었지만, 당시에는 별다른 진전이 없었다. 대형 가속기 제작에 관한 것이었는데, 완공되고 결과가 나올 때까지 수십 년은 더 걸릴 것이었다. 우리은하 중심부에 있는 블랙홀, 이 신비로운 생각이야말로 내 마음을 사로잡았다.

게다가 중력은 당시까지도 이해하지 못한 힘이었다. 중력은 양자물리학이나 자연계의 다른 힘과 어떤 형태로든 통합되기 힘든 힘이었다. 중력은 만물이론(자연계에 존재하는 4개의 힘, 즉 전자기력·약한 핵력·강한 핵력·중력을 통합해 자연의 모든 법칙을 설명하고자 하는 물리학 이론—옮긴이)으로 가는 길에 놓인 거대한 장애물이다. 나는 그 이론이 어떤 형태인지 전혀 몰랐지만, 계속 살펴보는 것은 해가 될 일이 아니었다. 어쩌면 물리학이라는 건물에 내가 작은 돌 하나를 추가할 수 있을 것 같았다. 건축 설계에서 어떤 집을 짓고 싶은지 아는 것은 크게 도움이 된다. 진로 계획도 마찬가지다. 어떤 방향으로 나아갈지 알아야 한다. 어딘가에서 뭔가 흥미로운 일이 일어나고 있다면, 그건 분명 블랙홀 주변에서 일어나고 있으리라 생각했다.

그때는 모험의 시대였다. 그사이 나는 본의 막스 플랑크 전파천문학 연구소로 옮겼고, 동료 두 명과 함께 아주 작은 일인용 연구실을 나눠 썼다. 심지어 책상 한쪽이 복도로 삐죽이 나와 있기까지 했다. 졸업 논문을 위해 비어만 교수가 내게 이론적으로 질문한 것은, 퀘이사의 강착 원반이 항성풍과 비슷하게 바람을 우주로 보내는 것이 아닐까 하는 것이었다. 놀랍게도 초대질량 블랙홀을 중심으로 회전하는 물질 원반은 납작하게 편 뜨거운 별과 비슷한 특징을 보인다. 빛의 높은 복사압은 원반의 외부 층을 밀어낸다. 이런 극단적인 바람 현상은 우주로 많은 물질을 분출하는 매우 뜨거운 별에서 일어나는 것으로 알려져 있다. 블랙홀의 경우 공간 왜곡으로 빛이 휘고 집중되는 것 또한 고려해야 한다. 그래서 나는 퀘이사의 빛에서 가스가 어떻게 운동하는지, 그리고 블랙홀이 그 중심부에서 어떻게 빛을 휘게 하는지를 계산했다.

이 주제는 굉장히 흥미로웠고, 이러한 효과는 나중에 실제로 발견되었다. 하지만 당시에는 순수하게 이론적 접근이었다. 1992년에 같은 주제로 박사 과정을 시작했다. 내 지도교수의 좋은 동료인 애리조나 스튜어드 천문대(Steward Observatory)의 피터 스트릿매터(Peter Strittmatter)가 독일 본의 천문학자들과 함께 애리조나에 새로운 서브밀리미터 전파 망원경을 만들기 위해 방문했다. 나는 자랑스럽게 내 프로젝트를 설명했다. 그는 예의 바르게 들었지만 심드렁했다. 다른 사람들 역시 내 주제가 별로 끌리는 것 같지 않았다.

그럼에도 1992년은 내 인생을 바꾼 신나는 해였다. 우리 딸이 세상의 빛을 보았고, 은하수 중심부에서 갑자기 새로운 세계가 보였다.

은하수의 어두운 심장

퀘이사가 발견되고 블랙홀이라는 아이디어가 생겨나자마자, 고민의 수위도 더 깊어졌다. 수십억 광년 거리에서 우주의 초기 폭발 시기에 거대한 블랙홀이 은하수 중심부에 있었다면, 그렇게 쉽게 사라질 수 없지 않을까? 그리고 만약 블랙홀이 있는 은하들이 있다면, 다른 은하들도 블랙홀이 있지 않을까?

천문학자들은 우리 주변에서 약 5000만 광년 떨어진 은하들의 중심부에서도 특이한 일이 일어나고 있다는 것을 재빨리 알아차렸다. 이 은하들의 핵은 밝은 빛으로 보였고, 전파 플라스마가 방출되었으며, 중심부 주변에서는 뜨거운 발광 가스가 소용돌이쳤다. 이 주목할 만한 은하들은 1940년대부터 알려졌는데, 발견자의 이름을 따서 시퍼트은하(Seyfert galaxy)라고 했다. 이곳에도 블랙홀이 존재했을까? 1970년대와 1980년대에 천문학자들은 블랙홀로 의심되는 은하의 전체 목록을 만들었다. 이런 천체를 '활동성 은하핵(Active Galactic Nuclei, AGN)'이라고 일컬었다. 연구 분야도 전체적으로 활기를 띠었다. 우리은하 중심부에도 이런 질량 괴물이 있었을까?

1971년 이미 영국의 천체물리학자 도널드 린든-벨과 마틴 리스(Martin Rees)가 이 추론을 발표하면서 대륙 규모 전파 간섭계, 즉 VLBI 실험이 은하 중심부에 있는 블랙홀과 같은 밀집 전파원을 감지할 수 있을 것이라고 예측했다.

전파천문학자들은 바로 탐색을 시작했고, 3년 뒤 브루스 발릭(Bruce Balick)과 로버트 브라운(Robert Brown)이 웨스트버지니아주 그린뱅크의 전파 간섭계를 이용해 우리은하 중심부에서 이 천체를 발견했다. 그들은 흐로닝언 대학의 론 에커스(Ron Ekers)와 밀러 고스 팀보다 아주 조금 앞섰다. 이들은 캘리포니아주 오언스 밸리 간섭계로부터 얻은 데이터와 이전에 강제수용소가 있던 네덜란드 웨스터보르크에 위치한 최신 전파 간섭계의 데이터를 결합해 신비한 전파 천체를 발견했다.

이 새로운 전파원은 궁수자리 A(Sagittarius A)로 알려진 영역 한가운데에 있다. 은하수의 심장, 즉 은하 중심으로 여겨진다. 궁수자리 A는 궁수자리에서 가장 밝은, 최초의 전파원이다. 두 번째로 밝은 전파원은 궁수자리 B라고 일컫는다. 발릭과 브라운의 발견 이후 몇 년이 지난 뒤에도 천문학자들은 논문과 기사에서 '은하 중심부에 있는 밀집 전파원'이라고 언급했는데, 이것을 거추장스럽게 여긴 브라운이 궁수자리 A*(Sagittarius A*)로 줄여버렸다. 별표는 이 천체가 매우 흥미롭다는 것만을 나타낸다. 길게 쓰는 것을 좋아하지 않는 천문학자들은 이것을 더 줄여 일반적으로 'Sgr A*'[2]라고 말한다. 과학 기자들은 천문학 명명법에 대해 생각할 때 골머리를 앓지만, 우리 천문학자들에겐 지극히 당연하고 자연스러운 일이다.

천문학자들은 곧바로 Sgr A*의 VLBI 관측을 시작하면서 더욱 선명한 영상을 기대했지만 실망하고 말았다. 관측된 천체의 모습은 별 볼 일 없었다. 약간 동글납작한 얼룩이었다. 그렇게 평범한 블랙홀은 상상조차 할 수 없었다. 이후 몇 년 동안 훨씬 더 선명한 영상을 약속하는 더 높은 주파수를 활용했지만, 여전히 작은 얼룩으로 보였다. 요즘도 더 작은 얼룩이 관측된다. 그러고 나서 전파천문학자들은 어렴풋이 깨달았다. 즉 은하수가 전파 방출에 대해 미세 구조를 지워버리는 거대한 불투명 유리 역할을 하는 것이다. 따라서 천문학자들은 은하수 중심부에서 일어나는 현상으로 말미암은 흐릿한 얼룩만을 관측하게 된다. 은하 원반의 뜨거운 가스와 먼지가 우리 시야를 차단하는 것이다. 얼마나 실망스러운 일인가!

이런 현상은 가시광 영역에 더 큰 영향을 미쳤다. 우리은하 원반 안에 있는 밀도가 높은 가스 먼지구름은 가시광 영역의 빛을 전파 영역 등에서 산란시킬 뿐만 아니라 완전히 흡수해 이 영역으로 향하는 모든 '시각'을 가려버린다. 은하수는 그 비밀을 영원히 간직할 수 있을까?

그 베일이 갑자기 벗겨졌을 때, 나는 막 박사 학위 논문을 시작한 상태였다. 독일 전역의 전문가들이 본에서 열린 자발적 미니 워크숍에서, 우리은하 중심에 대한 아직 발표되지 않은 최근의 연구 결과를 보고했다. 나는 충격을 받았다.

당시 본의 연구소장이던 페터 메즈거(Peter Mezger)와 동료 로버트 질카(Robert Zylka)를 중심으로 한 연구팀은 1988년 Sgr A*에 대해 최초로

1.3밀리미터 파장 관측을 했다. 이것이 바로 밀리미터파 영역으로, 우리가 나중에 사건 지평선 망원경(Event Horizon Telescope, EHT)으로 관측하게 된다. 비록 그들은 망원경이 하나뿐이어서 뚜렷한 이미지를 찍을 수 없었지만, 마치 Sgr A*가 그 영역에서 엄청나게 강한 빛을 내는 것처럼 보였다. 더 놀라운 것은 밀리미터보다 더 높은 주파수인 원적외선 영역에서, 전자기파 복사 방출이 극적으로 중단되어 아무것도 관측되지 않는다는 사실이다. 그렇다면 무엇이 이 밀리미터파 방출을 만드는 것일까? 블랙홀 근처에 있는 초고온 가스일까, 아니면 좀더 바깥에 있는 따뜻한 먼지 구름일까?

1990년대에 본의 막스 플랑크 전파천문학 연구소와 보스턴의 MIT 헤이스택 천문대(Haystack Observatory) 연구팀은 밀리미터 영역의 VLBI를 개발하는 데 선구적 역할을 했다. 본의 내 동료 토마스 크리히바움(Thomas Krichbaum)은 43GHz, 즉 7밀리미터 파장에서 궁수자리 A*의 첫 번째 VLBI 관측을 수행해 자신의 최신 관측 결과를 설명했다. 이것은 이 천체에 대해 얻은 관측 이미지 중 가장 짧은 파장에서 얻은 가장 뚜렷한 이미지였다. 전파 불투명 유리 효과는 파장이 짧아질수록 제곱으로 감소해서 단조로운 얼룩 이상의 것을 알아차릴 수 있는 것처럼 보였다. 얼룩이 한 방향으로 약간 부풀었다. 거대 퀘이사에서 본 것처럼 작은 플라스마 제트의 부푼 모습을 본 것일까?

그러나 미니 워크숍의 정점은 뮌헨 근처 가르힝(Garching)에 있는 막스 플랑크 외계물리학 연구소 겐첼 그룹의 장엄한 연구 결과였다. 겐첼은 안드레아스 에카르트(Andreas Eckart)와 함께 은하 중심부를 향해 근적외선 카메라를 설치했다. 이 카메라는 우리 눈이 인지할 수 없는 사람들의 열 방출을 볼 수 있어 야간 투시기로 사용하기도 한다. 적외선은 우리 눈이 인지하는 가시광보다 파장이 훨씬 길지만, 그 때문에 우리은하의 먼지 막을 더 쉽게 통과할 수 있다. 갑자기 중심부의 어둠 속에서 뭔가 밝은 빛이 보였다. 이것이 블랙홀의 불빛이었을까?

이 광점(light spot)은 지구 대기가 별빛을 왜곡해 매우 흐릿하고 불분명했다. 별빛이 우주를 통과하는 길고 긴 여정을 마친 뒤 지구 대기층을 통과하면 깜박거리기 시작한다. 이 효과는 우리에게도 익숙하다. 뜨거운 여름날 가열된 아스팔트 노면에서 공기가 상승하고 떠다니며 줄무늬를 형성해 모든 이미지를 왜곡하는 걸 보았을 것이다. 마찬가지로 대기에서도 대규모 왜곡이 발생한다. 지구에서는 별이 반짝이는 것 같은 느낌이 든다. 우주에서 봤을 때 별빛은 전혀 깜박이지 않는다. 바로 이것이 우주 망원경이 관련 연구에서 매우 중요한 까닭이다. 어쨌든 지구의 근적외선 영역에서 왜곡 효과는 광학 영역보다 덜 심각하다.

겐첼과 에카르트는 지상에서도 뚜렷한 이미지를 얻는 방법을 고안해냈다. 그들은 긴 시간을 들이는 촬영 대신 은하 중심에 대한 슬로 모션 영상을 만들었다. 이를 이용해 광점의 난폭한 움직임을 포착할 수 있었다. 각각의 이미지에서 별은 얼어붙은 것처럼 보였고, 컴퓨터에서 여러 이미지를 능숙하게 겹쳐 이리저리 튀는 이미지를 수정할 수 있었다. 근적외선 얼룩은 점점 더 뚜렷해지면서 25개의 별로 구분되었다. 빛은 결국 블랙홀에서 나온 것이 아니었다. 그러나 이 희미한 광원 중 하나는 전파원 Sgr A*에 매우 근접해 있었다. 그렇게 간절히 기다리던 전파원의 실체가 이것일까? 우리는 모두 흥분했다.

오랫동안 천문학자들은 다양한 파장 영역에서 블랙홀을 사냥해왔지만, 궁수자리 A*는 그저 하나의 별일 뿐이라고 여겼다. 몇 년 뒤 이 경우도 마찬가지였다는 게 밝혀졌다. 만약 궁수자리 A*가 블랙홀이었다면, 전파 영역을 제외한 거의 모든 파장에서 매우 어둡게 관측됐을 것이다.

그날 발표한 많은 것이 단지 추측일 뿐이며 전적으로 사실이 아님에도, 나는 여기서 뭔가 특별한 일이 일어나고 있고 블랙홀로 가는 새로운 문이 열리고 있다는 깊은 인상을 받았다. 지금은 그저 불투명한 거울을 통해 보지만, 언젠가는 직접 볼 수 있을 것이다.

첫 번째 의혹

우리가 은하 중심부의 새로운 VLBI 이미지를 봤을 때, 비어만 교수는 나중에 뷔르츠부르크의 교수가 된 내 동창 카를 만하임(Karl Mannheim)과 내게 은하 중심부를 퀘이사 주변처럼 제트로 설명할 수 있는지 물었다. "한두 주 필요할 겁니다"라고 말하며 만하임은 장난스럽게 웃어 보였다. 수많은 여행을 해온 지도교수도 이 연구 주제에 관심을 두는 듯했다. 애리조나에서 본으로 온 스트릿매터 역시 이 주제에 주의를 기울이며 모든 것을 알고 싶어 했다.

나는 퀘이사의 원반풍(disc wind)에 대한 연구를 잠시 멈추고 궁수자리 A*에 집중했다. 그렇게 2주는 30년이 되었고, 여전히 끝나지 않고 있다. 원래의 박사 학위 연구 주제는 더 이상 진행할 수 없었다.

궁수자리 A*는 무엇일까? 이제 이것이 중요한 질문이었다. 어떻게 빛을 방출할까? 정말 블랙홀일까, 미니 퀘이사일까? 하지만 궁수자리 A*는 그저 약한 눈빛에 불과하다. 퀘이사 3C 273을 우리 은하수에 갖다놓는다면 지금 우리가 측정하는 전파 핵보다 400억 배 더 밝을 것이다. 두 천체를 서로 비교할 수 있을까?

우리는 세계 최고 이론천체물리학자 중 한 사람인 로저 블랜드퍼드(Roger Blandford)가 당시 박사 과정에 있던 아리에 쾨니글(Arieh Königl)과 함께 퀘이사에서 제트 방출을 설명하기 위해 1979년에 개발한 단순한 모델을 사용했다. 하지만 우리는 이러한 플라스마 제트의 성능을 조절할 수 있는 기능을 추가했다. 말하자면 퀘이사 모델에 가속 페달을 단 것이다.

우주 제트는 비행기의 제트 엔진을 떠올리면 상상하기 쉽다. 뜨거운 가스가 가속되어 엔진에서 빠른 속도로 방출된다. 조종사가 더 많은 가스를 방출할수록 엔진은 더 활기차고 더 시끄러우며 훨씬 밝다. 우리의 퀘이사 모델에서는 강력한 자기장이 엔진을 형성하고, 블랙홀로 떨어져 들어가는 물질의 양에 따라 에너지가 결정된다. 물질의 낙하로 생성된 에너지의 대략 10퍼센트를 더하고 자기장과 제트를 포함하면, 퀘이사의 밝은 전파 방출을 설명할 수 있다. 블랙홀은 비교적 단순한 천체이기 때문에, 궁수자리 A*가 훨씬 더 밝은, 비슷한 천체들과 근본적으로 다른 이유를 찾지 못했다.

퀘이사는 대략 1년에 태양 하나 정도를 집어삼킨다. 만약 우리은하의 블랙홀이 1000만 배 더 작은 질량을 흡수한다면, 그 에너지는 궁수자리 A*의 전파 방출을 생성하기에 충분할 것이다. 그래서 우리은하 중심부는 단식 치료 중인 블랙홀이 될 것이다. 단식은 매우 주목할 만한 비교가 될 수 있는데, 1000만 배 더 작은 질량이라고 해도 그곳에서 사라지는 양은 여전히 매년 달 3개 정도가 될 것이기 때문이다. 우리은하에 수억 개가 있는 작은 항성 블랙홀은 이 과정에서 거의 질식할 것이다.[3]

전파원의 전파 플라스마가 작은 조명 하나보다도 많지 않아서 크리히바움의 VLBI 관측이 가능했고 전파원의 크기도 설명할 수 있었다. 전파 제트는 지구 궤도 정도일 것으로 추정된다. 퀘이사와 비교하면 정말 작은 천체다. 이 천체를 2만 7000광년 떨어진 거리에서 더 이상 잘 볼 수 없다는 것은 당연한 일이다.

크리히바움의 VLBI 관측과 함께 우리는 이론적 연구를 〈천문학 및 천체물리학(Astronomy & Astrophysics)〉 학술지에 투고했다. 하지만 뭔가 이상한 것이 눈에 띄었다. 우리 모델에서 전파 방출은 무지개처럼 빛났는데, 다양한 파장의 전파가 중심으로부터 서로 다른 거리에서 방출되고 있었다. 우리 모델은 파장의 길이가 짧아질수록 전파 방출이 블랙홀에 점점 가까워진다고 예측했다. 크리히바움이 직전에 관측한 7밀리미터의 파장에서 플라스마는 블랙홀에서 1천문단위 정도 떨어져 있었지만, 1밀리미터 이하의 파장 영역에서는 플라스마가 사건의 지평선 바로 근처에서 나와야 했다. 이것은 무지개로 옮겨놓고 보면 가장 안쪽 고리에서 나오는 전파 방출의 보랏빛이 될 것이다.

메츠거와 질카가 발견한 밀리미터파 방출은 사건의 지평선에서 직접 오는 것일까? 더 짧은 파장에서 방출(복사)이 중단되는 것처럼 보였다는 사실이 이를 뒷받침했다. 가스는 이미 사건의 지평선 너머로 사라졌기 때문에 더 이상 방출되지 않는 것일까?

나는 크리히바움의 관측에 의문을 표하고, 사건의 지평선을 보기 위해 이 주파수 영역에서 VLBI 실험을 할 수 있는지를 물었다. 그는 웃으며 말했다. "네! 물론 실험을 계획하고 있지요. 하지만 불행히도 지구가 충분히 크지 않군요."

1979년 막스 플랑크 협회(Max-Planck-Gesellschaft, MPG)는 프랑스 국립과학연구원(Centre National de la Recherche Scientifique, CNRS), 에스파냐 국립지리연구소(Instituto Geográfico Nacional, IGO)와 함께 프랑스 그르노블에 새로운 연구소인 밀리미터 전파천문학 연구소(Institut de Radioastronomie

Millimétrique, IRAM)를 설립했다. 에스파냐에 새로운 밀리미터파 망원경 2대를 운영 중인 독일 본의 막스 플랑크 전파천문학 연구소는 애리조나 대학과 함께 세 번째 망원경을 제작했다. 전파 망원경 본체는 VLBI 실험에 결합할 수 있었지만, 이미지를 생성하기에는 여전히 망원경 수가 너무 적었다. 게다가 크리히바움이 지적한 대로 우리은하 중심부에 있는 블랙홀이나 다른 모든 블랙홀은 너무 작았다. 심지어 지구 크기의 망원경으로도 그 파장에서는 사건의 지평선을 충분히 선명하게 볼 수 없을 것이었다. '안타깝다'고 생각했지만, 한동안 더 혼란스럽게 만든 그 생각에서 나는 결코 놓여나지 못했다.

침묵하는 다수

나는 학술지에 발표한 논문 다섯 편을 엮어 박사 학위 논문을 썼는데, 2년이라는 시간이 빠르게 지난 1994년 여름, 〈굶주린 구멍과 활동성 핵〉이라는 제목으로 제출했다. 그렇다, 블랙홀은 '굶주린 구멍'이다. 널리 알려진 것과 달리 일반적으로 억제되지 않는, 탐욕스러운 괴물이 아니기 때문이다. 그저 식탁에 올라온 것만 얌전히 먹을 뿐이다. 우리의 상상 속에서 블랙홀은 거대할 수 있지만, 은하 전체와 비교하면 그저 작은 병아리일 뿐이다. 둥지에 있는 병아리들처럼 먹이를 기다려야 하고 그들을 품은 은하가 먼지와 별을 먹이로 주어야 한다. 그렇지 않으면 그저 유지하다가 잠잠해지고, 궁수자리 A*처럼 성장을 멈춘다. 하지만 죽지는 않는다.

내 박사 학위 논문에서 우리는 블랙홀에서 방출되는 밀집 전파가 모든 곳에서 동일한 원리로 방출된다는 이론을 개발하고 논거를 제시했다. 바로 제트의 자기장에 의해 강착 원반의 가장 안쪽 가장자리에서 바깥으로 밀쳐지는 뜨거운 가스의 방출(복사)이었다. 바깥으로 방출되는 제트와 안으로 유입되는 강착 원반의 가스는 서로 밀접하게 연결되어 있고, 심지어 거의 공생적이다. 강착 원반과 제트에서 밖으로 분사되는 물리 과정 사이에 일반적인 결합 상수가 존재하는 것과 같다. 간단히 말해, 적게 들어가면 적게 나온다.[4]

블랙홀은 전파 이미지에서 보면 마치 불을 뿜는 용 같다. 어떤 경우에는 힘차게 제트와 함께 멀리서도 보이는 거대한 불꽃을 만들고, 또 어떤 경우에는 약하고 힘이 없고 목에서 그저 작은 불꽃이 새어나오는 정도다. 하지만 제트는 외향적인 폭식 괴물, 퀘이사, 우리 은하수와 그 주변의 단식하는 은둔자 같은 천체 등 거의 모든 것을 만들어낸다. 그렇다, 작은 항성 블랙홀의 전파 방출은 이 제트를 이용해 설명할 수 있다. 중요한 것은 오직 블랙홀 입구 자체의 방출에만 집중함으로써 거대한 플라스마 제트에서 나오는 엄청난 불꽃과 혼동하지 않는 것이다. 어디를 바라보고 있는지 정확히 알아야 한다.

결국 내 박사 학위 연구는 퀘이사, 항성 블랙홀, 은하 중심부 등에서 동일한 물리학 이론이 작용한다는 것을 밝혔다. 좀더 물리적으로 표현하자면, 블랙홀은 *크기*가 변하지 않고, *크기*와 상관없이 블랙홀의 사건의 지평선 근처에서 원칙적으로 똑같아 보인다는 것이다. 블랙홀은 명백히 지루하다. 머리도, 신경도, 여드름도 없다. 그런데 왜 갑자기 그 주변에서 일어나는 일이 매번 다르게 보일까? 적어도 그 속을 들여다보면 말이다.[5]

대개 블랙홀은 특별히 눈에 띄지 않는다. 나는 이들을 '침묵하는 다수'라고 일컫는데, 대부분의 사람들처럼 작동하기 때문이다. 그저 극소수만이 자신을 넘어서고 외향적인 슈퍼스타가 되어 흥미진진한 삶을 살며 모두의 시선을 잡아끈다. 이렇게 1990년대 퀘이사에 대한 과대광고가 지나가고, 언론에서조차 블랙홀의 우주 평균 분포에 집중했다. 허블 우주 망원경이 최전선에 있었다.

수십억 달러의 비용을 들인 이 망원경은 1990년에 우주로 발사되었는데, 처음에는 거울이 잘못 만들어졌다는 이유로 부정적 기사들만 쏟아졌다. 우주비행사들이 극적인 구조 작업을 통해 이 우주 망원경에 수정 렌즈를 장착했다. 이 망원경 덕에 전례 없는 선명도로 우리 이웃 은하의 심장까지 들여다보고, 지상 망원경이 보여주는 흥미로운 사실들을 관측으로 확인할 수 있었다. 즉 다른 은하에서도 별들은 특이하게 높은 속도로 각 은하의 중심부를 돌고 있었던 것이다. 이 은하들의 중심에도 블랙홀이 있을까?

과학자들은 이 천체를 조심스레 '거대질량 암흑 천체(Massive Dark Object, MDO)'라고 불렀지만, NASA의 기름칠이 잘된 언론 홍보 기계는 허블 우주 망원경이 또다시 최초로 은하계에서 블랙홀을 발견했다는 보도자료를 정기적으로 내보냈다. 나중에 NASA가 매년 새로운 발견, 최초 발견으로 주장한 것은 화성의 물이나 지구형 행성이었다. 물론 허블 우주 망원경은 블랙홀을 발견하지 못했고, 블랙홀 주변의 먼 거리에 있는 가스와 별만 찾았다.

1994년 5월 말, 이런 NASA의 첫 성공 사례가 나왔다. 나는 WDR 라디오 스튜디오(WDR-Radiostudio)의 청소년 프로그램 〈Riff—방파제(Riff—der Wellenbrecher)〉에 초청받아 이에 대한 설명을 하게 되었다. 박사 학위 시험 날 생방송으로 진행되는 바람에 나는 막 박사 학위를 받은 전파천문학자로서 방송 시간에 맞추기 위해 서둘러야 했다. 젊은 진행자는 물리학에 대한 인터뷰를 한 적이 없고, 나는 라디오 생방송 인터뷰를 한 적이 없었기 때문에 둘 다 약간 긴장했다. 하지만 대화는 빠르게 지나갔고, 나중에는 완전히 긴장이 풀렸다.

인터뷰를 하게 된 이유는 허블 우주 망원경이 M87을 관측했기 때문이다. 이 은하는 메시에가 파리 클뤼니 천문대에서 발견한 '성운' 중 하나였다. 우리은하가 수많은 은하 중 하나라는 우주 섬 이론 옹호자인 커티스는 은하 중심부에서 바깥으로 향하는 이상한 밝은 선을 보았다. 1970년대와 1980년대에 전파 망원경은 이 선이 퀘이사와 전파 은하에서 발견된 것처럼 거의 빛만큼 빠른 플라스마 제트라는 것을 밝혀냈다. 물론 그 세기는 훨씬 약했다.

라디오 인터뷰에서 나는 M87의 중심에 20억 개의 태양 질량이 상상할 수 없을 정도로 압축되어 뭉쳐 있는 것—아마도 블랙홀—을 허블 우주 망원경이 어떻게 발견했는지 설명했다. 그것은 우리은하의 중심에 있는 블랙홀보다 1000배 더 무거웠다. 진행자는 당황할 정도로 놀랐고, 내게도 그 숫자는 엄청나게 커 보였다. 그렇다, 미국인은 결과를 과장하는 것을 좋아한다. 아마 이 경우도 마찬가지일 거라고 생각했다. 그렇더라도 이것은 분명히 엄청나게 큰 값이었다.

질량이 더 큰 M87의 블랙홀은 궁수자리 A*보다 1000배 더 크지만, 이 은하가 2000배 더 멀리 떨어져 있기 때문에 사건의 지평선은 은하 중심에 있는 블랙홀보다 적어도 2배는 더 작게 보인다. 그리고 이건 너무 작았다. M87 역시 짧은 파장에서도 잘 관측할 수 있는 밝고 밀집된 전파 핵을 갖고 있었다. 그래서 사실 좀 아쉽긴 했지만, 살짝 빗나간 것 역시 빗나간 것은 빗나간 것이다.

블랙홀을 보려면, 그 주변에 빛을 비춰봐야 한다. 그러면 빛이 어디서 오고 어떤 빛이 가장 적합한지 이해하는 데 확실히 도움이 될 것이다. 굶주린 블랙홀에서 어떻게 방출이 일어나는지를 두고 갑자기 격렬한 논쟁이 벌어졌다. 하버드 대학의 인도계 미국인 천체물리학자 라메시 나라얀(Ramesh Narayan)은 과식하지 않는 블랙홀이 어떻게 생겼는지 조사했다. 나라얀은 퀘이사와 달리 에너지의 상당 부분이 방출되지 않은 채 블랙홀에서 강하게 가열된 가스와 함께 거의 눈에 띄지 않게 사라질 것이라고 주장했다.

이와 관련해서는 나 역시 나라얀에 동의했다. 다만 다른 점에서 우리는 견해가 아주 달랐다. 그의 모델에서 은하 중심부의 전파 방출은 블랙홀로 사라지기 직전, 강착 원반 안의 가스에서 나오는 것이어야 한다. 우리 모델에서는 전파 방출이 제트를 통해 블랙홀 가장자리에서 간신히 빠져나올 수 있는 물질에서 나온다. M87에서는 제트를 전파 이미지로 직접 볼 수도 있다. 그런데 왜 우리은하 중심은 다르게 작동하는 것일까? 우리 모델은 모든 블랙홀에 적용할 수 있어야 했다.

격이 다른 두 학자의 논쟁이었다. 한쪽은 유명한 하버드 대학 교수였고, 다른 한쪽은 젊은 박사 과정 학생이었다. 다행스럽게도 학회 주최 측은 훌륭한 학문적 논쟁을 좋아해 나는 토론에 계속 초대받았다. 그런데 누가 옳았을까? 이 논쟁은 어떻게 해결됐을까? 하나는 분명했다. 새로운 전파 데이터가 필요했다. 특히 여전히 굶주린 괴물인 블랙홀에 대한 자료가 필요했다!

유감스럽게도 당시 전파 관측 자료는 충분하지 않았고, 있어도 너무 오래된 것이었다. 그래서 나는 내 모델을 검증하기 위해 직접 관측해 자료를 모았다. 뉴멕시코의 VLA, 미국의 VLBA, 에펠스베르크의 우리 연구소 망원경에 대한 관측 요청서를 작성하고 다른 은하의 블랙홀을 찾기 시작했다. 내 이론적 계산 작업과는 완전히 달랐지만 흥미진진했다.

처음 에펠스베르크의 100미터 망원경으로 우주를 엿볼 수 있게 되었을 때, 버튼 하나만 누르면 미리 입력한 천구 좌표를 따라 거대하고 하얀 전파 망원경이 움직일 때의 느낌은 숭고했다. 3000톤의 강철이 내 손가락의 움직임에 복종했다. 기술과 과학의 광경에 눈이 휘둥그레져 감탄하며, 마침내 세상에서 가장 큰 '쓰레기차'를 탈 수 있는 어린 소년이 된 느낌을 받았다. 그 순간, 내 이론을 발전시키기 위해 책상 앞에 앉아 있는 것뿐만 아니라, 그 이론들을 직접 실험적으로 검토하고 모델을 검증하고 싶다는 마음이 강해졌다.

나는 가족과 함께 미국의 고요한 도시 로럴(Laurel)로 이주해 2년 동안 머무르며 즐거운 시간을 보냈다. 그곳에서 가까운 메릴랜드 대학과 볼티모어의 우주 망원경 과학 연구소(Space Telescope Science Institute)에서 허블 우주 망원경과 전파 망원경으로 블랙홀을 추적하고 사냥했다.

블랙홀 주변 별들의 춤

유럽에서는 겐첼 그룹이 칠레에 있는 유럽 남부 천문대(European Southern Observatory, ESO) 망원경을 사용해 Sgr A*를 사냥했다. 처음에는 3.6미터 망원경으로, 나중에는 8미터 망원경인 VLT로 말이다. 하지만 겐첼 홀로 연구하는 것은 오래가지 않았다. 두 연구팀이 은하 중심에 대한 패권을 놓고 경쟁하는 이야기가 펼쳐진다.

1995년 칠레의 라세레나(La Serena)에서 열린 은하 중심에 대한 학회에서 첫 번째 대결이 벌어졌다.[6] 나는 거기서 궁수자리 A*에 대해, 그 전파 방출이 다른 은하에 있는 블랙홀의 전파 방출과 얼마나 비슷한지를 발표했다. 하지만 정말 흥미로운 결과는 겐첼 그룹이 발표했다. 그들이 몇 년에 걸쳐 얻은 선명한 이미지는 이제 은하 중심의 별들이 이동했음을 보여주었다! 이것이 사실이라면, 그들은 엄청난 속도로 움직여야 했다.

우리는 별이 빛나는 하늘이 거의 늘 똑같아 보인다는 사실에 익숙하지만 실제로는 그렇지 않다. 모든 별은 시속 수만 킬로미터로 상대적으로 은하수를 통과한다. 멀리 떨어져 있어서 일상 속에서 거의 아무도 알아차리지 못할 뿐이다.

궁수자리 A* 주변의 별들도, 비록 우리 주변의 별들보다 훨씬 멀리 떨어져 있지만 몇 년 만에 위치를 바꿨다. 뭔가가 이 별들을 움직이게 만들고 제멋대로 흔들어놓은 것이다. 이것은 태양 질량의 약 250만 배인 블랙홀의 중력만이 할 수 있다고 겐첼은 주장했다.[7]

이미지상에서 이동은 아주 적었다. 얼마 지나지 않아 앤드리아 게즈(Andrea Ghez)가 자신의 연구팀 결과를 발표했다.[8] 그녀는 캘리포니아 대학교 로스앤젤레스 캠퍼스의 젊은 교수였고, 얼마 전부터 하와이 마우나케아(Mauna Kea)의 10미터짜리 켁 망원경을 활용했다. 망원경은 거대해졌고 관측은 훨씬 더 나아질 테지만, 그녀는 나중에 시작했기 때문에 아직 위치 변화를 측정할 수 없었다. 그것을 얻기까지 몇 년을 더 기다려야 했다. 분명한 것은 이것이 진짜 경쟁이었다는 사실이다. 두 팀은 서로 의심스러운 눈으로 바로보며 자신들의 데이터를 보여주지 않았다. 하루가 끝날 무렵, 두 연구팀은 연단에 올라 주저하면서 이미지가 들어 있는 슬라이드를 겹쳐놓았다. 측정치는 서로 일치한 것 같았다. 우리는 안심했다.

다른 측면에서도 학회는 흥미진진했다. 어느 날 큰 소리가 나고, 홀의 천장이 흔들렸다. 마치 배를 한 대 얻어맞은 느낌이었다. 동료 몇 사람은 건물이 무너질까봐 밖으로 뛰쳐나갔다. 그것은 내가 처음 경험한 지진이었다. 칠레 사람들은 많은 사람이 사망한 과거의 지진을 떠올렸다. 단련된 캘리포니아 사람들만 앉아 있었다. 이 지진이 한 번으로 끝나지 않았다면 어떤 일이 벌어졌을지 상상할 수도 없다.

학회가 끝난 뒤, 이 분야에서 뭔가 흥미로운 일이 일어날 거라는 확신이 들었다. 새로운 발견을 위한 출발 신호이자 20년 이상 지속될 경주를 위한 출발 신호가 떨어졌다. 과학은 상호 검증이 필요하다. 경쟁은 이러한 검증을 실제로 수행하도록 보장하는 한 방법이다. 마치 증기 압력 밥솥처럼 발전을 가속화하고 연구팀들이 서로 검증하도록 하는가 하면, 또 한편으로는 엄청난 물리적·정신적 압력을 가하기도 한다. 경쟁은 연구팀이 비슷한 수준에 있을 때만 작동한다. 이를 위해서는 정신력, 건강, 충분한 재정, 작동하는 기반 시설 등이 수년 동안 유지될 필요가 있다. 이 경우가 바로 은하 중심부에 있는 미지의 힘에 대한 이해를 발전시킨 사례다. 그런 힘이 중심부에 없다면, 블랙홀이 실제로 존재하는지 어디서 확인할 수 있을까? 그리고 만일 그런 힘이 여기 없다면, 어디서 블랙홀을 찾을 수 있을까?

3년 뒤 게즈는 별의 이동에 대한 더 많은 관측을 발표했고, 2년 뒤에는 대형 망원경으로 휘어진 궤도에서 움직이는 별을 최초로 발견했다.[9]

그런데 별들은 어디를 향해 움직이는 것일까? 모든 별은 한 점 주위를 도는 것처럼 보였다. 하지만 그 한 지점에는 아무것도 없었다. 궁수자리 A*는 여전히 이미지에서 보이지 않았다. 본의 막스 플랑크 전파천문학 연구소 카를 멘텐(Karl Menten)과 보스턴 스미소니언 천문대(Smithsonian Astrophysical Observatory, SAO) 마크 리드가 수행한 전파 관측과 근적외선 자료를 면밀히 비교했을 때 모든 움직임의 중심이 정확히 궁수자리 A*의 전파원이라는 것을 알 수 있었다.[10] 중심부에서 움직이지 않고 머물러 있는 불길한 전파원 주변을 모든 별이 시속 수백만 킬로미터의 속도로 회전하고 있었다.[11] 이제 분명해졌다. 거기에 블랙홀이 있었다면, 궁수자리 A*의 전파 속 어딘가에 숨어 있었을 것이다!

앤드리아 게즈 역시 별 하나가 15년 만에 궁수자리 A*를 중심으로 아주 가까운 궤적으로 움직인다는 것을 지적했다. 그리고 곧 그것을 관측했다. 그녀는 이 별이 특히 블랙홀 후보에 가깝다고 우리에게 알려주었다.

그 후 겐첼이 아타카마사막에 있는 ESO의 거대 망원경 VLT에 새로운 적외선 카메라를 장착하며 다시 합류했다. 인구 밀도가 낮고 먼지투성이인 칠레의 이 지역은 상상할 수 있는 매우 척박한 지역 중 하나다. 천문학자들이 주로 머무르는 미래형 ESO 호텔은 최고 악당들의 비밀 기지처럼 보이고, 실제로 제임스 본드 영화 〈007 퀀텀 오브 솔러스(Quantum Of Solace)〉의 배경이기도 했다. 이 새로운 기기들로 천문학자들은 은하 중심에서 지금까지 찍은 이미지 중 가장 선명한 이미지를 첫 시도에서 얻는 데 성공했다. 이 과정에서 그들은 몇 초 단위로 변형 가능한 거울과 대기의 간섭을 상쇄하는 적응 광학(Adaptive Optics)을 활용했다. 천문학자들은 항성 S2를 관측하고 그 노력에 대해 보상받았다.[12] 이전 이미지들과 비교해본 결과, 항성 S2는 몇 년 안에 겨우 한 번 17광시 정도 궁수자리 A*에 근접한 것으로 나타났다. 태양에서 명왕성까지 거리의 3배보다 먼 거리다.

이 별은 케플러가 태양 주변의 행성 궤도에 대해 설명한 것처럼 강력한 전파원을 중심으로 타원형 궤도로 움직였다. 태양과 달이 지구의 해양(flut)을 앞뒤로 움직이면서 조류를 일으키듯, 블랙홀은 별이 지나칠 때 별의 뜨거운 가스로 이루어진 바다를 잡아당긴다. 하지만 이 경우 궁수자리 A*의 조석력은 별들을 파괴하기에 충분하지 않았다. 이것은 S2가 블랙홀에 12광분보다 조금 더 가까이 근접할 때까지는 일어나지 않을 것이다.

그렇더라도 작은 별에 대한 궁수자리 A*의 중력의 영향(macht)은 단호하다. 별은 그 궤도에서 초속 7500킬로미터 이상의 놀라운 속도로 1시간 만에 3800만 킬로미터나 움직였다. 케플러와 뉴턴의 법칙을 이용해 항성의 속도와 거리로부터 궁수자리 A*의 질량을 계산할 수 있는데, 이는 370만 개 태양 질량이다. 이번 계산 값은 이전 측정치보다 더 크게 나왔다. 내 마음은 기쁨으로 가득 찼다. 사건의 지평선도 더 넓고 더 쉽게 볼 수 있기 때문이다. 하지만 측정의 불확실성은 여전히 매우 커서 태양 질량의 150만 배 정도의 차이가 생길 수 있었다.

1970년대에 도널드 린든-벨과 마틴 리스가 예측한 이래 이러한 측정값을 얻기까지 30년이 걸렸다. 연구진이 추정되는 블랙홀 주변에서 별들의 춤을 보았을 때, 그들은 먼 우주 밖에서 무슨 일이 벌어지고 있는지 믿기 시작했다. 이 블랙홀은 은하계의 스타가 되었고, 천문학자들은 열광적으로 궁수자리 A*의 모든 움직임을 언론에 퍼뜨리는 파파라치가 되었다.

게즈 팀은 당시 은하 중심에 조금 더 가까이 위치해 공전하는 항성을 발견했다. 별이 은하 중심을 도는 데는 12년이 채 걸리지 않았고, 광속의 1퍼센트 속도로[13] 궤도에서 내달렸다. 겐첼 그룹은 드디어 근적외선 망원경으로 정확히 전파원 자리에서 약한 깜박임을 감지했다.[14] 이제 우리는 전파뿐만 아니라 가시광에 아주 가까운 근적외선에서도 궁수자리 A*를 감지할 수 있었다. X선 우주 망원경 역시 어둠의 가장자리에서 깜박거리는 것을 측정하기 시작했다.[15] 몇 분 만에 복사(방출)는 밝아졌다가 다시 어두워졌다. 복사는 최대 광분 범위 정도 확장된 영역에서만 방출될 수 있었다. 즉 사건의 지평선보다 더 크지 않았다. 이 우주적 장관은 마치 블랙홀이 끊임없이 우레 치는 구름에 싸여 번쩍이는 빛을 발산하는 것처럼 보였다. 하지만 단일 망원경의 분해능은 거기서 무슨 일이 벌어지고 있는

지 정확히 알 만큼 충분하지 않다.

그래서 겐첼 그룹은 독일 가르힝의 막스 플랑크 외계물리학 연구소에서 천문기기 제작에 뛰어난 프랑크 아이젠하우어(Frank Eisenhauer)의 지휘 아래 독일과 프랑스 출신 연구자들과 함께 가장 어렵고 복잡한 광학 망원경 장비 중 하나를 만들기 시작했다. 이름하여 GRAVITY다. 그때까지 칠레의 8미터 망원경 중 하나를 사용해오던 방식 대신, 산 위에 있는 거대 망원경 4대를 모두 연결하는 것이었다. 2016년에 마침내 성공했다.

2017년 말 뮌헨을 방문했을 때, 나는 처음으로 항성 S2가 날마다 어떻게 움직이는지 내 눈으로 직접 볼 수 있었다. 천문학자에겐 믿을 수 없을 만큼 인상적인 장면이었다! 관측 자료에 따르면, 궁수자리 A*의 질량은 실제로 태양 질량의 400만 배였다. 측정 오차는 이제 1퍼센트 미만이었다. 정확히 하자면, 우리는 이제 우리은하 한가운데 있는 블랙홀의 질량을 우리 자신의 무게보다 더 잘 알고 있다!

그 이후로 GRAVITY 팀은 거의 블랙홀 가장자리에 이르고 궁수자리 A*의 놀라운 방출이 나타나는 이미지들을 정기적으로 제공하고 있다. 섬광처럼 빛나는 뜨거운 가스는 블랙홀에서 예상되는 것처럼 거의 빛의 속도에 도달한 듯하고, 마치 어지럼증을 일으키는 회전목마처럼 그 주위를 맴돈다.[16]

지금으로부터 400년 전, 천문학자들은 우리의 행성이 태양 주위를 돌고 있다는 것을 발견했고, 100년 전에는 태양이 은하수 중심부를 돌고 있다는 것을 발견했다. 10년 전, 우리는 궁수자리 A* 주위를 도는 별들을 보았고, 이제는 2만 7000광년 거리에 있는 가스가 거의 빛의 속도로 블랙홀 주위를 돌고 있는 것을 볼 수 있다. 중력은 늘 모든 천체와 가스 구름을 그 영향권으로 끌어당기고 항상 똑같은 타원 궤도에 머무르게 한다.

얼마나 놀라운 우주 깊은 곳으로 가는 여행인가!

그런데 중심에 있는, 보이지 않는 천체는 정말 블랙홀이었을까? 이 신비로운 구조물에 그렇게 가까이 다가갔지만, 우리는 여전히 이 겉보기에 영원한 은신처를 보지 못했다. 이를 위해서는 더 큰 망원경이 필요했다.

1990년대 말, 미국에서 나는 허블 우주 망원경 프로젝트와 그 후속 프로젝트에 더 많이 참여할 수 있는 기회를 얻었다. 하지만 전파천문학을 계속하고 싶었고, 1997년에 운 좋게도 가족과 함께 고향으로 돌아왔다. 안톤 첸주스(Anton Zensus)는 본에 있는 막스 플랑크 전파천문학 연구소의 새로운 소장으로서 VLBI 그룹을 이끌기 시작했고, 내게 일자리를 제안했다. 이곳은 세계 최대 망원경을 운영하고 있었다.

1999년 본에서 나는 동료 제프 바우어(Geoff Bower), 세라 마코프(Sera Markoff), 위안펑(Feng Yuan, 袁峰)을 만났다. 바우어는 버클리에서 박사 학위를 받은 VLBI 전문가였다. 우리는 우리은하 중심부의 전파 특성을 조사했고, 나중에 그 블랙홀에 물질 공급이 거의 없었다는 것을 증명할 수 있었다.[17] 세라는 애리조나에서 박사 학위를 받은 이론가로, 우리는 크고 작은 블랙홀의 복사(방출) 모형을 병합했다.[18] 중국 동료 위안펑과 함께 우리는 나라얀의 뜨거운 원반 이론을 제트 모델과 결합했다.[19] 장기간의 생산적 협력 연구가 시작되었고, 우리는 크든 작든 관계없이 굶주린 블랙홀에 대한 천체물리학의 기본 원리를 이해하기 시작했다고 느꼈다.

08

블랙홀 이미지를 얻기 위한 아이디어

어메이징 그레이스, 놀라운 은혜

1990년대 중반 블랙홀이라는 범죄자를 잡기 위한 함정이 거의 성공하는 듯했지만, 여전히 빈틈이 있었다. 법적 관점에서 볼 때, 우리는 그때까지 은하 중심부에 있는 블랙홀의 존재를 입증하기 위해 정황 증거를 모으는 과정을 진행해왔다. 하지만 그 증거는 과학에서 흔히 그러하듯 전혀 충분하지 않았다. 하나의 가설에 대한 사실들은 어느 시점에 이르러 더 이상 다른 결론을 허용하지 않거나 그 가정이 반박될 때까지 수집된다. 따라서 많은 천문학자, 특히 이미 여러 과대광고를 함께해온 선배들은 회의적이었다. "증거가 충분하지 않다"면서 "아직 갈 길이 멀다"고 말했다. 계속해서 초거대 블랙홀은 불가능하다고 주장하는 기사가 등장했다. 우리 천문학자들은 현장에서 범인을 생포하기를 간절히 원했다. 훔친 물건을 손에 들고 있는 범인의 사진 한 장을 말이다.

그래서 나는 확실한 걸 원했다! 블랙홀을 보고 싶었다. 반드시 블랙홀 관측에 성공하고 싶었다!

숨겨진 것을 보고자 하는 욕망은 우리 마음속 깊은 곳에 내재한 원초적 욕구인 것 같다. 과학자로서 나는 보는 것만 믿지만, 먼저 결국에는 내가 그것을 보게 될 것이라고 믿어야 한다.

오래된 성가 〈어메이징 그레이스(Amazing Grace)〉(우리말 제목은 〈나 같은 죄인 살리신〉이다—옮긴이)를 부를 때면 보고 싶다는 갈망이 내 영혼을 사로잡는다. 이 정도로 깊이 나를 감동시킨 노래는 거의 없었다. "나는 볼 수 없었지만 지금 내게 보인다(Was blind but now I see: 우리말 찬송가에서는 "광명을 얻었네"로 번역했다—옮긴이)"는 바로 이 구절에서 나는 때때로 눈물을 흘린다.

눈을 떠서 진실을 포착하는 그 순간은 엄청나게 값지다. 어둠 속에서 빛으로 나와 새로운 진실을 알게 되는 것은 우리 삶에서 무엇보다 소중한 경험이다. 때때로 나는 무엇보다도 '마침내 볼 수 있게 되는 것'이 내가 지향하는 결정적 순간이라고 생각한다. 이 순간이, 지금 내게 힘과 용기를 주는 미래의 순간이다.

신앙과 과학에서 중요한 것은 새로운 것을 발견할 수 있다는 희망을 갖는 것이다. "보지 못하고 믿는 자들은 복되도다"[1]라고 예수님은 믿음에 대해 표현했다. 예수님의 이 말을 나는 다음과 같이 이해했다. "아직 보지 못한 자들은 복되도다……."

일상생활에서는 때때로 마음으로 더 잘 볼 수 있지만, 과학에서는 기기가 필요하다. 거대 기기 말이다. 지금까지 천문학에서 가장 선명한 이미지는 VLBI로 얻었다. 본의 동료 크리히바움과 나, 그리고 우리 이전이나 동시대의 많은 전파천문학자가 수십 년 전부터 사용해온 바로 그 기술이다.

1960년대부터 과학자들은 분해능을 높이기 위해 개별 전파 망원경을 간섭계로 조합했다. 이 방법은 단번에 당시 그 어떤 개별 망원경도 보여줄 수 없던 사항들을 세세하게 보여주었다. 지구 크기의 가상 안테나를 가진 거대한 망원경이 탄생한 것이다. 이것으로 관측한 자료를 컴퓨터로 전파를 겹치고 조합해 한 장의 이미지를 만들어내는 것이다.

전파 신호의 위상 수준 중첩을 위해 각 측정 장소의 위치를 밀리미터 수준의 정확도로 파악하고, 신호가 도착하는 시간을 원자시계로 측정해야 한다. 이와 같은 시계는 10^{-12}초의 정확도로 작동하며, 3만 년에 단 1초 오차만 허용한다. 입력되는 전파는 디지털 신호로 변환되어 이전에는 비디오테이프나 대형 자기장 테이프에 저장되었지만, 지금은 비트와 바이트로 저장된 빛이 하드 디스크 박스에 저장된다. 저장할 수 있는 데이터가 많을수록 더 많은 빛을 동시에 기록할 수 있고, 저장된 보안 데이터 역시 더 좋아진다. 컴퓨터에서 조립한 가상 망원경은 관측 데이터가 충분하면 알고리즘을 사용해 이미지를 재구성한다.

측정은 극도의 정확도를 요하지만, 극도로 선명한 이미지도 제공한다. 따라서 대륙 간 간섭계를 이용해 천구를 관측하는 것이 천문학자만은 아니며, 측지학자 역시 VLBI 망원경으로 측지 자료를 관측하고 측정한다. 한편 지리 측량 자료도 필요한데, 지구가 우리의 목적을 달성하기에 충분히 안정적이지 않기 때문이다. 지구는 가상 망원경을 변형시키고, 측지학자는 이 변형을 측정한다.

따라서 바이에른 숲에 있는 벳첼(Wettzell) 천문대는 측지를 위해 전 세계 다른 관측소와 함께 300여 개의 퀘이사를 정기적으로 관측한다. 이 천문대는 세계 측지 네트워크 중 가장 중요한 지점으로, 그 관측 자료는 본에서 천문학자들과 동일한 방식으로 상관된다. 그래서 두 분야 모두 긴밀하게 협력하고 있다.

3C 273이나 3C 279와 같은 밝은 퀘이사를 관측해 보정 지표로 이용하면, VLBI로 원자시계를 보정하고 망원경 위치를 정확하게 측정할 수 있다. 측지학은 지구 표면이 어떻게 변화하는지를 보여준다. 대륙판 간격은 변화한다. 예를 들어, 미국과 유럽은 매년 몇 센티미터씩 멀어진다. 하와이는 마우나케아에 있는 모든 망원경과 함께, 세계 측정 지점들 가운데 가장 빠른 매년 약 10센티미터의 속도로 아시아를 향해 가고 있다. 스칸디나비아는 빙하기가 끝날 때부터 빙하가 녹으면서 상승하고 있다. 심지어 쾰른 대성당도 매일 조류를 따라 약 35센티미터씩 위아래로 오르내린다. 다행스럽게도, 이런 현상은 어디서나 균일하게 진행된다. 그렇지 않다면, 탑은 벌써 무너져 내렸을 것이다. 그래서 우리의 세계 망원경은 흔들린다!

지구의 축도 흔들린다. 지구는 날달걀과 같아서, 불균형으로 인해 회전축이 약간 변형될 수 있다. 다른 행성들이 지구를 잡아당겨 북극을 수백 미터나 흔든다. 더불어 이리저리 흔들리는 바다와 지구 주변을 돌아다니는 대기 역시 여기에 한몫한다. 이를 통해 북극은 연간 몇 미터씩 이동하는데, 정확한 편차를 예측할 수는 없다. 오늘날 GPS를 통해 많은 위치를 측정할 수 있지만, 다른 행성들도 위성을 흔든다. 우주에서 우리의 절대 위치는 VLBI만 측정할 수 있으며, 우리에겐 망원경의 정확한 위치가 필요하다.

VLBI 네트워크를 통해 얻을 수 있는 분해능[2]은 다음 공식으로 계산한다.

$$\text{분해능} = \frac{\lambda}{D}$$

분해능은 각도 단위로 표현되는 이미지의 픽셀 크기로, 전파의 파장

λ(람다)를 망원경의 렌즈나 거울 지름 D로 나눈 크기다. 분해능이 작을수록 더 작은 물체를 구별할 수 있다. 1.3밀리미터의 파장에서 1만 2700킬로미터의 지구 지름 크기 망원경으로 관측하면, 최고 분해능은 20마이크로각초 정도이다. 이것은 쾰른에서 뉴욕에 있는 겨자씨 반쪽 정도의 크기를 구분할 수 있는 분해능이다. 당시 블랙홀을 태양 질량의 250만 배라고 추정했는데, 이에 따라 궁수자리 A*의 사건의 지평선이 얼마나 큰지 계산해보면 지름이 1500만 킬로미터다. 이 값은 태양보다 10배나 크다. 하지만 우리은하 중심부에서는 겨자씨의 4분의 1 정도 크기로밖에 보이지 않는다. 12마이크로각초는 너무 작은 크기다. 심지어 지구 크기 망원경으로도 말이다.

그리고 나는 이 추정치가 여전히 낙관적이라고 생각했다. 블랙홀이 거의 빛의 속도로 회전하면 사건의 지평선이 다시 절반으로 축소되기 때문이다. 모든 블랙홀은 별과 행성처럼 약간 회전할 것으로 예상한다. 그렇다면 보이는 블랙홀의 크기는 더 작지 않을까?

1990년대 중반 어느 흐린 날 오후, 나는 본의 우리 연구소 도서관에 앉아 이 모든 것에 대해 생각했다. 우연히 제임스 바딘(James Bardeen)의 짧은 논문을 읽게 됐다. 이 미국 천체물리학자는 1973년에 이미 작은 블랙홀이 먼 별 앞을 지나갈 때 어떤 모습일지 고민했다. 이것은 당시에 순전히 학문적 추론이었고 지금도 여전히 마찬가지다. 이런 우주적 별자리 배치에 대한 연구를 위해서는 우리가 가진, 전 세계를 기선으로 하는 전파망원경보다 1000배 더 선명한 이미지를 제공할 수 있는 망원경이 필요하기 때문이다. 그럼에도 나는 이미 이 멀리 있는 태양 앞으로 금성이 지나가는 것 같은 어두운 그림자를 보았다.

하지만 뭔가가 나를 혼란스럽게 했다. 논문 마지막 부분에 있는 그림은 사건의 지평선에서 빛이 흡수되면서 나타나는 어두운 점의 크기를 의미하는 원을 보여주었다. 이 원이 너무 컸다. 회전하는 블랙홀이 아니었던가? 훨씬 작아야 하지 않을까? 논문에 나타난 것의 5분의 1 정도로 작아야 하지 않을까?

블랙홀이 빨리 회전할수록 빛은 블랙홀 더 가까이 지나치게 된다. 마치 회전목마처럼 시공간의 진동을 흡수함으로써 벗어날 수 있는 데 반해, 진동이 없는 상태에서는 묶여 있을 것이다. 바로 이런 이유로 회전하는 블랙홀은 더 작아야 한다고 생각했다. 하지만 이 블랙홀은 관측자에게 훨씬 더 커 보였다. 사건의 지평선보다 훨씬 컸다.

그러다 갑자기 블랙홀이 스스로 점점 커지고 있음을 깨달았다! 블랙홀은 확실히 빛을 분산할 수 있어서, 거대한 중력 렌즈로 여겨진다. 블랙홀의 회전 역시 문제가 되지 않았다. 빛은 블랙홀의 양쪽을 통과해야 하기 때문이다. 한 방향에서 빛은 블랙홀의 회전과 같은 방향으로 지나며 거의 사건의 지평선 가까이 다가가지만, 다른 쪽 방향에서는 시공간의 흐름을 거슬러 지나치며 멀리 떨어진 곳에 갇히게 된다. 이렇게 블랙홀은 빛이 그 주변을 지나치려 할 때 넓은 그물을 펼친다.

눈이 번쩍 뜨였다. 논문 속 그림이 정확하고 '내' 블랙홀에도 적용할 수 있다면, 내가 지금까지 생각한 것보다 2.5배 더 커야 했다. 블랙홀이 회전하든 안 하든, 관측에서 별 차이가 없었다. 단지 질량이 중요했는데, 우리는 그것들을 잘 알고 있었다.

그렇다면 지구는 충분히 크다. 놀라운 은혜! '내' 블랙홀을 볼 수도 있다. 나뿐만 아니라 모두가 볼 수 있을 것이다! 그 깨달음이 번개처럼 내리쳤다. 갑자기 눈앞에 구체적인 이미지가 떠올랐고, 분명한 목표가 생겼다. 나는 블랙홀의 입구를 들여다볼 것이다. 나는 가만히 있지 못하고 일어나서 서성거렸다.

블랙홀은 그림자를 앞으로 드리운다

공유되지 않는 아이디어는 심지 않은 씨앗과 같다. 그래서 나는 학회에서 "네, 블랙홀을 볼 수 있습니다"라는 긍정의 메시지를 계속해서 전하기 시작했다. 하지만 블랙홀의 이미지는 전 세계 동료들이 이 프로젝트에 열정적일 때라야 얻을 수 있다. 공동의 목표를 추구하는 여러 사람의 의지가 필요하다. 하지만 먼저 그들을 설득해야 한다.

지금까지는 모든 것이 이론이었다. 이론은 좋다. 실험을 통해 확인된 이론은 더 좋다. 실험은 이론으로 결과를 정리하고 설명할 수 있을 때에만 의미가 있다. 좋은 실험은 이론을 개선하고 새로운 아이디어를 자극하지만 많은 돈과 노력이 들기도 한다. 필요한 예산을 마련하려면, 또다시 무엇을 보게 될지 예측하는, 믿을 만한 이론이 필요하다. 과학은 언제나 이론과 실험의 탱고다. 한 번은 이론이 앞서고, 다음엔 실험이 앞선다.

그래서 우리는 망원경으로 점점 더 높은 주파수, 즉 점점 더 짧은 파장을 향해 나아가야 했다. 얼마나 블랙홀 가까이 다가갈 수 있었을까? 본에서 7밀리미터 파장 영역을 관측한 이후, 1994년 보스턴의 헤이스택 천문대에서 젊은 전파천문학자 셉 돌먼(Shep Doeleman)이 소속된 미국 연구팀이 3밀리미터 파장 영역에서 첫 번째 VLBI 실험을 했다.[3] 본의 연구소 동료 크리히바움은 에스파냐와 프랑스에 있는 IRAM 전파 망원경으로 230GHz,[4] 즉 1.3밀리미터 파장 영역에서 첫 번째 VLBI 관측을 했다. 그럼에도 그 천체가 어떻게 보이는지는 여전히 알 수 없었다. 우리

은하의 감광 효과는 이전과 마찬가지로 실제 구조를 희미하게 만들었고 관측 자료의 질이 떨어졌으며, 망원경 수는 너무 적고 측정 민감도도 낮았다.

1996년, 나는 여러 파장 영역에서 다양한 망원경으로 궁수자리 A*의 밝기를 동시 관측하기 위해 공동 관측 캠페인을 진행했다. 일본, 에스파냐, 미국 등에 있는 동료들이 동참했다. 이미지를 얻지는 못했지만, 그 관측 자료에 대한 해석은 밀리미터파 복사 방출이 실제로 사건의 지평선에서 나온다는 것을 입증했다. VLBI 실험을 통해 이러한 복사의 배경에서 사건의 지평선을 볼 수 있어야 한다고 우리는 논문에서 명백하게 예측했지만,[5] 전 세계 연구자들 사이에서는 여전히 상당한 논의가 필요했다.

논의는 학회에서 하는 것이 가장 좋다. 그래서 1998년 나는 애리조나 출신의 동료 앤절라 코테라(Angela Cotera)와 함께 은하 중심에 대한 워크숍[6]을 개최했다. 전 세계 전문가들이 애리조나주 투손(Tucson)으로 모였다. 우리는 밤에 아무도 멀리 나가지 못하고 대화할 시간을 충분히 갖도록 일부러 사막 호텔을 선택했다.

학회에서 강연보다 더 중요한 것은 때때로 커피를 마시기 위한 휴식 시간과 공식 만찬이다. "나는 강연 때문에 온 게 아니라 술 마시러 온 겁니다"라고 한 노련한 동료가 내게 농담을 했다. 인간은 사회적 존재로, 먹고 마시는 동안 어떤 전문 논문에서보다 더 많은 것을 배울 수 있다.

우리 계획대로 격렬한 논쟁이 벌어졌다. 우리에게 광선검은 없었지만, 대부분의 사람이 당시 막 저렴해지기 시작한 레이저 포인터를 갖고 있었다. 그래서 때로 서너 개의 빨간색 레이저 점이 동시에 스크린 위에서 춤을 추기도 했다. 이 모든 일이 맨 앞줄에 앉아 있는 초청 인사 찰스 타운스 앞에서 일어났다. 학생일 때 나는 우리은하 중심에 있는 블랙홀에 대한 그의 유명한 대중 과학 논문을 탐독한 적이 있다.

누가 이 아이러니를 알아차렸을까? 타운스는 보통 사람이 아니었다. 우리는 한쪽에서 저렴한 레이저 포인터로 학문적 대결을 하고 있는데, 저쪽에는 내가 태어나기 2년 전인 1964년에 레이저 원리의 발견으로 노벨상을 수상한 바로 그 사람이 앉아 있었다. 하지만 타운스는 우리와 달리 여전히 전통적인 손가락과 지시 막대를 사용했다! 그가 발명한 레이저를 갖고 우리는 어린아이처럼 기뻐했지만 정작 본인은 그 장면에 그저 재밌어 하는 것 같았다. 누군가 잠시 멈춰 그 순간을 지켜봤다면, 어떻게 기초 연구로부터 인간의 삶 속에서 일상적으로 사용하는 물건을 만들어냈는지 이해하고 놀랐을 것이다.

크리히바움과 나는 토론 시간에 높은 주파수 영역에서 VLBI를 활용해 블랙홀에 도달하고 구조를 볼 수 있다는 것을 재차 강조했다. 반면, 돌먼은 여전히 조심스럽게 높은 주파수가 블랙홀이 아니라 먼지구름에서 나온다고 주장했다. 타운스가 주목하며 "그것의 중앙에 블랙홀이 있습니까?" 하고 물었다.[7] "정확히"라고 답하고 나는 "해상도가 더 높다면, 말 그대로 방출 영역에서 블랙홀을 볼 수 있을 것입니다"라고 덧붙였다. 분명히, 우리는 아직 '그것'에 대한 정확한 명칭을 찾지 못했다.

하지만 블랙홀을 볼 수 있다는 나의 주장은 여전히 호소력이 부족했다. 우린 더 많은 일을 해야 했다. 사람은 상상할 수 없는 것에 대한 이미지를 만들어 자신이 무엇을 기대할 수 있는지 아이디어를 얻으려 한다. 지금까지 나는 방정식, 그래픽, 개략적인 블랙홀만을 보여주었다. 하지만 이제 사람들이 보고자 하는 것을 정확하게 보여줄 때가 되었다. 시뮬레이션 사진이다. 이를 위해 블랙홀 주변에서 빛의 굴절을 계산해 나라얀의 강착원반 모델이나 우리의 제트 모델처럼, 빛나며 타오르는 성운에 둘러싸였을 때의 블랙홀 모습을 보여주어야 한다.

몇 달 뒤, 나는 1999년 몇 달의 안식월 동안 초청 교수로 애리조나에 가기 위해 독일연구재단(Deutschen Forschungsgemeinschaft, DFG)으로부터 지원을 받았다. 막내아들이 막 태어난 터라 우리는 아내의 출산 휴가를 이용했다. 야나·루카스·니클라스 등 세 아이와 함께 투손에 도착했고, 공항에서 부친 가방은 8개 중 1개만 우리 손에 들어왔다. 사람은 며칠 동안 아무것도 없이 살게 되면 일상에서 일어나는 가장 작은 것들에도 기뻐하게 마련인데, 누구보다 아이들이 그랬다.

나를 초청한 교수는 당시 볼티모어의 존스홉킨스 대학 박사후연구원이던 에릭 아골(Eric Agol)을 내게 소개해줬다. 일반상대성이론에서 빛의 굴절을 우아하게 계산할 수 있는 컴퓨터 프로그램을 만든 이였다. 내 석사학위 논문 프로그램보다 더 좋았다. 우리는 함께 다양한 상황에서 블랙홀이 어떻게 보이고, VLBI로 볼 수 있는지 계산했다. 우리는 흥미진진하게 결과를 기다렸다. 그리고 실제로, 우리의 모든 모델에서 같은 크기의 밝은 고리와 중심의 어두운 부분을 재현해낼 수 있었다.

눈에 띄는 빛의 고리는 모든 곳으로부터 나온다. 그것은 블랙홀의 특성 때문이다. 빛은 블랙홀 가까이에서 공간의 왜곡(곡률)으로 인해 거의 닫힌 원을 그리며 날아간다. 블랙홀로부터 적절한 거리를 지나도록 겨냥한다면 말이다. 이 닫힌 빛의 경로를 광자 궤도라고 한다. 광자는 태양 주위의 행성처럼 정확히 정해진 거리에서 돌기 때문이다. 회전하지 않는 블랙홀의 경우, 광자 궤도는 사건의 지평선보다 질량 중심에서 1.5배 더 멀리 떨어져 있다. 하지만 블랙홀의 중력 렌즈 효과로 인해 광자 궤도는 우리에게 사건의 지평선보다 2.5배 더 커 보인다.

백열전구가 광자 궤도에서 블랙홀 위에 걸려 있다면, 빛의 절반은 블랙홀로 떨어지고, 나머지 절반은 빠져나오고, 작은 부분이 사라지듯 원으로 흐른다. 즉 빛은 사건의 지평선에 평행하게 방출된다. 백열전구가 사건의 지평선에 더 가까워질수록 더 많은 광선이 흡수되고, 밖으로 빠져나가는 빛은 점점 줄어든다. 또한 빛은 분리되고 적색편이 되면서 에너지를 잃는다. 사건의 지평선에서는 백열전구 빛이 완전히 사라진다. 광자 궤도와 사건의 지평선 사이의 공간은, 말하자면 블랙홀의 어둠의 영역이다. 이 영역으로 떨어지는 모든 것은 빠르게 어두워진다.

광자 궤도 근처에 있는 빛은 아주 정신없는 경로를 취할 수 있다. 어렸을 때 우리는 가끔 휴지심 같은 원통과 거울로 모퉁이를 돌아볼 수 있는 아주 비밀스러운 스파이 망원경을 만들었다. 블랙홀은 모든 방향의 여러 곡선을 동시에 볼 수 있어서 결국 스파이 망원경이라고 할 수 있다! 블랙홀의 경우 구석뿐만 아니라 곡선부 주위도 조준할 수 있어야 한다.

슈퍼맨과 같은 레이저 눈을 가졌다면, 레이저 빔의 경로로 우리가 어디를 보는지 알 수 있을 것이다. 예를 들어, 블랙홀의 왼쪽을 보면 광선이 오른쪽으로 휘어 모퉁이를 돈다. 조금 오른쪽을 향하면 빛이 좀더 강하게 휘어져 되돌아오고, 블랙홀 앞에 무엇이 있는지 볼 수 있다. 더 오른쪽을 겨냥하면, 빛이 원을 그리며 이동해 블랙홀을 직접 볼 수 있다. 블랙홀의 오른쪽을 보면 블랙홀의 왼쪽, 뒤쪽, 오른쪽, 앞쪽에 무엇이 있는지 알 수 있다. 블랙홀을 가로질러 보면 빛이 아래로 휘어지고 블랙홀의 위쪽, 뒤쪽, 아래쪽, 앞쪽에 있는 모든 것을 볼 수 있다. 빛은 광자 궤도 부근에서 블랙홀을 중심으로 4분의 1, 반원 또는 완전한 원의 형태로 움직인다. 때로는 거의 원에 가까운 좁은 나선형으로 움직이기도 한다.[8]

블랙홀에 너무 가까이 다가가면, 시선은 사건의 지평선에서 끝나서 어둠을 바라보게 된다. 블랙홀의 진정한 본질은 말 그대로 어둠 속에 있는 것으로 오직 그 주변만 밝은 빛으로 빛난다.

블랙홀 주변을 돌아다닌다면, 우리는 모든 방향에서 동일한 빛의 고리를 볼 수 있다. 블랙홀이 모든 곳에서 투명한 방출 성운에 둘러싸여 있다면 말이다. 이 성운의 광선은 굴절되고 집중되어 블랙홀을 둘러싼 얇은 원형 층을 형성한다. 모든 방향에서 우리는 가운데 어두운 점이 있는 고리를 발견한다. 가운데 있는 점은 시선이 블랙홀에서 끝나기 때문에 어둡지만, 그 전에 앞의 밝은 성운을 통과해야 하기 때문에 완전히 검지는 않다.

그러나 점 주변에서 늘 정확히 똑같은 고리가 보이는 것은 아니다. 블랙홀의 경우 예상되는 것처럼, 컴퓨터 시뮬레이션에서 거의 빛의 속도로 가스를 회전시키면 반쪽 고리만 생성된다. 가스가 우리를 향해 이동하는 쪽에서는 빛이 강해지고 다른 쪽에서는 약해진다. 게다가 블랙홀 자체도 회전하면 고리가 몇 퍼센트 줄어들고 거의 눈에 띄지 않는, 작은 함몰 영역이 생긴다.

20년 뒤, 나는 독일의 수학자 다비트 힐베르트(David Hilbert)가 1916년에 이미 빛의 경로를 계산했다는 것을 알게 되었다.[9] 아인슈타인과 슈바르츠실트가 블랙홀이 존재하는지와 블랙홀이 무엇인지 등에 대해 알지 못한 채, 블랙홀에 대한 기초를 세운 지 몇 달 뒤였다. 그렇게 힐베르트의 연구는 시대를 너무 앞서간 탓에 잊혔다.

1970년대와 1990년대에도 블랙홀이 어떻게 생겼을지 계산하기는 했지만,[10] 블랙홀을 볼 수 있는 현실적 기회가 없었기 때문에 거의 받아들여지지 않았다. 2000년대 중반이 되어서야 서서히 인기를 회복했다. 2014년에 개봉한 영화 〈인터스텔라(Interstellar)〉는 또다시 엄청난 관심을 불러일으키며 블랙홀에 대한 이미지를 그려냈다. 하지만 M87이나 우리은하 중심에 해당하지 않는 모델을 사용했다. 블랙홀은 밝고 뜨거운 성운이나 제트가 아니라 가운데 구멍이 있는 얇고 불투명한 원반으로 둘러싸여 있다. 따라서 원반에 블랙홀을 넣으면 원반에서 블랙홀이 나타나는 것은 전혀 놀라운 일이 아니다. 블랙홀이 없어도 어두운 점이 보인다. 어둠은 빛으로 가득 차야만 의미가 있다.

두 동료와 내가 블랙홀의 예측에 대한 논문을 쓸 때, 우리는 가운데 있는 검은 점을 뭐라고 불러야 할지를 놓고 논의했다. 과학으로 무엇을 설명할 때 간결한 용어는 중요하다. 폭발이 없는 대폭발(빅뱅)은 뭐라고 할까. 들을 수 없을지라도 누구나 그것을 이해한다. 명확한 용어가 추상적 메시지를 전달하는 경우가 드물지 않다.

그래서 우리는 원격 회의를 계획했다. 중심부의 질량과 시공간의 왜곡을 블랙홀이라고 부를 수는 없었다. 구멍, 반점, 뾰루지 등의 단어는 어쩐지 맞지 않았다. 그러다 갑자기 블랙홀의 '그림자'라고 부를 생각이 났다.[11] 블랙홀은 직접 볼 수 없기 때문이다. 단지 그 그림자, 즉 누락된 빛만 볼 수 있다. 블랙홀은 그 그림자 뒤에 숨어 모든 비밀을 드러내지는 않는다. 블랙홀은 사실 자신의 그림자일 뿐이다. 이 그림자는 실루엣만큼 뚜렷하지도 어둡지도 않다. 3차원이기 때문이다. 그리고 이 어둠 속에서도 블랙홀 앞의 가스에서 나오는 약간의 빛을 늘 볼 수 있다.

당연히 우리는 시뮬레이션한 전파 이미지를 논문에서 인상적인 방식으로 소개하고 싶었다. 우리가 눈으로 볼 수 없는 것을 어떻게 묘사할까? 블랙홀의 그림자는 단지 전파 망원경 관측 자료로 구성될 것이 분명했기 때문이다. 그것은 고전적 의미의 사진이 아니다. 우리의 관측 자료는 눈으로 볼 수 있는 파장, 즉 가시광으로부터 나온 것이 아니기 때문이다. 어떤 색깔의 빛일까? 우리는 밝기를 계산했지만, 색은 아니었다. 기본적으로 우리는 흑백 영상이나 회색으로 표시된 영상을 사용할 수도 있었다. 그 역시 데이터를 표시하는 의미 있는 방식일 테지만, 재미없었을 것이다.

밀레니엄이 시작될 무렵, 천체물리학 출판물에는 점점 더 많은 컬러 이미지가 등장했다. 하지만 연구용 컬러 이미지 서비스에 대해서는 학술지에 추가 비용을 지불해야 했다. 그렇더라도 우리에게는 가치가 있었다. 그러한 수용의 구조가 대중적 효과에 결정적 영향을 미치리라는 걸 알고 있었기 때문이다. 당시, 전파천문학자들은 대개 가상 색상 팔레트에 상당히 깊숙이 파고들어 천체 이미지들을 그래픽으로 묘사하는 데 무지개 색상을 선호했다. 블랙홀의 경우에는 그렇게 하지 못했다. 블랙홀은 '해피플레이스'가 아니다.

'열'이라는 색 척도(color scale)는 나에게 훨씬 더 적절한 것으로 보였다. 열은 뜨겁게 빛나는 철을 표현해준다. 이제 그림자는 불의 고리에 둘러싸여 있다. 그것은 마치 일식 때의 뜨거운 코로나를 연상케 했다. 블랙홀을 감싸는, 그런 뜨겁게 빛나는 괴물에게는 아주 적절한 색상 선택이었지만, 그것은 예술적 자유의 행위였다.

2000년 1월, 우리는 〈천체물리학 저널(The Astrophysical Journal)〉에 연구 결과를 발표했다.[12] 〈우리은하 중심의 그림자 보기〉라는 제목 아래 우리는 블랙홀을 볼 수 있는 방법에 대해 설명했다. 논문은 학술지 규정에 따라 4쪽 이내로 제한된 짧은 '레터(Letter)' 형식이었다. 그래서 일부 시뮬레이션은 나중에 학회 논문집에 발표했다.[13] 많은 동료가 이 아이디어를 여전히 너무 이상적이라고 여겼지만, 그럼에도 내 글 중 가장 많이 인용된 논문이 되었다. 한 보도자료에서 나는 자랑스럽게 공표했다.[14] "곧 블랙홀을 볼 수 있다!" 실제로 그 일이 일어나기까지 20년이 걸렸다.

09

세계 망원경의 탄생

망원경과 연구비 확보를 위한 노력

망원경 없는 천문학은 악기 없는 교향악단과 같다. 글로벌 간섭계로 간단한 영상을 만들려면 다양한 위치에 최소 5대의 망원경이 필요하며, 10대면 더 좋을 것이다. 하지만 훔치지 않고 어디서 얻는단 말인가. 2000년대 초반에는 이런 종류의 망원경이 충분하지 않았고, 이미 존재하는 망원경도 자금이 부족해 폐쇄 위기에 처해 있었다. 오랫동안 계획한 새로운 망원경의 설치는 지연되었다. 우리의 야심 찬 프로젝트 상황은 까다로운 것, 그 이상이었다.[1]

이 분야를 장악하게 될 800파운드 고릴라는 칠레의 ALMA 망원경이다. 이는 10억 유로에 달하는 글로벌 프로젝트로, 유럽·미국·일본 등 3개 '지역'이 공동으로 설치했다. 이 거대 망원경은 지름이 최대 12미터인 66개의 개별 안테나로 구성되어 있으며, 이 네트워크는 80미터 망원경의 측정 정밀도와 16킬로미터 망원경이 지니는 이미지 선명도를 함께 갖고 있다. 우리가 블랙홀의 그림자 논문을 쓸 때, ALMA가 이런 전 세계를 아우르는 실험에서 '게임 체인저'가 되리라는 것은 분명했다. 따라서 ALMA를 포함한 VLBI는 우리 희망 목록의 맨 위에 있었고,[2] 곧 ALMA 과학자들도 이에 대해 이야기했다.[3] 그러나 이 프로젝트에 대해 내가 들은 가장 희망적인 답변은 "우리는 당신의 프로젝트를 실현시킬 돈이 없지만, 불가능하게 만들지 않도록 노력하겠다"는 것이었고, VLBI의 능력을 인정받았다고 합리화하며 2011년까지 기다려야 했다.

2003년, 네덜란드 네이메헌의 라드바우드 대학교 취임 기념 공개 강연에서 나는 블랙홀의 이미지를 직접 관측해보고 싶은 꿈에 대해 이야기했다. 우주에 대해 더 많이 배울수록 우리 자신의 한계도 인식하게 될 것이라고 강조했다. 이에 대해 네덜란드 신문은 내가 "지옥의 문을 흔들다"는 기사 제목을 달았다. 나는 이 문장이 마음에 들었다.

2004년, 우리는 지옥의 문에 조금 가까워졌다. 바우어는 나를 비롯해 다른 네 명의 동료와 함께 10대의 미국 전파 망원경 네트워크인 VLBA를 이용해 우리은하 중심부에 대한 당대 최고 VLBI 관측을 이루어냈다.[4] 그 관측 결과는 아주 정확해서 우리은하의 뜨거운 가스로 인한 이미지의 흐려짐을 계산할 수 있었다. 처음으로 우리는 전파원의 실제 크기를 파장의 함수로서 볼 수 있었다. 우리 모델에서 예측한 대로 파장이 짧을수록 전파 크기가 작아져 실제로 가장 짧은 파장에서 사건의 지평선에 도달했다. 따라서 블랙홀이 가장 가까운 곳에서 빛을 비추는 것은 정확하게 밀리미터파라는 것이 명백해졌다. "30년이 지나 마침내 전파 망원경의 도움으로 안개가 걷혔다"고 독일 언론이 언급했다.

같은 해, 전파천문학자들은 미국 웨스트버지니아주 그린뱅크 천문대에서 생일을 축하했다.[5] 이곳에서 30년 전인 1974년, 궁수자리 A*의 첫 번째 흔적을 발견한 것을 축하하는 행사였다. 축제 분위기 속에서 진행된 순서에 따라 발견을 기념하는 명판 제막식이 거행됐다. 나는 즉흥적으로 특별한 저녁 행사를 주최했다. 거기 모인 연구자들 앞에서 돌먼, 바우어와 함께 궁수자리 A*의 그림자에 대해 그리고 우리가 어떻게 기술적으로 측정할 수 있었는지에 대해 논의했다. 마지막으로 나는 이런 프로젝트에 대한 시간이 무르익었는지 아니면 불확실성이 여전히 너무 큰 상태인지 투표를 해보자고 제안했다. 청중의 반응은 분명했다. 그곳에 모인 전문가 대부분은 이제 블랙홀 이미지를 관측할 수 있다고 믿었고, 따라서 우리가 성공해야 하는 과제가 되었다.

워크숍이 끝나고 얼마 지나지 않아, 나는 실험을 진행하기 위해 돌먼과 바우어를 일련의 원격 회의에 초대했다.[6] 내 생각에는 입자물리학자들이 조직하는 것 같은 세계적인 공동 연구가 필요했다. 개개의 카우보이가 아니라 수많은 연구자와 공동으로 계획하고 실행하고 발표하며, 실험·데이터 분석·모델링 등을 하나의 프로젝트에 통합하는 것이다.

우리는 과학적 목표를 명확히 공식화했다. 특정 실험을 통해 우리의 가설을 입증하거나 포기하기를 원했다. 입자물리학자들이 힉스 입자를 찾는 것처럼 우리는 블랙홀의 그림자를 찾았다. 그 그림자는 있거나 없었다. 우리는 하나의 천체를 조사하려고 했지만, 그러려면 전 세계가 필요했다. 세계를 하나로 모으는 데는 시간이 좀 걸렸다.

보스턴 근처 숲에 자리 잡아 목가적인 MIT 헤이스택 천문대는 VLBI를 선도하는 중심지로, 훨씬 더 많은 데이터를 동시에 저장할 수 있는 새로운 하드웨어 개발을 시작했다. 돌먼이 프로그램을 진행했다. 그는 MIT에서 박사 학위를 마치고 잠시 박사후연구원으로 본에 와 있었는데, 그곳에서 우리는 우연히 마주쳤다. 미국으로 돌아가서는 다시 헤이스택 천문대에서 일했다. 돌먼은 하와이, 애리조나, 캘리포니아에 있는 망원경 4대로 적어도 하나의 작은 네트워크 관측을 할 수 있었다. 나처럼 그 역시 첫 번째 검증 실험을 하고 싶어 했다.

그동안 나는 LOFAR 전파 망원경에서 처음에는 프로젝트 과학자로, 나중에는 이사회 의장으로 일했다. 여기서 대규모 물리학 실험과 국제 협력이 어떻게 작용하는지 직접 경험했다. 또한 은하 중심부에 대한 연구와 몇몇 VLBI 실험에도 계속 관여했으나, 밀리미터파 망원경을 네덜란드에 있는 내가 사용할 수는 없었다. 나는 ALMA가 완성될 때까지 기다려야 했다.

돌먼 그룹은 먼저 사용 가능한 장소 세 곳의 망원경 4대로 진행했다. 2006년에 그들은 모든 안테나를 동시에 은하 중심부로 조준해 관측했다. 처음에는 실패했지만, 2007년에는 1.3밀리미터 파장 영역에서 관측에 성공했다. 1년 뒤, 이 그룹은 자랑스럽게 그 결과를 발표했다.[7] 아직 사진은 없었지만, 관련 천문학자들은 가장 짧은 파장에서 궁수자리 A*의 크기를 10년 전 크리히바움 실험보다 훨씬 더 정확하게 측정할 수 있었다. 실제로 궁수자리 A*는 빛의 고리가 있는 그림자에 대해 예상한 것만큼 컸다! 이제 흥분이 고조되었고, 나는 진심으로 기뻤다. 다시 그 이론이 입증되었다. 아직 그림자만 볼 수 없었을 뿐이다!

돌먼은 미국에서 재원 확보를 위해 열심히 홍보했고, 나는 대서양 반대편에서 똑같은 노력을 기울였다. 큰돈을 얻으려면 크고 폭넓은 지지가 필요했다. 2007년에 처음으로 유럽 천문학자들은 천문학의 미래에 대한 공동 전략 문서를 작성했고,[8] 거기에 우리의 그림자 실험이 채택되었다. 이제 우리의 아이디어는 향후 10년 동안 유럽의 주요 과학 목표 중 하나로 공식 인정되었고, 곧 미국에서도 인정받을 것이었다. 미국의 10년 계획인 "아스트로 2010: 천문학과 천체물리학 10년 조사(Astro2010: The Astronomy and Astrophysics Decadal Survey)"가 "새로운 세계, 천문학과 천체물리학"이라는 제목으로 만들어졌다.

"10년 조사" 직전, 돌먼은 캘리포니아 롱비치에서 열린 미국천문학회(AAS) 연례 회의에서 워크숍을 개최했는데, 여기에 내가 초청을 받았다. 목표는 "10년 조사"에 대한 광범위한 국제적 지지를 명확히 하는 것이었다.

잠깐 커피를 마시며 쉬는 시간에 나는 돌먼과 당시에는 시카고에 있었고 나중에 애리조나로 옮긴 댄 마론(Dan Marrone)과 함께 앉았다. 지난 몇 년 동안, 나는 이런 프로젝트에서 좋은 마케팅이 얼마나 중요한지 점점 더 깨닫고 있었다. 과학에서도 마찬가지다. 하지만 당시 우리에게는 아직 프로젝트에 대한 고유한 명칭조차 없었다. 몇몇 괴짜를 제외하고 어느 누구도 '서브밀리미터 VLBI 간섭계'로 정말 무엇을 할 수 있는지 알지 못했다. 그 자리에서 나는 "이제 이 이름을 바꿔야 한다! 우리도 매력적인 이름이 필요하다"고 말한 뒤, '사건 지평선 간섭계(Event Horizon Array)'라는 용어를 제안했다. 활발한 토론 끝에, 우리는 '사건 지평선 망원경'에 합의했다. 이름, 상징, 브랜드가 탄생했다. 잠깐 커피를 마시며 담소하는 시간에 말이다. 그 시간에 과학자들은 며칠간 하루도 쉬지 않고 진행하는 강연 발표 때보다 더 활발하게 움직이면서 학문적 진보를 이루는 것으로 유명하다.

나중에 학회 참가자들은 "10년" 전략 문서[9]를 발표했다. 그 문서에 우리 프로젝트가 처음으로 새로운 이름과 함께 공식 포함되었다.

미국에서는 이제 연구비가 훨씬 풍족해졌다. 본의 전파천문학자들은 에스파냐와 프랑스의 IRAM 망원경, 칠레의 새로운 APEX 망원경과 함께 VLBI 실험에 참여했다. 2011년에는 네덜란드에서도 시작했다. 아름다운 초여름의 어느 날, 나는 전화를 받고 깜짝 놀랐다. 유럽 입자물리 연구소(CERN) 전 수석 과학자이자 지금은 네덜란드 과학연구기구(Nederlandse Organisatie voor Wetenschappelijk Onderzoek, NWO)의 수장으로 있는 요스 엥엘런(Jos Engelen)의 전화였다. 천체입자물리학에 대한 내 연구를 통해, 우리는 서로 알고 있었다. "좀 앉아보세요"라며 그는 시작했다. 나는 깜짝 놀라 일어났다. "하이노, 개인적으로 당신에게 알려주고 싶은 게 있어 전화했습니다. LOFAR를 이용한 연구와 블랙홀의 시각화로 당신이 올해의 스피노자(Spinoza)상을 수상하게 됐습니다"라고 격식을 갖춰 말했다. 물론, 아주 훌륭하게 들렸지만 스피노자상이 무엇이란 말인가? 곤혹스럽게도 외국인으로서 내 지식은 부족했다. "네덜란드 노벨상이라고 생각하면 맞을 겁니다!" 그는 묻지도 않았는데 말했다. 그것이 네덜란드 세계 선수권 대회만큼 의미가 있는지 그에게 살짝 묻고 싶었지만 참았다. "노벨상보다 훨씬 더 많은 상금을 수여합니다"라며 "250만 유로를 받게 될 겁니다"라고 그는 말을 이어갔다. 나는 이제 자리에 앉았다. 그는 "이 상금은 당신이 쓰고 싶은 데 쓸 수 있습니다. 물론 사적인 용도가 아니라 연구용으로만요"라고 덧붙였다. 그 상금을 어디에 쓸지 나는 바로 알았다.

사건 지평선 망원경의 탄생

몇 달 뒤, 나는 말 그대로 돈이 가득 든 가방을 들고 애리조나주 투손에서 열린 첫 사건 지평선 망원경 국제 전략 회의에 갔다. 칠레의 대형 ALMA 망원경이 마침내 완성되었고, 주요 연구 기관과 천문대 대표들이 여기에

다 모였다. 낯익은 동료들을 다시 만났다.

우리는 이론과 같은, 최근의 과학적 연구 결과에 대해 상세히 논의했다. 이른바 슈퍼컴퓨터를 이용한 계산 능력은 그동안 큰 진전을 이루었다. 기상 예보를 위해 지구 주변 공기 질량의 이동을 예측하는 것처럼, 이 거대 계산기는 가스가 블랙홀 주위를 도는 것을 시뮬레이션한다. 이 과정을 GRMHD(General Relativistic Magnetohydrodynamics) 시뮬레이션, 즉 '일반상대론적 자기역학'이라고 한다. 복잡하게 들리는데, 실제로도 그렇다. GRMHD 시뮬레이션에는 휘어지고 회전하는 시공간에 자기화한 플라스마 흐름을 시뮬레이션하는 매우 복잡한 모델이 포함되어 있기 때문이다. 다른 프로그램들은 블랙홀을 둘러싼 뜨거운 가스에서 빛과 전파 방출이 어떻게 생성되고 편향되어 흡수되는지를 계산한다. 이런 컴퓨터 계산은 우리가 2000년에 계산한 것보다 규모가 훨씬 더 크다. 이 대형 컴퓨터는 아름답고 흥미로운 영상을 제공했으며, 모든 동료는 계산 능력으로 블랙홀의 그림자를 발견해 우리의 기본 주장을 뒷받침했다. 진정한 '그림자 산업'이 등장했고, 거의 모든 모델에서 그림자와 빛의 고리를 볼 수 있었다. 따라서 우리는 이론적으로 합의에 이르렀다.

나는 젊은 과학자 모니카 모시치브로츠카(Monika Mościbrodzka)의 능력과 태도에 깊은 인상을 받았다. 그녀는 바르샤바의 니콜라우스 코페르니쿠스 천문 센터에서 저명한 강착 원반 이론가인 보제나 체르니(Bożena Czerny)의 지도로 박사 학위를 받았고, 미국의 수치 이론 최고 전문가 중 한 사람인 찰스 가미(Charles Gammie) 밑에서 경험을 쌓았다. 이제 그녀는 궁수자리 A*에 대한 가장 좋은 '예측'을 얻을 수 있었다.[10] 당시까지만 해도 이 분야는 남성들이 지배했지만, 모시치브로츠카는 이를 극복하고자 했다. 나는 그녀에게 네이메헌에 일자리를 제안하며 수치 시뮬레이션 그룹을 조성해달라고 부탁했다. 시뮬레이션을 프로그래밍하고 실행하며 분석하기 위해서는 엄청난 시간과 에너지가 필요하고 컴퓨터 뒤에서 수많은 외로운 시간을 보내야 하기 때문에 이 분야의 일은 복잡하고 힘들다. 모든 논문은 어렵게 완성된다. 마치 우리가 관측 자료를 수집하는 망원경을 컴퓨터에서 세세한 부분별·기능별로 재구성하는 것과 같다. 그녀는 나중에 우리의 1990년대 낡은 제트 모델을 업데이트해,[11] 사건 지평선 망원경(EHT)의 후기 이미지에 대해 놀랍도록 정확한 예측을 생성하는 데 성공한다.[12]

지난 몇 년 동안 궁수자리 A*의 질량이 증가하고 M87의 블랙홀이 커졌다는 사실은 이 학회에서 많이 논의되었고 진일보를 이루었다. M87의 질량은 이제 태양 질량의 20억 배가 아니라 30억 배여야 했다. 어떤 그룹은 심지어 태양보다 60억 배 더 무겁다고 주장했다. 만약 그렇다면, 그림자는 우리가 볼 수 있을 만큼 커야 할 것이다! 이제 두 후보를 확보했을까? M87의 블랙홀은 여전히 궁수자리 A*보다 조금 작지만, 북쪽 하늘에 있어서 대부분의 망원경이 있는 북반구에서 더 잘 볼 수 있다. 게다가 은하수가 관측을 방해하지 않아 M87의 블랙홀 이미지가 번지지 않으므로 문제 하나가 줄어든다. 아, 이건 사실이라고 믿기에는 너무 좋아 보였다. 나는 조심했다. 바라는 대로 생각해버리는 것은 아닐까? 다른 은하에 있는 블랙홀의 질량을 결정하는 것은 자주 체계적 오류를 보였지만, 한번 시도해볼 가치가 있었다.

투손에서 열린 전략 회의 동안 과학자들은 회의실에서 토론했다. 그동안 별도 공간에서는 천문대와 주요 기관의 책임자들이 과학 정책에 대해 논의했다. 나는 그 논의에 참여했고, 마침내 우리는 공동의 조치를 취하기로 합의했다. 글로벌 대처 방식의 토대가 마련되었다.

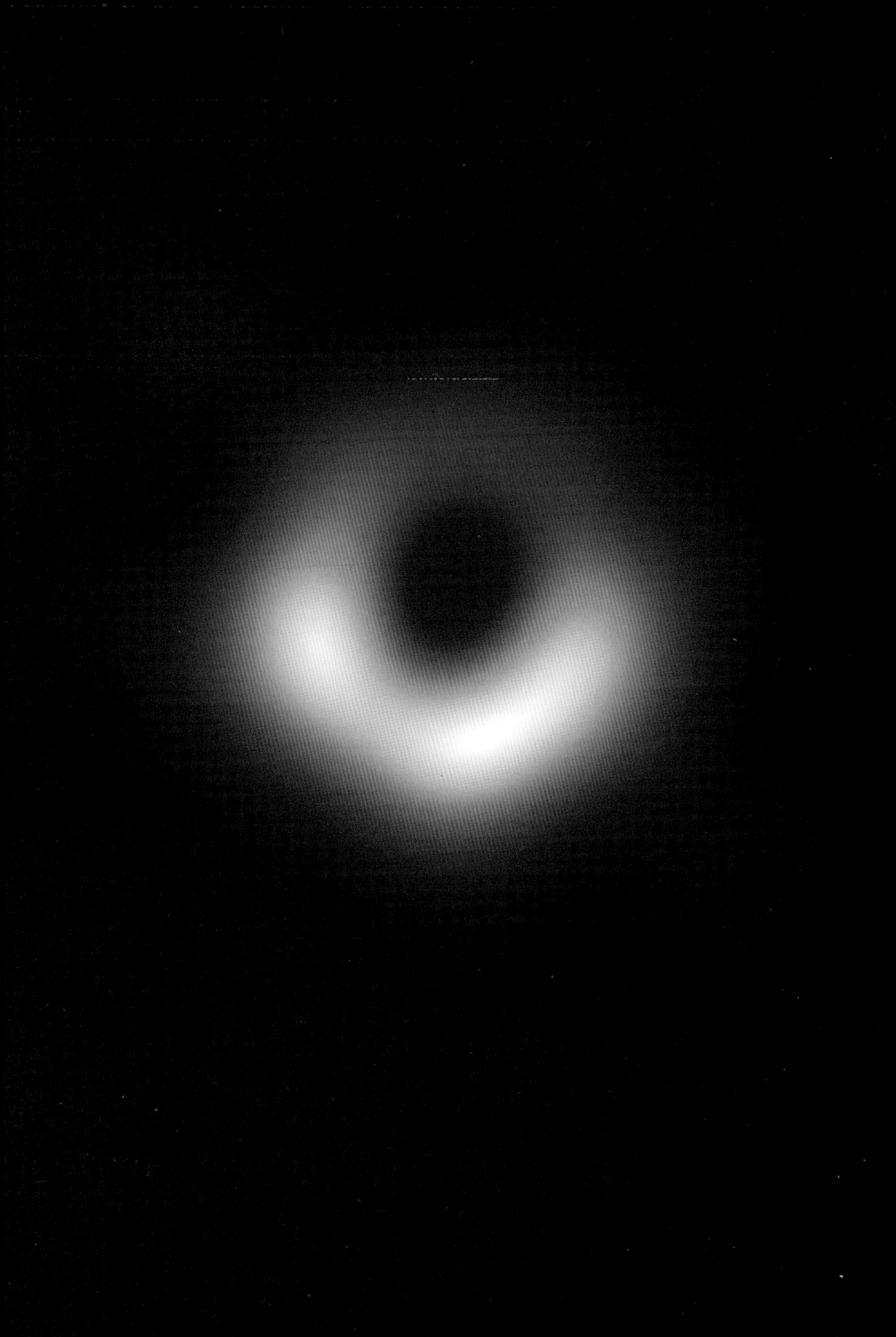

사진 1 블랙홀 M87* 이미지: 빛의 고리는 지름이 1000억 킬로미터이고 우리 태양계로부터 5500만 광년 떨어져 있다.

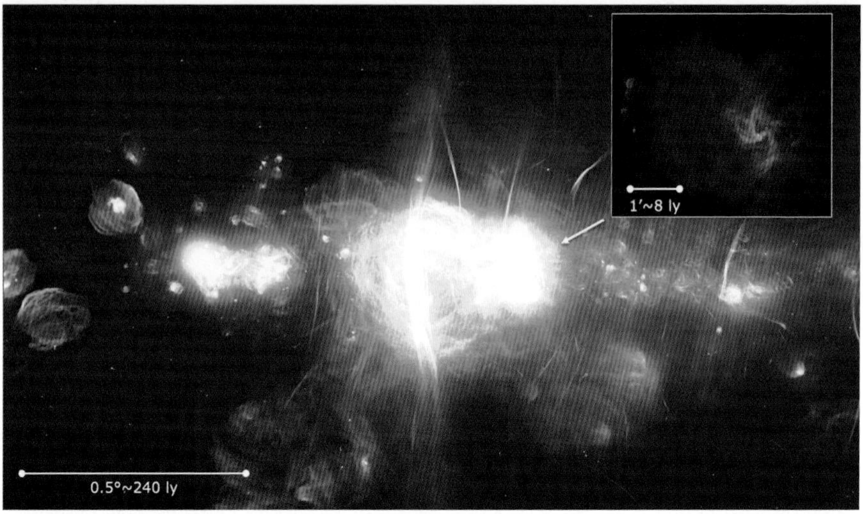

사진 2 전파 영역으로 본 우리은하의 중심(남아프리카 MeerKAT 망원경과 미국 VLA). 2만 7000광년 떨어져 있으며, 우리은하의 원반에 있는 뜨거운 가스와 자기장으로부터 방출되는 빛이 보인다. 가운데에서 오른쪽의 밝은 영역은 우리은하 중심에 있는 블랙홀 궁수자리 A*(Sagittarius A*)가 포함된 전파원이다.

사진 3 우리은하 중심에 있는 블랙홀 주변을 회전하는 별들의 '춤': 별들의 실제 운동을 바탕으로 한 시뮬레이션. 별들은 궁수자리 A* 전파원을 중심으로 하는 궤도를 초속 수천 킬로미터로 질주한다.

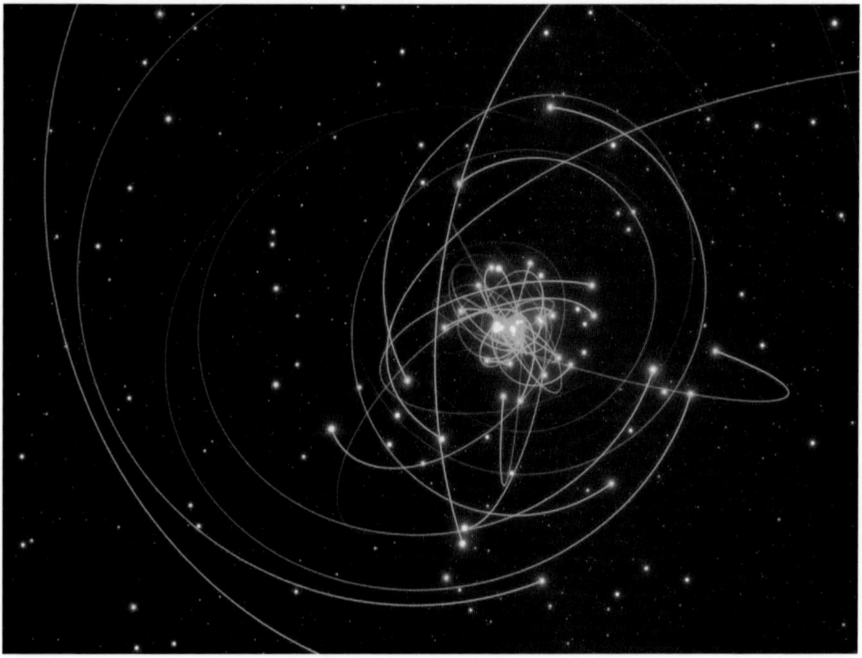

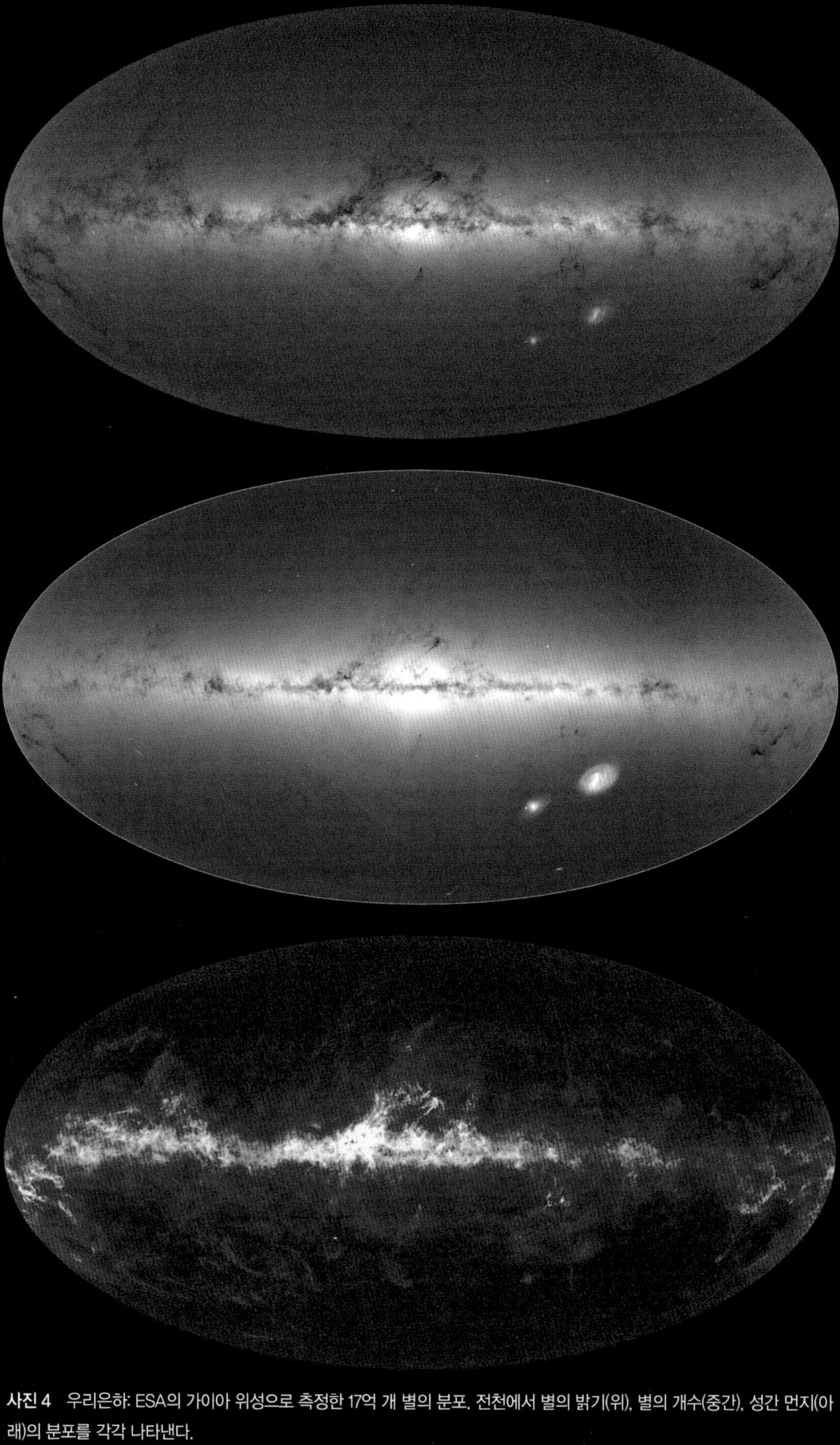

사진 4 우리은하: ESA의 가이아 위성으로 측정한 17억 개 별의 분포. 전천에서 별의 밝기(위), 별의 개수(중간), 성간 먼지(아래)의 분포를 각각 나타낸다.

사진 5 450광년 떨어진 원시별 HL Tauri 주변에 형성된 티끌 고리들: 새로운 행성계가 탄생하고 있다. 원반은 태양 주위를 돌고 있는 해왕성 궤도보다 3배 정도 크다. ALMA 전파 망원경을 이용한 밀리미터파 복사 관측이다.

사진 6 지름 23광년의 초신성 잔해: 중심부에 중력 수축한 중성자별이나 블랙홀을 형성하는 별이 폭발한 결과이다.

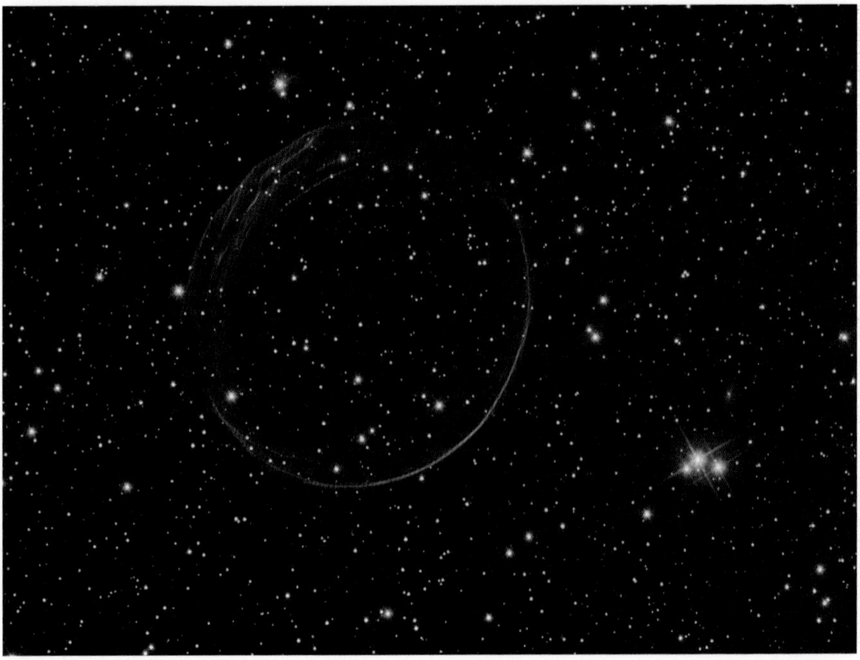

사진 7 우리은하와 닮은 안드로메다은하. 이 은하의 지름은 10만 킬로미터이고, 1000억 개의 별로 구성되어 있으며, 지구에서 250만 광년 떨어져 있다. 원반에 있는 갈색 성간 먼지구름에서 새로운 별들이 탄생하고 있다.

사진 8 대형 타원 은하 헤르쿨레스 A는 21억 광년 떨어진 은하단 내에 위치한다. 중심부의 블랙홀은 160만 광년 길이의 플라스마 제트를 우주로 방출한다. 붉은색은 VLA를 이용한 전파 관측 자료이고, 검정/그 밖의 색은 허블 우주 망원경으로 관측한 자료이다.

사진 9 블랙홀에 대한 상세한 GRMHD-컴퓨터 시뮬레이션. 빨간색은 응축 원반, 회색은 플라스마 제트이다. 중심부에 빛이 사건의 지평선에서 사라지는, 블랙홀의 그림자가 보인다.

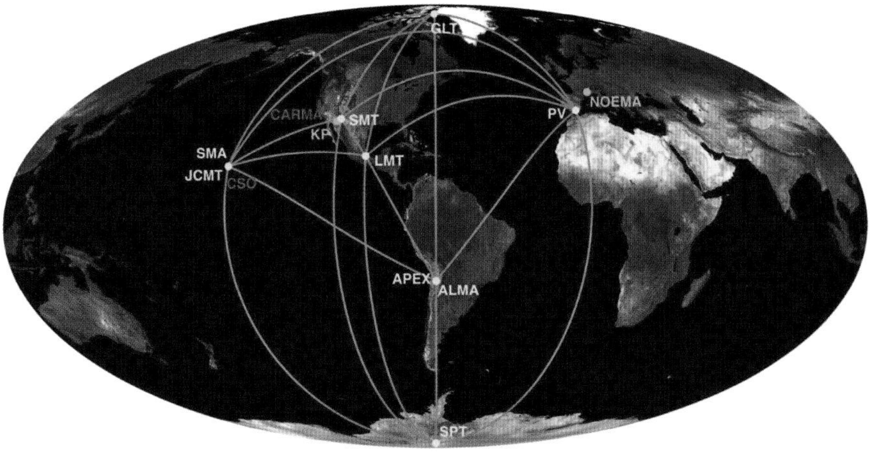

사진 10 사건 지평선 망원경(EHT).

사진 11 사건 지평선 망원경(EHT) 중 하나인 에스파냐 피코델벨레타에 있는 IRAM 30미터 전파 망원경과 2017년 관측 캠페인 직후 천문학자들(왼쪽부터 살바도르 산체스, 레베카 아줄라이, 이그나시오 루이스, 하이노 팔케, 토마스 크리히바움)

사진 12 EHT 중 하나인 하와이 마우나케아 고도 4092미터에 있는 제임스 클러크 맥스웰 망원경(JCMT).

사진 13 EHT 중 하나인 칠레 차난토르고원 고도 5000미터에 있는 아타카마 대형 밀리미터 집합체(ALMA) 망원경.

이제 그 문제에 더 진지해졌고, 자금도 더 많이 모아야 했다. 망원경이나 대형 천문대인 ESO와 NRAO(National Radio Astronomy Observatory: 미국 국립전파천문대)는 단독으로 EHT 프로젝트에 재정을 지원하고 과학 연구를 수행하거나 적절히 평가할 수 없었다. 천문대는 망원경을 지속적으로 작동하기 위해 자원과 인력이 필요했다. 이제 우리는 묻고 조치를 취해야 했다. 하지만 무엇을 해야 할까?

때로 우연이 도움이 되기도 한다. 2012년 드빙엘로에서 열린 LOFAR 회의에서 돌아오는 길에, 나는 기차에서 동료 미하엘 크라머(Michael Kramer)를 만났다. 우리는 같은 시기에 박사 학위를 받았지만, 만난 적이 없었다. 그사이 그는 본의 막스 플랑크 전파천문학 연구소의 세 번째 연구소장이 되었고, 펄서를 사용해 아인슈타인의 상대성이론을 성공적으로 시험했다. 곧 우리는 공통점을 발견했다. 우리는 5년 전 천문학자로서는 처음으로 유럽연구위원회(ERC)로부터 많은 연구비를 받았다. 나는 LOFAR를 이용한 우주 입자의 선구적 측정에 연구비를 사용했고, 그는 펄서를 이용한 중력파 측정을 위해 VLBI와 비슷한 네트워크를 만들었다. 그리고 우리는 둘 다 중력에 매료됐다. 우리의 프로젝트와 자금 지원은 끝났고, 우리 모두 새로운 것을 시작할 지점에 서 있었다.

나는 EHT에 대해 설명했다. 그는 어떻게 하면 블랙홀 주변 펄서를 이용해 시공간을 놀랍도록 정확하게 측정할 수 있는지 보여주었다. 우리는 ERC에 공동으로 신청서를 제출하고 모든 분야의 유럽 최고 연구 그룹들과 경쟁하기로 결정했다. 비록 1500만 유로라는 엄청난 규모의 연구비를 타낼 확률은 1.5퍼센트에 불과했지만 말이다.[13] 세 번째 멤버로 포츠담의 알베르트 아인슈타인 연구소에서 중력파와 블랙홀 병합을 연구하며 프랑크푸르트 괴테 대학교에서 강의하는 이탈리아인 루치아노 레촐라(Luciano

Rezzolla)를 영입했다.

우리는 서로를 알아가는 데 시간을 할애했고, 곧 모든 일에 착수했다. 우리 셋은 6개월 동안 연구비 지원 신청서를 작성하고, 이 프로젝트를 블랙홀캠(BlackHoleCam)이라고 일컬었다.[14] EHT를 비롯한 모든 망원경에는 카메라가 필요한데, 우리는 그런 카메라를 제작해 공급하려 했다. EHT에 부착하는 카메라는 관측 자료를 저장하고 자료를 분석하는 소프트웨어를 포함한 통합 장치였다.

기다리는 동안 처음 몇 달간 작은 기적이 일어났다. 신청서의 한 부분은 ALMA를 이용해 은하 중심부에서 펄서를 찾는 것이었는데, 매우 위험하고 논쟁적인 작업이었다. 수십 년 동안 천문학자들은 우리은하 중심부에서 펄서를 찾고 있었다. 그곳에 수천 개가 있을 거라고 짐작했지만, 어떤 펄서도 감지되지 않았다. 우리가 신청서를 심사관들에게 제출한 바로 그 몇 달 동안, 우리은하 중심에서 완전히 새로운 젊은 펄서가 처음으로 폭발했다. 우리는 에펠스베르크의 100미터 망원경으로 이를 처음 발견하고 측정했다.[15] 2013년 9월 〈네이처〉에 우리 연구가 실렸고, 많은 관심을 받았다. 연구 결과는 우리은하의 거대한 블랙홀 바로 근처에서 펄서를 찾을 가능성을 보여주었다. 자연은 우리에게 큰 은혜를 베풀었다. 이 발견이 확실히 지원 심사에 불리하지 않았으니 말이다. 그 영역에 얼마나 많은 펄서가 숨어 있었을까?

놀랍게도, 집중적인 수색에도 불구하고 우리은하 중심부에서 두 번째 펄서는 발견되지 않았다. 왜 그런지는 우리은하의 아주 큰 수수께끼로 남아 있다. 필요한 순간, 펄서가 눈에 띈 이유는 우리로서도 의문이지만 상상은 아니었다. 다른 천문학자들이 우리의 측정을 확인했다. 과학에서도 가끔 행운이 따라야 한다고 진작 말하지 않았던가?

선발 과정은 캐스팅 쇼와 같았다. 우리 신청서는 각 라운드를 통과해야 했고, 그때마다 무자비한 심사위원단은 엄지손가락을 올리거나 내렸다. 우리는 결승에 진출했고, 심사위원 앞에서 직접 발표하기 위해 브뤼셀에 초대받았다. 더 이상 실패하고 싶지 않았다. 며칠 동안 우리는 발표 연습을 하고 모든 가능한 질문에 대비했으며, 때가 되어 유럽의 수도에 있는 ERC 본부로 향했다.

우리 셋은 아주 기분 좋게 대기실로 들어갔다. 그곳에는 우리보다 앞서 발표할 팀이 기다리고 있었다. 세계적으로 유명한 옥스퍼드 대학의 존경받는 교수들이 조용히 앉아 있거나 초조하게 서성거렸다.

20분 뒤, 다른 그룹이 발표를 마치고 돌아왔는데, 참가자 모두 절망한 듯 보였다. "재정 계획에 대해 매우 구체적으로 묻더라고!" 한 사람이 한숨을 내쉬었다. 가슴이 철렁했다. 유럽에서 가장 경험 많고 최고 수준의 과학자들이 모여 있는데, 그들 모두 수능 구두시험을 앞둔 학생이 된 듯했다. 발표를 위해 방으로 들어서자, U자 형으로 자리한 심사위원 20명이 우리 앞에 있었다. 로마 검투사처럼, 우리는 과학적 죽음을 염두에 두고 원형경기장으로 향했다. 하지만 팡파르는 어디에 있었을까?

우리는 발표를 이보다 더 잘할 수는 없었을 것이다. 미하엘, 루치아노, 그리고 나는 완벽하게 조율해 공을 주고받듯 발표했고, 할당된 시간 내에서 초 단위로 정확히 끝냈다. 이제 질문을 받았다. 우리는 잘 준비했고 한 팀으로서 조화롭게 막아냈다. 위원회의 유일한 천문학자로 ESO 천문대장을 지낸 카트린 세사르스키(Catherine Cesarsky)는 정확히 파악하고 있었다. "사건 지평선 망원경과의 관계는 어떤가요?" 그녀는 우리 신청서의 취약점, 즉 여전히 미확정 상태인 EHT의 조직 구조를 정확히 집어냈다.

만약 이견이 생겨 모든 게 무너진다면 어떻게 될까? "사건 지평선 망원경의 일부가 되어 함께 만들어가려고 합니다. 연구 자원들이 서로 보완하도록 말이죠"라고 우리는 대답했다. "하지만 그러려면 돈이 필요하고, 그래야 협상을 잘할 수 있죠. 비상시에는 우리 팀 단독으로 실험을 진행할 수 있습니다." 세사르스키가 미소를 지었다. 아주 중요한 질문 중 하나에 적절하게 대답한 것 같았다. 위원회를 우리 편으로 만들었다.

시간이 거의 다 지나갔다. "질문이 하나 더 있습니다"라고 다른 심사위원이 말했다. "홍보 예산표에 있는 두 가지 항목을 이해하지 못하겠습니다. 설명해주시겠습니까?" 나는 심장이 덜컥 내려앉았다. 그가 숫자에 대해 묻고 있었다! 일반적인 얘기를 더듬거리는 동안, 그야말로 내 머릿속은 블랙홀이었다. 발표 인터뷰는 끝났고, 우리는 불안해하며 집으로 돌아왔다. 발표는 성공적이었을까? 효과가 있었을까? 아니면 마지막 5분 동안에 실패한 걸까?

2주 뒤, 우리는 ERC 위원장으로부터 편지를 받았다. 이런 편지를 자주 받아본 터다. 처음 네 단어만 읽으면, 알아야 할 모든 것을 알 수 있다. "나는 매우 기쁘게 생각합니다"라고 적혀 있었다. 지원 신청서가 받아들여졌다! 일어나서, 조용하고 행복하게 연구실을 가로질렀다. 하지만 위원회는 지원 금액에서 100만 유로를 삭감했는데, 발표 마지막 5분 동안 내가 머뭇거렸기 때문이다. 그 짧은 시간에 그 많은 돈을 잃어보긴 처음이었다. 하지만 우리는 해냈다! 우리는 EHT를 위해 1400만 유로라는, 정말 엄청난 규모의 연구비를 한꺼번에 확보한 첫 그룹이었다. 이제 미국 천문학자들과의 협력이 성공할 수 있을까?

같은 날 나는 돌먼에게 이메일로 보스턴에서 만나고 싶다고 알렸다. 비행기를 예약했고, 사흘 뒤 나는 돌먼, 평온하고 차분한 태도로 소통하는 헤이스택 천문대장 콜린 론즈데일(Colin Lonsdale)과 한 방에 앉았다. 이틀 동안 우리는 다음 단계에 대해 논의하고 사건 지평선 망원경에 대한 공동 작업 의향서에 서명하는 데 합의했다.

돌먼은 애리조나 대학의 중력 이론가 디미트리오스 프살티스(Dimitrios Psaltis)를 비롯해 미국 동료들과 함께 미국의 가장 중요한 과학 프로젝트 후원 기관인 미국과학재단(National Science Foundation, NSF)에 대규모 지원 신청서를 냈다. 우리도 돌먼 팀과 협력하는 데 동의했다는 지원 서한을 보냈다. 이 신청서 역시 승인되어 EHT는 버지니아의 NSF 본부로부터 800만 달러를 배당받았다. 충분한 자금을 모은 우리는 새로운 실험을 구체적으로 계획하기 시작했다.

보스턴 회의만으로는 충분하지 않았다. 유럽에서 우리 그룹을 만들어야 했다. 나는 노련한 천문학자 레모 틸라누스(Remo Tilanus)를 프로젝트 관리자로 영입하는 데 성공했다. 2015년 떠나기 전까지 그는 수년 동안 네덜란드를 위해 하와이의 제임스 클러크 맥스웰 망원경(James Clerk Maxwell Telescope, JCMT)을 운영했고, VLBI 실험에서도 주요한 역할을 했다.

그 무렵, 네이메헌의 우리 집 앞에 예기치 않게 젊은 대학원생 다섯 명이 나타났다. 이들은 EHT에 관심이 있었다. 나는 이들에게 박사 과정을 밟을 기회를 주었다. 놀라운 팀이 만들어지기 시작했다. 나는 그들이 하늘에서 떨어졌다고 느꼈지만, 대부분 네이메헌 근방 출신이었다. 그럼에도, 마침내 우리 팀은 7개국이 모였다.[16]

"우리는 세계를 정복하고 싶다. 하지만 좋은 방식으로", 이것이 내가 모두에게 주입한 모토였다. 내 학생과 직원 들은 많은 자유를 누린다. 내 목표는 그들이 무엇을 하고 싶든, 그것을 스스로 알아내는 것이다. 무엇을 하도록 설득하거나 강요하고 싶지 않다. 결국 모든 사람은 각자 자기자리를 찾아야 한다. 그래야 열정적으로 뭔가를 할 수 있다. 모든 사람이 저마다 실제 재능에 따라 자기만의 목표를 추구하고, 이러한 재능을 서로 경쟁시키는 대신 그룹 안에서 보완하는 것이 중요하다.

2014년 11월, 캐나다 워털루에 있는 이론물리학 연구 기관인 페리미터 연구소(Perimeter Institute)의 워크숍에서 밀실 외교는 최고조에 달했고, 우리에게 강연은 거의 관심 밖이 되어버렸다. 여기서 수십 명의 천문학자가 EHT에서의 역할을 놓고 논쟁했다. 누가 지휘부에 속해야 할까? 조직 구조는 어떠한가? 마지막 날 저녁에는 매듭을 풀거나 잘라야 했다. 협상은 밤까지 계속됐다. 비록 한두 사람이 주먹으로 탁자를 치기도 했지만, 주먹 없는 싸움이었다. 자정 무렵, 마침내 EHT가 향후 어떤 모습이어야 할지에 대한 합의에 도달했다. 우리는 이 합의를 악수로 봉인하고 그대로 떠나기로 약속했지만, 다음 날 아침 이미 몇몇 사람은 재협상을 시도했다.

2016년 여름, 50번의 원격 회의 끝에 EHT가 잠정적으로 협력하게 되었다. 1년 뒤 마침내 모든 서류에 서명했다. 그때 이미 우리는 실험을 마쳤다. 협력 연구팀은 유럽 4개, 미국 4개, 아시아 3개, 멕시코와 캐나다 각각 1개, 총 13개 기관 파트너로 구성됐다. 이들은 모두 최고 기관으로서 동등하게 이사회를 대표했다.

연구소장·프로젝트 관리자·프로젝트 과학자 등 3인 구성체가 일상적인 프로젝트 관리를 맡고, 11명으로 구성된 과학위원회(Science Council)가 과학 프로그램을 결정하고 모니터링(감독)하기로 했다.

연구소장에 돌먼, 프로젝트 과학자에 프살티스, 프로젝트 관리자에는 틸라누스가 선정됐다. 나는 과학위원회 의장에, 내 오랜 동료 바우어는 부의장에 선출됐다. 이후 그는 하와이로 이주해 타이완 천문학자들과 일했다. 이사회 의장은 본의 VLBI 연구소장인 첸주스와 헤이스택 천문대의 론즈데일이 맡았다.

그렇게 권력은 분산되었지만, 고위직이나 이사회에 여성은 한 명도 없었다. 나는 이것이 우리가 자랑스러워할 수 없는 EHT의 선천적 결함이라고 본다. 과학위원회에만 여성이 두 명 있었을 뿐인데, 현재 암스테르담에서 강의하는 세라 마코프를 포함해서 그렇다.

애리조나로 탐험을 떠나다

집중적이고 고단한 협상과 더불어 우리는 오랫동안 더 많은 준비와 첫 탐험에 바빴다. ALMA 망원경은 마침내 2015년 1월 진행될 첫 번째 VLBI 측정을 위한 준비를 마쳤다.[17] 이제 우리는 기술적으로나 조직적으로 대규모 실험을 할 수 있음을 보여야 했다. 모든 망원경은 최신 버전의 동일한 VLBI 장비를 장착해야 한다. 유럽연구위원회(ERC)의 첫 번째 연구 자금은 2014년 9월 1일에 들어온다. 같은 날 레모 틸라누스는 VLBI 장비에 필요한 주문을 넣고, 특히 중요하지만 민감한 부품이 정시에 도착하도록 했다. 이른바 Mark 6 데이터 레코더를 보스턴의 한 회사에 주문했다. 흐로닝언의 기술자들은 본의 지원으로 전자 필터를 만들고, 헤이스택의 지원을 받은 청사진을 짧은 시간에 직접 제작한다.

최신 하드 디스크 수백 개를 헤이스택 천문대를 통해 각각의 망원경 관측소로 보내야 했다. 주문이 지연되고, 2015년 겨울 뉴잉글랜드주는 하루 종일 눈과 얼음에 갇혀버렸다. 모든 것이 멈췄다. 한 동료는 얼음판에서 미끄러져 복합 골절상을 입기도 했다. 하드 디스크 같은 우리에게 필요한 많은 부품을 미국에서 구입할 수 없고, 미국 쪽 연구 자금은 아직 들어오지 않았다. 틸라누스는 즉흥적으로 대응해야 했다. 그는 5일 만에 네덜란드 네이메헌에 있는 라드바우드 대학교의 시스템을 통해 디스크 등을 대량 주문하고, 바로 항공편으로 보스턴에 보내 그곳에서 다시 전 세계로 배포하는 데 성공했다.

그가 어떻게 이 일을 해냈는지 아직까지 아무도 모른다. 이것이 세계화의 기적이 아닐런지. 이 모든 것은 거의 아무도 눈치채지 못한 프로젝트 관리자의 특별한 영웅적 행적이다. 결국, 필요한 모든 부품은 제시간에 망원경 관측소에 도착했고, 현지 기술자들이 현장에서 설치해 테스트를 했다.

모든 것이 준비되었고, 2015년 3월 말 우리는 첫 번째 대규모 공동 실험을 위해 전 세계 다양한 목적지로 향했다. 우리는 전 세계적으로 가능한 한 많은 망원경을 연결하고 싶었다. 나는 미국 애리조나주 그레이엄 산 꼭대기에 있는 서브밀리미터 망원경(Submillimeter Telescope, SMT)으로 여행 중이다. 투손에서 자동차로 미국 남서부의 모험적인 풍경을 지나 험준한 절벽, 선인장, 이동형 나무 오두막들이 늘어선 작은 마을, 놓칠 수 없는 '바로 그것(The Thing)' 기념품 가게, 그리고 커다란 표지판에 탈출 죄수들을 향한 경고 문구가 적힌 사막 교도소를 지나간다. 산으로 오르는 길에서 멀지 않은 작은 마을 새포드(Safford)에 들러 다음 주를 위한 준비물을 비축한다. 은하를 여행할 때는 수건 말고도 모든 것을 직접 가져가야 한다(《은하수를 여행하는 히치하이커를 위한 안내서》에서 수건은 '침착함'을 뜻한다—옮긴이).

산기슭의 베이스캠프에서 보안 지침과 무선통신 장비를 받는다. 그런 다음 모험은 애리조나 고속도로 366을 따라 산을 오르는 것으로 시작된다. 나는 공항에서 사륜구동 차량을 빌려야 했고, 커다란 빨간색 포드

RAM 픽업트럭을 배정받았다. 높은 연료 소비를 비롯해서 너무 미국적인 느낌이다. 이 차량으로 1000미터 고도의 평원에서 3200미터 높이의 그레이엄산까지 간다. 이 산의 작은 고원에 망원경이 있다. 애리조나 교회 성경 캠프와 섀넌 캠핑장으로 가는 표지판이 보인다. 처음에는 서부 영화의 배경처럼 보이던 풍경이 바뀐다. 이제 눈 덮인 산봉우리와 피레네산맥 같은 전나무 숲이 내 앞에 펼쳐진다.

포장도로는 끝났다. 장애물을 지나 쓰러진 나무가 길을 가로막을 때까지 울퉁불퉁한 도로를 계속 달린다. 나는 우회로를 놓쳤고, 이미 지쳤지만 돌아가야 한다. 고지의 마지막 몇 미터는 특히 가파르고 좁다. 그래서 이 길은 늘 차량 한 대가 올라가거나 내려올 수밖에 없다. 무선통신 장비로 도로 상황을 알아본다. "진입로에 내려오는 차량이 있습니까?"라고 물었지만, 답을 듣지 못한 채 "차량 한 대가 진입로로 올라갑니다"라고 말한 뒤 가속 페달을 밟는다. 뱀처럼 구불구불한 길을 오르는 동안, 사륜구동은 심하게 흔들린다. 비가 내릴 때라면 어떨지 상상조차 하고 싶지 않은 거친 자갈길을 따라 점점 산 정상으로 치닫는다. 갑자기, 미국에서 없어서는 안 될 넓은 주차장에 도착한다. 정상에서 조금 아래쪽, 망원경 앞에 말이다.

135톤짜리 구조물은 인상적인 건축물이다. 숙박 시설과 주방은 맨 아래층에 있다. 건물의 위쪽 회전 가능한 부분에는 망원경과 기기가 있다. 전면과 천장을 열 수 있다. 보호수들이 방해하지 않는다면, 이곳에서 10미터 망원경으로 자유롭게 하늘을 볼 수 있다. 그렇지 않을 때에는 건물 단지 내에 잘 보호된다. 망원경 안테나 바로 아래에 작은 보호 장치가 있고 계단을 통해 접근할 수 있는 제어실이 있다. 제어실과 계단은 망원경이 위치를 변경할 때 건물 외부 부분과 함께 회전한다. 이것이 혼란을 일으키는데, 관측하는 동안 망원경을 하늘의 새로운 위치로 기울일 때마다 계단도 망원경과 함께 이동하기 때문이다. 주방이나 침실을 떠날 때면늘 바뀐 계단을 다시 찾아야 한다. 미칠 노릇이다!

안테나 자체는 대부분 탄소 섬유 강화 플라스틱 구조를 이루고, 얇은 알루미늄 층으로 덮여 있다. 그래서 망원경은 마치 거대한 거울처럼 빛나고, 절대로 태양 쪽을 향하면 안 된다. 그렇지 않으면 거대한 집광 렌즈로 변해 불타버릴 것이다. 첫 서브밀리미터 망원경 중 한 수신기가 이런 식으로 녹아버리기도 했다.

그레이엄산은 방해물인 대기 중 수증기 농도가 매우 낮기 때문에 천체 관측에 이상적이다. 일부 천문학자는 희박한 대기에 익숙해지는 데 시간이 걸려 숨을 가쁘게 쉰다. 나도 약간 두통을 느꼈지만, 천문대 계단은 가볍게 올랐다. 축구와 배구 훈련이 도움이 되었다. 건조해서 목이 마르고 피부가 거칠어진다. 그래서 밤에 계속 깬다. 천문학자의 숙명이다. 심지어 보급품도 대기압을 감지한다. 감자칩 봉투가 갑자기 부풀어 오르고, 땀 냄새 제거제의 뚜껑을 열 때면 시끄러운 소리와 함께 그 속의 작은 알갱이가 나를 향해 돌진한다. 간신히 피했지만 알갱이들이 욕실에 흩어진다. 앞으로 날이 너무 덥지 않기를 바란다. 땀을 흘리지 않는 게 상책이다.

그레이엄산 정상은 향기로운 전나무 숲으로 둘러싸여 있다. 숲속 빈터에 이르면 발아래에 드문드문 사람이 거주하는 공간과, 위로는 깨끗한 하늘이 장엄한 파노라마로 펼쳐진다. 서브밀리미터 영역에서 일하는 전파천문학자로서, 전파가 가능한 한 대기를 통해 우리 안테나에 도달할 수 있도록 구름 한 점 없는 하늘을 바란다. 일반적인 전파는 구름을 쉽게 통과하지만, 우리가 관측하고 싶은 짧은 파장은 대기와 구름 속 수증기에 흡수된다.

그레이엄산은 천문학 영역 안에 있다. SMT에서 동쪽으로 200미터 떨어진 지점, 커다란 회색 덩어리가 나무 꼭대기에서 튀어나와 있다. 거대 쌍안(binocular) 망원경이다. 8.4미터 크기의 거울 2개로 이루어진 거대한 광학 망원경이다. 독일의 연구 기관들이 지분의 4분의 1을 참여하고 있다. 벌집 기술로 만든 거울은 애리조나 거울 실험실의 특산물이다. 내가 산에 오르기 전, "원하는 모든 거울을 만들 수 있어요"라고 전 스튜어드 천문대장 스트릿매터는 말했다. "망원경 거울이 정확히 8.4미터라면 말이죠." 스트릿매터는 망원경을 아주 잘 팔았다.

SMT의 서쪽에는 작고 눈에 잘 띄지 않는 천문대가 있다. 바티칸 첨단 기술 망원경(Vatican Advanced Technology Telescope, VATT)이 있는 바티칸 천문대다. 긴 건물은 거의 교회를 연상시킨다. 길쭉한 본당은 은빛 돔으로 이어진다. 하지만 그 아래에는 제단이 아니라 지름이 1.8미터인 광학 망원경이 있다.

16세기에 현재 달력을 개발한 바티칸 천문학자들은 지금도 여전히 우리에게 영향을 미친다. 19세기 말에는 로마에 처음으로 현대적 천문대를 건립했으나, 야간 가로등을 켤 수 있게 되면서 인근 카스텔간돌포로 옮겼다. 이후 애리조나에 지부를 설립했다.

우리는 관측하지 않는 밤에 이웃 천문대를 방문한다. 가톨릭 천문대에서는 예수회 사람 셋이 지구에 위협을 줄 수 있는 소행성을 찾고 있다. 나는 조용하고 친근한 환경을 즐긴다. 리처드 보일(Richard Boyle) 신부가 여기에 있는데, 그는 이전에 나도 참석한 적 있는 바티칸 여름학교를 운영했다. 오늘날 그는 대부분의 시간을 망원경 옆에서 보내며 거의 산속 은둔자처럼 사는 것 같다. 천문대에서의 삶은 사실 수도원 생활과 비슷하고 명상적인 무엇을 얻게 한다. 관측 중인 천문학자는 자신의 삶을 하늘과 일치시킨다. 별과 은하가 리듬을 정한다. 어떤 것도 방해하지 않는다. 산에서의 이런 시간, 단순하고 하늘에 가까워지는 이 시간을 나는 즐긴다.

애리조나의 우리 팀은 소수의 EHT 동료들로 구성되어 있다. 헤이스택 천문대의 빈센트 피시(Vincent Fish)와 애리조나의 댄 마론도 포함되어 있다. 내가 여기서 마론으로부터 인수인계를 받고, 그는 투손에서 계속 일을 한다. 천문대에는 이렇게 많은 사람이 한꺼번에 잘 만큼 잠자리가 충분하지 않기 때문에 모든 사람이 동시에 함께 지낼 수 없다. SMT에서 나는 처음부터 집처럼 느낀다. 물론 나는 망원경이 어떻게 생겼고 어떻게 작동하는지 알고 있지만, 그것을 갖고 일하는 것은 완전히 다른 영역이다. 그것은 정말 전파로부터 이미지를 만들어 다른 천문학자, 물리학자, 그리고 전 세계 대중에게 보여주는 멀고 먼 길이다. 그러나 우주가 스스로를 드러내는 걸 보는 일은 굉장한 경험이다.

망원경의 포물선 거울은 먼저 우주로부터 전파를 모아 집약한다. 해당 파장의 경우 거울은 전체 크기에 대해 40마이크로미터 미만의 정확도로 조정되어야 한다. 여기 거울(의 정확도)은 훨씬 더 좋다. 망원경 앞 4개의 버팀대에 매달린 부경(두 번째 거울)을 통해, 전파는 안테나 뒤에 있는 수신기 영역으로 돌아간다. 거기에서 전파는 금속 뿔(horn)을 통해 수신기의 도파관으로 주입된다. 금속 뿔은 기본적으로 오래된 축음기의 나팔 같은 기능을 한다. 그런 다음 고주파 신호는 수신기에서 더 낮은 주파수로 혼합되어 전선으로 공급된다. 이를 통해 전파 신호가 구리 전선에서 전기적 파동이 된다.

이제 우리는 파동을 저장해야 한다. 오늘날에는 빛조차 디지털 방식으로 저장할 수 있다. 정말 놀라운 과정이다. 이를 위해서는 먼저 파동을 다시 필터링하고 그 주파수를 우리 장비의 훨씬 낮은 주파수에 맞춰 조정해야 한다. 외계 생명체 전파 신호를 찾기 위한 댄 워디머의 SETI 프로그램 장치는 여러 차례 필터링한 전파를 비트와 바이트로 변환한다. 우주의 깊은 곳에서 나오는 빛은 이제 0, 1, 2 또는 3블록 높이로 구성된 가상 타워의 픽셀화한 시퀀스를 나타낸다. 타워 높이는 전파의 진동을 아주 대략적으로만 나타내지만, 우리에겐 많은 타워와 진동이 있다.

우리가 기록하는 데이터의 양은 엄청나다. 초당 32기가비트, 즉 초당 320억 개의 0과 1이다. 만약 종이에 1밀리미터 두께의 선으로 데이터 타워를 그린다면, 대략 2초 후에는 지구 전체를 덮을 종이가 필요할 것이다. 다행히 이제 종이는 하드 디스크로 대체되었다. 그렇게 EHT를 위한 디지털 혁명은 우리에게 큰 영향을 끼쳤다.

측정 후, 하드 디스크의 빛은 우편을 통해 데이터를 계속 처리할 수 있는 보스턴과 본으로 보내진다. 시간이 오래 걸리는 과정을 거치고 나서야 비로소 엄청난 양의 데이터에서 아주 작은 영상이 만들어진다. 이 과정을 관측 자료 처리(data reduction)라고 한다. 사실, 우리는 단지 잡음만 기록하고 있다. 천체 잡음, 수신기 잡음, 블랙홀 가장자리에서 나는 약간의 잡음 등이다. 운 좋게도, 천체 잡음과 수신기 잡음 대부분은 자료 처리 과정에서 상당 부분 필터링된다. 이런 망원경이 하룻밤에 우리 우주의 전파원으로부터 수집하는 잡음의 총에너지는 믿을 수 없을 정도로 작다. 그것은 1밀리미터 길이의 머리카락이 진공에서 0.5밀리미터 높이에서 유리판 위로 떨어지는 에너지에 해당한다. 이런 충격으로 유리판이 긁힐 가능성은 낮지만, 우리는 그것을 측정할 수 있다.

나중에 데이터를 정확하게 조합하려면 모든 망원경에는 절대적으로 정확한 시계가 필요하다. 물론 정확한 시계는 스위스에서 생산한다. 이것은 물리학자의 시계도 마찬가지다. 비록 이 시계가 기계적 걸작이 아니라 양자물리학 시대의 고정밀 시계라고 해도 말이다. 이런 장치의 생산지 가운데 하나가 베른 근처의 뇌샤텔(Neuchâtel)이다. 이곳에서 GPS 시스템에 대한 유럽 대안인 갈릴레이 위성에 사용한 많은 원자시계를 만들었다. 우리도 뇌샤텔에서 만든 원자시계를 갖고 있었다. 하나 가격이 다섯 자리 유로(수만 유로—옮긴이)인 수소 메이저 시계다.

천문학자로서 망원경으로 작업하고 싶은 사람이라면 한 사람, 바로 오퍼레이터와는 절대 충돌해서는 안 된다. 그는 망원경을 조종하며 마치 증기선의 선장처럼 조타석에 서 있다. 망원경의 내·외부를 세밀히 알고 있고, 화면 벽 앞에 있는 지휘실에서 안테나를 조종한다. SMT에는 늘 오퍼레이터 두 명이 동시에 산에 있었고, 12시간씩 교대로 근무했다. 그들은 이 지역 출신으로, 아파치 인디언 언어로 '위대하게 앉아 있는 산'을 의미하는 그레이엄산의 외로운 생활에 익숙했다.

관측할 때 오퍼레이터는 함께 있는 천문학자에게 가상의 방향타를 맡길 수도 있지만 문제가 발생하거나 강풍이 작동을 계속 방해할 경우 즉시 복귀한다.

VLBI 실험에서는 우리가 준수해야 하는, 각 망원경의 엄격한 일정표가 있다. 기본적으로 자동화되어 있다. 결국 망원경은 모두 초까지 정확하고 동시에 해당 전파원을 향해 조준되어야 한다. 시간대에 따른 혼동을 피하기 위해 모든 시간은 세계시(Universal Time)로 지정한다. 오래전에 박물관이 된 영국 왕립 그리니치 천문대(Royal Greenwich Observatory)의 시간대다.

관측 중에 우리는 은하 중심이나 M87 은하의 중심부만 관찰하는 것이 아니다. 그사이에 전파 안테나는 우리 망원경의 관측 감도를 결정하기 위해 비교 전파원(천문 관측 전체에 대한 교정을 위해 선택되는, 다양한 관측으로 특성이 잘 알려진 참조용 천체—옮긴이)들을 향해 계속 움직인다. 이를 위해 때때로 잘 알려진 퀘이사나 은하를 이용한다. 이를테면 은하계로부터 2억 4000만 광년 떨어진 페르세우스 은하단에 있는 은하 3C 84가 있다. 이 은하는 이미 18세기 말 허셜이 발견했다. 은하 3C 84는 안정적이고 강력한 전파원이다.

때로 서너 개의 서로 다른 전파원을 겨냥하는 경우도 있다. 심지어 원자시계조차 VLBI에 비해 너무 부정확하기 때문에, 이것이 전체 시스템을 잘 보정할 수 있는 유일한 방법이다. 이 우주 전파원을 이용해 보정하고 이후 모든 시계가 같은 속도로 움직이도록 관리한다.

안테나의 관측 방향을 바꾸는 데는 몇 분이 걸릴 수 있다. 이 시간 동안, 애리조나의 관리자들[18]이 작은 재미를 찾아냈다. 망원경을 움직이면 제어실과 주방에 오스트레일리아 영화 〈더 디시(The Dish)〉(안테나를 뜻하는 중의적 의미—옮긴이)의 생생한 음악 〈클래식 가스(Classical Gas)〉가 흘러나온다. 이 영화는 달 착륙의 첫 번째 TV 영상을 수신한 파크스 천문대 내 64미터 안테나를 다루고 있다. 애리조나주 그레이엄산에서 별이나 블랙홀을 관측한 적이 있는 사람은 귓가를 맴도는 이 음률을 떨쳐버릴 수 없을 것이다.

관측 교대는 때때로 스트레스를 준다. 종종 망원경이나 관측 기기를 조정해야 한다. 대기 굴절은 전파원을 살짝 옮겨 다른 곳에서 보이게 하고, 온도 변화는 미미하지만 거대한 구조물의 시야 방향을 약간 바꿔놓는다. 이런 요인은 모두 우리가 반드시 인식하고 피하기를 바라는 오류의 원천이다. 이 '포인팅(pointing)'은 망원경의 초점과 함께 관측이 없는 시기에 주기적으로 수정해야 하며, 대부분 블랙홀인 밝은 교정 천체를 이용한다. 간혹 날씨가 궂을 때에는 찾으려는 전파원을 바로 찾지 못하거나 잃어버리기도 한다. 그런 경우, 새벽이나 해 질 녘에 쌍안경으로 찾을 때처럼 다시 발견할 때까지 계속 시도해야 한다.

어쨌든 하늘의 전파원들은 끊임없이 위치를 바꾸고 결국 지구는 계속 회전한다. 그래서 우리는 늘 망원경으로 이 전파원의 이동을 추적해야 한다. 또한 별과 블랙홀은 애리조나보다 에스파냐 상공에서 더 빨리 뜨고 진다. 이것은 전 세계 여러 대의 망원경으로 구성된 VLBI 실험에서는 어려움을 야기할 수 있는데, 망원경이 각각의 위치에서 정확히 같은 시간에 어떤 물체를 관찰할 수 없기 때문이다. 때때로 공동 관측 시간은 짧은 기간에만 겹친다.

때로는 망원경 자체가 작동하지 않는다. 나는 늘 망원경도 인간이라고 말한다. 2015년 3월 21일, 우리는 '날씨가 좋아 보인다'고 기록했다. 그래서 제시간에 관찰을 시작할 수 있었다. 한 시간도 채 지나지 않아, 갑자기 기술적 문제가 생겼다. '망원경이 잘 작동하지 않는다. 망원경을 수리해야 하므로 오퍼레이터는 일정을 따를 수 없다'고 우리는 기록했다.

어떤 때는 케이블이 회전할 만큼 충분히 길지 않아 망원경을 정지시켜야 한다. 망원경은 일반적으로 1.5회 회전하도록 설계되었다. 그 길이만큼만 같은 방향으로 움직이고 천체를 추적할 수 있다. 최대치에 도달했을 때, 오퍼레이터는 케이블을 풀기 위해 전체 시스템을 완전히 돌려놓는다. 그런 다음 몇 분 동안 영화 〈더 디시〉의 음악이 흘러나온다. 신경이 곤두선 채로 다시 관측하기를 기다린다. 적어도 하나의 관측 시기를 놓치고 관측 계획의 다음 지점으로 바로 이동하기 때문이다.

여러 감정에 휩싸인 채 이번 주말 나는 그레이엄산을 떠난다. 많은 일을 잘 진행했고, 많이 배웠고, 날씨는 오락가락했다. 피곤하지만 만족하며 다시 산을 내려간다. 몇 달 뒤, 우리는 일부 구성 요소가 아직 최적화하지 않았고 데이터 상태가 좋지 않다는 소식을 듣는다.

그리고 2016년 봄, 두 번째 대규모 일반적 테스트가 이어졌다. 그동안 몇몇 망원경은 기술 업데이트를 했다. 그러나 특히 중요한 것은 칠레의 ALMA 망원경을 최초로 테스트용으로 우리 네트워크에 통합할 것이라는 사실이다. 이제 ALMA와 함께 모든 것이 작동하고 있다는 것을 보여주면 2017년에 측정을 시도해볼 수 있다. 그러면 더 이상 일반적 테스트가 아니라 우리의 대규모 프로젝트를 위한 진정한 첫 번째 공연(관측)이 될 것이다.

우리가 시작하기도 전, 연초에 과학적 폭탄이 터져버렸다. 2016년 2월 11일 LIGO/Virgo 공동 연구팀이 기자회견을 하겠다고 발표했다. 우리는 놀라운 결과를 기대했다. 그 비밀은 이미 학계에 유출되었지만, 우리는 대학 강당의 대형 스크린 앞에 조용히 서서 다른 많은 사람과 함께 인상적인 발표를 지켜봤다.[19] 처음으로 두 블랙홀이 합쳐질 때 발생하는 중력파를 직접 측정하는 데 성공했다. 믿을 수 없을 만큼 약한 공간의 떨림이 지구에서 감지되었다. 합쳐진 블랙홀은 태양보다 30배 무거웠지만, 여전히 우리은하 중심에 있는 블랙홀의 20만분의 1에 불과하다. "처음으로 우리는 블랙홀을 '들을' 수 있었다." 나는 열광하면서 "이제 우리는 블랙홀을 보고 싶다!"고 말했다.

나를 놀라게 한 것은 내 동료들이 얼마나 운이 좋았느냐 하는 것이다. 그들이 관측하기 전에는 별들이 이렇게 큰 블랙홀을 만들 수 있을지 확신하지 못했다. 중력파 신호는 예상보다 훨씬 강했고, 더욱이 테스트 관측이 끝날 무렵 발견되었다. 만약 동료가 몇 시간 일찍 테스트 관측을 마쳤다면, 그런 데이터를 받지 못했을 것이다.[20] 그 이후에도 그렇게 강한 신호는 찾을 수 없었다. "우리는 그렇게 운이 좋은 적이 없다"고 부러워하며 나는 생각한다. "내년에 큰 실험을 한다면, 확실히 날씨가 나쁘고 망원경이 고장 나며 M87의 블랙홀은 생각보다 훨씬 작다." 나는 인내의 긴 시험을 준비하고 있었다.

두 달 뒤, 나는 다시 애리조나의 서브밀리미터 망원경으로 가는 좁은 길을 달리고 있었다. 이번에는 박사 과정 미하엘 얀센(Michael Janßen)과 석사 과정 사라 이사운(Sara Issaoun)[21]도 함께였다. 미하엘은 니더라인 지역의 고요한 칼카르(Kalkar) 출신이고 막 훌륭한 석사 논문을 썼다. 사라는 알제리 베르베르(Berber)족 출신이다. 그녀의 부모는 둘 다 엔지니어로, 폭동이 일어나자 그녀가 어렸을 때 캐나다 퀘벡으로 이주했다. 나중에 부모는 다시 아른험(Arnhem)으로 이주해 그 지역의 첨단기술 회사에서 일하고 있다.

사라는 캐나다 맥길 대학에서 천체물리학 공부를 시작했고, 방학 때 내게 찾아와 참여할 수 있는 과제가 있는지 물었다. 나는 2015년 애리조나 관측 데이터를 주었는데, 그녀가 그 자료로 얻은 결과에 놀랐다. 얼마 지나지 않아 그녀는 보정 곡선을 개선하거나 완전히 새로 만들었다. 심지어 망원경 소프트웨어에서도 오류를 발견했다. 나는 사라가 이례적으로 뛰어난 천체물리학자임을 깨달았다. 2016년, 두 사람을 애리조나에 있는 망원경으로 데려갔고, 사흘 뒤 나는 거의 '실직' 상태가 되었다. 미하엘은 소프트웨어 운영을 자동화했고, 사라는 가장 어린 동료로서 망원경의 제어권을 완전히 장악했다. 그사이 그녀는 2015년 실행한 내 예전 보정 관측을 더욱 개선했다. 향후 몇 년 동안 그녀는 망원경 조종을 맡을 것이다. 아직 박사 학위를 시작하지도 않았는데 말이다. 결국, 미하엘과 사라가 나중에 모든 천문대에 대한 보정 절차를 맡음으로써 EHT 전체가 혜택을 누렸다. 둘 다 협력에 대한 특별한 인정을 받았다.

기술적으로 테스트 관측 결과는 성공적이었고 오랫동안 기대한 ALMA의 승인도 이끌어냈지만, 상세하게 평가받거나 과학적으로 발표되지는 않았다. 이 두 가지 관측으로 EHT와 우리 팀은 시험 관측에 들어갔다. 우리가 성공하려면, 모든 대륙과 국가의 다양한 과학자와 기술자가 마침내 협력하는 법을 배워야 했다. 그리고 이제 우리는 모든 게 딱 맞아떨어진다면, 내년에는 운 좋게 성공할 수 있으리라는 걸 알게 되었다.

10

탐험에 나서다

위대한 실험

이제 우리의 거대한 실험을 위한 카운트다운이 시작되었다. 씨앗을 뿌렸고, 새싹이 훌륭한 식물로 성장했다. 이제 수확의 시기가 왔다.

전체 EHT는 2017년 4월을 기대하고 있었다. 수년간의 준비, 과학 정책과의 마찰, 기술적 문제 해결을 통해 우리는 이제 곧 꿈을 실현할 것이다. 2017년 4월 초, 8곳의 EHT 천문대[1]가 하늘에 있는 동일한 표적을 겨냥했다. 칠레에 2대, 하와이에 2대, 그리고 에스파냐·멕시코·애리조나·남극에 각각 1대씩 망원경을 배치했다. 이에 더해 세라 마코프는 천문학자 그룹과 함께 우리와 병행해 관측할 지상 망원경과 우주 망원경으로 구성된 함대를 조직했다. 빛의 모든 영역을 관측하기 위해 근적외선 망원경부터 감마선 망원경까지 모든 것을 갖추었으므로 어떤 복사선 방출도 놓치지 않을 것이다.

극단의 탐험이 될 것이다. 칠레에서는 천문학자들이 해발 5000미터 이상의 높이에서 건조하고 희박한 공기에 대처해야 하고, 남극에서는 영하의 온도와 외로움을 견뎌야 한다. 그곳의 연간 평균 기온은 거의 섭씨 영하 50도다. 우리가 계획한 우주로의 도약은 과학자들이 가능한 모든 천문대에서 하늘을 탐험하고 우주의 비밀에 좀더 가까이 다가가기 위해 세계를 여행하던 고대 천문학을 약간 연상시켰다. 그때와 마찬가지로 오늘날도 실패와 승리는 서로 밀접하다. 18세기 인도에서 몇 년 동안이나 성과 없이 금성 통과를 뒤쫓던 기욤 르 젠틸처럼, 우리의 블랙홀 이미지도 쉽게 빈 종이 한 장으로 끝날 수 있었다. 날씨와 기술이 제대로 맞지 않으면 실패할 것이다.

봄에는 많은 동료가 마지막 계획 단계에 참여했다. 장비를 보내고, 수많은 메시지를 기록하고, 원격 회의를 열고, 사전 테스트를 기획했다. 더 원활한 소통을 위해 채팅 그룹을 만들었다. 점점 더 많은 회원이 몰려왔다. 2017년 3월 5일, 몇 달 동안 남극 얼음 속에서 지내던 독일 천문학자 다니엘 미할리크(Daniel Michalik)가 남극 망원경에서 연락을 해왔다. 원래 미할리크는 유럽우주국에서 근무하는데, 이미 가이아 프로그램에 참여했으며 앞으로 몇 달 동안 동료와 함께 EHT 관측을 수행할 예정이다. 그들은 주방 창문으로 극지 표시를 볼 수 있을 만큼 남극에 인접해 있었다. 데이터 연결이 너무 나쁜 탓에 남극에서 온 두 사람의 첫 번째 생명 징후는 핑크 플로이드의 〈쾌적하게 무감각한(Comfortably Numb)〉이라는 노래에 나오는 가사와 같았다. "안녕하세요? 거기 누구 있나요? 들을 수 있다면 고개를 끄덕여요. 집에 누가 있어요?" 우리는 저 아래 그곳에서 누군가 우리를 대신해주어 기뻤다.

동료들 대부분은 2017년 3월 말에 망원경으로 향했다. 며칠 동안 전 세

계의 연구자들이 중요한 순간을 위해 천문대에 도착했다.[2]

EHT를 통해 국제 협력을 이뤄낸 것이 이제 기적처럼 입증되고 있다. 채팅 채널에 새로운 얼굴이 나타날 때마다 동료들이 환영한다. 기쁨은 흥분과 뒤섞이고, 긴장감이 고조된다. 하지만 모두 각자 맡은 일이 있고 그 일에 집중해야 한다. 그렇지 않으면 성공하지 못할 것이다.

2017년 관측 당시만큼 국제적 이해라는 개념이 명확하게 드러난 적은 없었다. 오늘날까지도 나는 망원경에서 여러 팀의 사진을 볼 때면 다양한 사람을 모을 수 있었다는 사실에 기쁘다. 아인슈타인과 에딩턴, 이 두 평화주의자도 이에 기뻐했을 것이다. 그리고 사실, 전체 기간 동안 꽤 평화로웠다. 그 이후에는 늘 그렇지만은 않았다.

4월 3일, 나는 뒤셀도르프에서 말라가(Málaga)로 가는 비행기에 탑승했다. 거기서 버스로 IRAM의 에스파냐 지부가 있는 그라나다로 간다. 이 도시는 지금 부활절 행렬을 준비하고 있다. 부활절이 있는 성주간(부활절 전의 일주일. 고난주간이라고도 한다—옮긴이) 직전 거리는 특별한 분위기로 넘친다. 봄은 벌써 왔고, 기온은 두 자릿수로 쾌적하다. 나는 그라나다에 더 오래 머무르며 축제를 구경하고 싶지만 안달루시아에 감명받을 시간이 없다. 남동부 시에라네바다의 눈 덮인 봉우리들이 솟아 있는 지평선 너머로 내 여행의 목적지가 보이는 듯하다. 그라나다에서는 아침에 바다로 갈 수 있고 오후에는 산에서 스키를 탈 수 있다.

IRAM 망원경은 피코델벨레타(Pico del Veleta) 산꼭대기 바로 아래에 있다. 에스파냐에서 세 번째로 높은 산으로 해발 3396미터다. 중세 시대에 무어인들도 유명한 알람브라 요새에서 이 산의 정상을 바라봤다. 정상까지 가는 길은 유럽에서 가장 높은 곳으로 올라가는 도로이기 때문에, 자전거 선수들을 매료시킨다. 애리조나에서 망원경까지 가는 여정은 특별했지만, 4월에 'IRAM 30미터 망원경'으로 여행하는 것은 완전히 다른 일이다.

우리 소그룹에는 이곳에서 자주 관측을 하던 본의 크리히바움도 속해 있다. 우리는 같이 밴을 타고 산으로 간다. 망원경까지 가는 길에 우리는 채 30킬로미터도 못 가 2000미터 높이에 도달한다. 이곳에서 바라보는 그라나다의 전망은 장관이다. 높은 곳의 공기에 익숙해지기 위해 우리는 몇 분 동안 정차한다. 그는 커피를 마시고 나는 멋진 경치를 감상할 수 있는 좋은 기회다.

산 위로는 거대한 망원경이 보인다. 케이블카 탑승장 출구에 도착하자마자 우리는 눈길을 걸어 스키 학교를 지나 커다란 흰색 IRAM 스티커가 붙어 있는 중급용(빨간색) 스키 슬로프로 간다. 우리는 가방을 검은 금속 바구니에 넣고 (중급용 스키 슬로프를 위한) 케이블카 캐빈 안으로 올라간다. 이 스키 슬로프는 빛나는 햇살과 함께 눈길을 지나 마지막 몇 미터를 산 정상에 있는 망원경을 향해 간다. 슬로프에는 마지막 눈보라로 가득하고 우리 위로는 푸른 하늘이 펼쳐진다. 모든 것이 아주 희망적이다.

지구상에서 가장 외진 곳에 수천 톤의 콘크리트와 강철로 어떻게 연구소를 지을 수 있었는지 항상 인상적이다. 사람들이 연구하고 시야를 넓히기 위해 얼마나 많은 노력을 기울이는지! IRAM 망원경은 호기심의 기념비로, 거의 추크슈피체(Zugspitze: 2962미터로 오스트리아 국경의 독일 최고봉—옮긴이)만큼 높은, 2920미터 높이에 서 있다.

이 망원경은 1970년대 최초의 스키 리프트가 있던 곳에 당시 막스 플랑크 연구소 소장[3]의 지휘 아래 설치되었다. 소장은 열정적으로 스키를 타는 사람이었고, 이것이 위치 선택에 영향을 미쳤다는 소문이 돌았다.

오늘날에는 리프트와 스키 타는 사람들로 가득 차 있다. 하지만 이렇게 큰 건물은 없다. 이 시설은 애리조나에 있는, 분리 가능한 벽을 가진 회전식 건물보다 훨씬 크다. 눈처럼 하얀 IRAM 망원경의 안테나는 전형적인 전파 망원경처럼 보인다. 이 안테나는 지름이 30미터로 커다란 차고 문을 통해 들어갈 수 있는 원뿔형의 건물 위에 놓여 있다. 안테나가 외부에 있기 때문에 눈과 얼음을 제거하기 위해서는 전체를 가열해야 한다.

망원경 바로 옆에 3층짜리 콘크리트 건물이 있는데, 창밖으로 시에라네바다의 숨 막히는 전경이 펼쳐진다. 우리는 이곳에서 머무르며 일한다. 때때로 구름이 낮게 깔리면 마치 비행기에서 보듯이 구름의 연무 사이로 전경이 떠다닌다. 하지만 끊임없이 망원경 전체가 안개 속으로 사라지면 제어실에서 망원경 꼭대기도 볼 수 없다. 우리가 도착했을 때, 어디서도 구름이나 안개의 흔적은 볼 수 없었다.

피코델벨레타에 있는 EHT 팀은 다섯 명으로 구성되어 있다.[4] 나는 박사 학위를 함께 취득한 본의 기술 전문가 헬게 로트만(Helge Rottmann)과 어긋났다. 그는 먼저 '피코'에서 기술 문제를 처리한 뒤 곧바로 칠레의 APEX로 갔다.

애리조나와 비교하면, IRAM 30미터 망원경은 1970년대 스타일이기는 하지만 4성급 호텔이다. 이 큰 건물은 애리조나주 그레이엄산 망원경보다 공간이 훨씬 넓고, 계단도 늘 같은 위치에 있다. 공동 주방이 있고, 항상 가득 찬 냉장고와 저장고를 마음대로 이용할 수 있다. 주방팀이 교대로 우리를 위해 안달루시아 음식을 요리하기 때문에 우리는 많은 것이 필요하지 않다. 주방팀은 가장 맛있는 음식을 제공하기 위해 치열한 경쟁을 벌인다. 곧 수프, 구운 파프리카를 곁들인 미트볼, 맛있는 디저트가 나온다. 길고 날카로운 칼로 얇게 저며 먹는 거대한 세라노 햄은 늘 준비되어 있다. 게다가 에스파냐 치즈와 신선한 포도도 있다. 기술자, 청소부, 천문학자 사이에 분위기가 좋은 것은 당연하다. 조심하지 않으면, 이곳에서 엄청나게 체중이 불어 애리조나 그레이엄산에 있는 부풀어 오른 감자칩 봉투처럼 느껴질 것이다.

심지어 작은 마스코트도 있다. 그 지역의 산을 배회하는 여우에게도 좋은 음식이 공급되었기 때문이다. 사람들에 따르면, 언젠가 여우 한 마리가 세라노 햄을 훔쳤다고 한다. 그 뒤로 녀석은 늘 망원경으로 와서 뭔가 떨어진 게 없는지 확인한다. 비록 먹이 주기를 엄격히 금지하고 있지만 녀석은 여전히 정기적으로 찾아온다. 모두 그 규칙을 정말 지키는 걸까?

민감한 관측 전자 장치에 방출이 영향을 미칠 수 있기 때문에, 여기에는 무선 인터넷 통신이 없다. 나 같은 휴대전화 중독자들에겐 문제다.

산 위에는 망원경 운용을 위해 때때로 십여 명이 근무한다. 그 외에도 관측 시간을 공유하는 다른 두 연구팀이 있다. 1시간의 관측 비용은 약 500유로다. 따라서 이 설비는 이상적인 경우, 24시간 사용해야 한다. 이곳이나 세계의 다른 지역에서 날씨가 우리에게 너무 나쁘다면, 다른 그룹이 (관측 조건이 맞는) 망원경을 사용한다.

2017년 4월 4일부터 우리가 관측할 수 있는 기간은 10일이다. 피시는 크리히바움과 함께 매일 모든 망원경과 모든 전파원에 대한 관측 프로그램을 재구성하는 힘든 작업을 수행했다. 이 기간 동안, 적어도 5일간 전 세계 모든 망원경이 있는 곳의 날씨는 우리가 프로그램을 실행할 수 있을 만큼 좋아야 한다. 경험에 따르면 이런 일은 극히 드물게 일어난다. 더 나은 조정을 위해 동료 단 판로쉼(Daan van Rossum)은 네이메헌에서 EHT를 위한 온라인 솔루션을 프로그래밍했다. 모든 망원경의 데이터가 여기에 모이므로, 누구나 다른 망원경의 상태를 볼 수 있다. 네덜란드기상청(KNMI)의 천체물리학자 헤르시 헤이르트세마(Gertie Geertsema)는 이 플랫폼에 있는 모든 망원경에 대해 유럽중기예보센터(European Centre for

Medium-Range Weather Forecast, ECMWF)의 글로벌 기상 모델 예측을 제공한다. 먼저 기상 예보를 살펴보고 놀라운 사실을 알 수 있었다. 향후 3일 동안 거의 모든 곳에서 구름 한 점 없는 훌륭한 날씨가 예측된다. 기상 정보가 맞을지 조금 걱정된다. 네덜란드 사람들이 산악 날씨를 정확히 예측할 수 있을까?

돌먼은 보스턴에 아날로그 통신 센터를 설치했다. 또 다큐멘터리 자료를 녹화하기 위해 동영상팀도 대기했다.[5]

우리가 실제로 관측할지 여부는 예정된 관측 시작 4시간 전에 각각 열리는 원격 회의에서 결정한다. 지난 몇 년 동안, 모든 것이 늘 다소 혼란스럽게 진행됐다. 이번에는 어떻게 될까? 망원경 8대와 수십 명의 학자를 조정하는 것은, 마치 사순절에 버릇없고 신경질적인 도시 아이들로 이뤄진 유치원 한 반을 이끌고 사탕가게를 지나가는 일과 비슷하다. 둘 다 말을 듣지 않는다.

4월 4일, 모든 EHT 망원경에 대한 시험 관측을 실시했다. VLBI 조직 내에서 기술 실패는 늘 일어난다. 망원경은 우리가 그렇게 하도록 조작할 때만 비로소 팀플레이를 한다. 그러나 컴퓨터와 마찬가지로 대개 조작자, 즉 사람이 체인의 약한 고리다. 아주 작은 오류가 성공을 방해한다. 이를테면 2개의 케이블을 잘못 연결하고, 데이터를 잘못 표시하거나, 미처 알아채지 못한 채 잘못된 명령어를 입력하는 등이다. 우리는 모두 긴장하고 있다. 기술자들은 장비를 다시 한 번 점검한다. 하와이의 틸라누스는 흥분해서 우리 채팅 그룹에 "JCMT와 SMA 사이의 프린지(fringe) 패턴"이라고 썼다. 그는 이 문장에 느낌표 4개를 붙였다. 그는 "괴상하고 모호한 박스 하나를 껐다가 다시 켜야 했다"고 덧붙였다. '프린지 패턴'을 찾는 것은 적어도 2대의 망원경, 즉 제임스 클러크 맥스웰 망원경(JCMT)과 하와이 마우나케아의 서브밀리미터 집합체(SMA)의 배열이 잘 작동했다는 것을 의미한다. 이것은 다음 날들을 희망적으로 보게 한다. 나는 힘을 보충하기 위해 자러 간다. 일기 예보를 보니 내일은 심각해질 것이다. 크리히바움은 여전히 제어실에서 열심히 일한다. "자고 싶지 않으세요?" 그에게 물었다. 그는 "아, 모든 게 괜찮은지 확인하고 있어"라고 생각에 잠겨 대답했다.

다음 날, 긴장이 고조되고 있다. 세계 어딘가에서, 끊기는 경향이 있는 Mark 6 데이터 레코더에 작은 문제가 계속 발생하고 있다. 보스턴의 전문가들이 온라인으로 도움을 주기 위해 노력 중이다. 우리 쪽은 모든 것이 괜찮은 듯하다. 크리히바움은 "피코에 있는 Mark 6호가 작동 중이다"고 그룹에 보고했다. 저녁 식사 중에 중요한 원격 회의가 열렸다. 기적이 일어났다. 전 세계 모든 망원경이 있는 곳의 날씨가 훌륭하고, 기술이 작동 중이다.

돌먼이 모두에게 "VLBI 전진, 이것은 연습이 아닙니다"라고 썼다. 관측은 협정 세계시(Universal Time Coordinated, UTC)에 따라 이후 초까지 정확하게 22시 31분에 시작하기로 되어 있다. 에스파냐에서는 자정이 지나고 30분 후다. 태양뿐 아니라 블랙홀도 먼저 떠오르는 동쪽에서 가장 먼 우리가 첫 번째 그룹의 망원경에 속한다. 이제 시계가 똑딱거린다.

물론 우리 팀은 시작하기 훨씬 전부터 망원경 제어실에 있었다. 아무도 이 순간을 놓치고 싶어 하지 않았다. 이곳에 30미터 안테나의 움직임을 제어하는 녹색-은색 제어판이 있다. 제어판에는 모든 종류의 조잡한 스위치가 장착되어 있어서, 마치 1970년대 제임스 본드 영화처럼 시대에 뒤떨어져 보인다. 현지 시간과 항성시를 표시하는 시계 2개가 있고, 커다란 빨간색 버튼은 비상시에 시스템의 모든 움직임을 정지시킨다. 제어판에 있는 컴퓨터 네 대의 화면만이 현재 기술이 완전히 다른 수준에 있음을 나타낸다.

동료들이 긴장하고 있고, 나도 마찬가지다. 모든 것이 작동한다, 아니 지금 모든 것이 작동해야 한다. 우리는 계속해서 기술을 점검한다. 우리의 하드 디스크 레코더가 올바르게 프로그래밍되어 있고, 녹화할 시간을 제대로 알고 있을까? 관측 계획을 철저히 준비했을까, 그것은 정말 적절할까? 망원경 수신기가 데이터를 전달하고 있을까, 초점은 제대로 설정되어 있을까? 나는 제어실에 표시되는 대기 습도 데이터를 계속 주시한다. 그것들이 얼마나 훌륭한지 믿을 수 없다. 확인도 하고 긴장을 누그러뜨릴 겸 나는 계속 밖으로 나가 별이 빛나는 맑은 하늘을 올려다봤다. 구름이 보이지 않는다.

크리히바움이 지휘를 맡아 화면 앞 관측자석에 앉았다. 그는 중간 시간을 이용해 이미 최초의 보정 관측을 수행한다. 나는 그 옆에 앉아 있다. 마치 내가 어린 학생으로서 그의 옆에 앉고, 그가 내게 전파 망원경 사용법을 가르쳐주던 그때처럼 말이다. 25년이 흘러도 변하지 않는 게 있다. 나는 이런 사실을 즐긴다. 그는 망원경의 (시선) 방향을 바꾸며 우주 전파원을 스캔한다. 우리는 전파 방출이 처음에는 점점 증가하다가 감소하는 것을 명확하게 본다. 안심이다. 신호는 강력하고, 우리의 기대도 그렇다.

우리 목록의 첫 번째 전파원은 OJ 287이다. 게자리 방향으로 35억 광년 떨어진 퀘이사로, 매우 큰 블랙홀 중 하나를 포함하고 있다. 일부에서는 서로 공전하는 2개의 블랙홀이라고 말하기도 한다.[6] OJ 287은 이를테면 워밍업 프로그램이고, 우리는 화면상에서 전파 방출을 명확히 감지할 수 있다. 사실, 화면에는 종 모양 곡선 2개만 보이고 더 이상은 없다. 우리가 관측이라고 하는, 첫 번째 'VLBI 스캔'은 7분 정도 소요된다. 지금은 0시 31분이다. 드디어 시작이다. 화면의 디스플레이는 망원경이 자동으로 VLBI 관측 모드로 바뀌었음을 표시하고 전환한다.

나는 옆의 기계실로 달려간다. 그곳에는 Mark 6 레코더가 남자 키 높이의 기기 캐비닛 안에 들어 있고 무시할 수 없는 소음을 낸다. 팬이 윙윙거리며 돌고, 불빛이 반짝인다. 앞면의 녹색 표시등이 짧은 간격으로 신경질적으로 깜박거린다. 데이터가 들어오고, 레코더가 작동한다. 앞쪽 공간에는 전파를 0과 1로 변환하는 아날로그 디지털 변환기의 디스플레이와 원자시계의 디스플레이가 있는 화면이 있다. 여기도 모두 잘 작동한다. 안심이다.

칠레에서 로트만이 시스템에 로그인한다. "피코에서 레코더 4개가 모두 데이터를 기록했다"고 그는 우리 채팅 그룹에 보고했다. 우린 이미 알고 있다. 남은 밤 시간에 계속 이곳에 들어와 살펴볼 것이다. 하드 디스크에 저장된 내용은 성공 또는 실패를 결정한다. 하지만 그것들이 정확히 무엇을 기록하는지 우리는 몇 달 뒤에나 알 수 있다. 관측 자료 처리 시간이 그만큼 걸린다.

이제 관측 모드가 지속된다. 크리히바움은 망원경의 모든 동작을 감지해 로그북(log book)에 손으로 기록한다. 그는 전통적인 관측자다. 망원경 제어실에 앉아 있다면, 그는 자신의 규칙 속에 있는 것이다. "아직도 손으로 다 쓰세요?" 내가 놀라 물어본다. 에펠스베르크에서 그랬고, 내게도 손으로 기록하기를 권유했다. 나는 몰래 자동 작성 프로그램으로 썼다. "그럼, 그러면 계속 깨어 있을 수 있으니까. 새벽 4시에는 바보 같은 짓을 하게 되는데, 이렇게 하면서 일에 집중하는 거지"라고 그는 대답한다. 나는 한숨을 내쉬며 펜을 집어 든다.

EHT 네트워크로 관측할 때, 망원경 8대를 한꺼번에 관측하는 일은 결코 없다. 우리의 스캔 목록에 있는 전파원을 모든 위치에서 동시에 관찰할 수 없기 때문이다. 그래서 우리에게 관측의 시작은 에스파냐 망원경이다. 칠레의 ALMA와 APEX, 멕시코의 LMT, 애리조나주의 SMT(모두 예전 에스파냐 식민지다), 그리고 에스파냐의 IRAM 망원경은 모두 밤 10시 31분 협정 세계시 정각에 우주에 있는 동일한 퀘이사를 바라보고 있다. 하와이의 두 관측소와 남극의 망원경은 아직 기다려야 한다.

흥분이 서서히 가라앉는다. 우리는 지금 제대로 가고 있다. 그러면 다른 곳의 상황은 어떨까? 채팅 채널에 하나둘 들어오는 소식은 희망을 불러일으킨다. "APEX에서는 모든 게 잘 진행되고 있음." 그사이 막 근무를 시작한 멕시코 동료들은 "LMT 기록, 스캔 체크 OK"라고 기록했다. 돌먼은 보스턴에서 보고하며, 애리조나에서도 모든 게 정상이라고 전한다. 하지만 중요한 ALMA 망원경은 어떨까? 오랫동안 칠레에서는 소식이 없다. 하지만 곧 그곳에서도 안심시키는 문장이 전해진다. "ALMA는 지금까지 모든 스캔을 관측했음."

자잘한 문제가 여전하지만, 그건 정상이다. 멕시코에서는 OJ 287을 관측하는 데 어려움이 있다고 보고한다. 초점을 올바르게 설정할 수 없다. 사진 기기와 마찬가지로, 안테나가 충분한 선명도를 확보하지 못하고 있다. 망원경이 이것을 상쇄할 만큼 크지만, 이후 보정팀은 신호 손실을 충분히 보정하기 위해 애를 먹을 것이다. 게다가 엔진이 어떤 이유에선지 단기간에 충분한 전력을 공급받지 못해 비상 정지가 일어난다. 동료들은 기다렸다 다시 시작해야 한다. 그들의 데이터를 잃었지만, 우리는 여전히 밤새도록 관측한다.

이제 우리 제어실은 중요한 단계를 향해 간다. M87의 첫 번째 관측이 예정되어 있는데, 새벽 2시 45분이다. 우리는 망원경으로 5500만 광년 떨어진 거대한 은하 중심부에서 나오는 방출을 포착해야 한다. 거대한 활동성 블랙홀이 힘을 펼치는 그곳이 얼마나 큰지 우리는 여전히 정확히 알지 못한다.

'전파원 M87'은 내가 사용하는 컴퓨터 명령어이다. 화면에는 적격 12h 30m 49.4s, 적위 +12°23′28″의 위치가 표시되어 있다. 망원경은 하늘의 두 번째로 큰 별자리인 처녀자리 방향으로 천천히 회전한다. 화면에 나타나는 깜박거림을 꼼짝하지 않고 바라본다. 망원경의 방위각, 즉 수평각이 제 위치를 찾았고 수직 각도를 나타내는 높이도 정확하게 일치한다. 큰 이동을 한 때처럼 우리는 약간 추가 조정을 한다. "피코벨레타, M87 전파원, 기록, 3C 273 근처 포인팅"이라고 크리히바움이 보고한다. 제어실에서 보는 플롯은 신뢰성 있는 신호 높이를 나타내며, 하드 디스크는 회전하고 채워진다. 안심이 되는 표시다. 기기상에서 망원경이 M87의 중심을 따라가는지, 지구 회전을 조정하는지 볼 수 있다. 몇 시간 동안 M87과 비교 퀘이사를 왔다 갔다 하면서 몇 분씩 관측하는 과정을 몇 시간 반복한다. 이제 이런 관측은 거의 자동으로 진행된다.

어느 시점에 우리는 모두 혼미한 상태에 놓인다. 이상한 상태다. 실제로 누구나 피곤에 찌들어 있지만 동시에 망원경의 아주 작은 움직임조차 추적하려고 한다. 사실 나는 아침 일찍 크리히바움과 교대해야 한다. 그래야 그가 드디어 잠을 좀 잘 수 있으니까. 어쨌든 그게 우리가 약속한 바다. 하지만 그는 관측을 그만두지 못했다. 밤새 관측소에 머물렀다. 이런 상황에 대비해 그의 몸속에 비밀 에너지 저장고를 보관하고 있는 게 틀림없다.

아침이 밝아왔다. 오전 6시 50분, 하와이의 망원경도 관측 준비를 마쳤기에 곧바로 M87을 공동으로 관측했다. M87 전파원을 관측하기 위한 네트워크 중 우리가 가장 먼 1만 907킬로미터 떨어져 있었다. 우리는 막 산을 바라보았다. 어떤 결과가 나왔을까? 15분 후, 우리 망원경의 기록 장치에 최종적으로 관측 자료 34개가 저장된 후 '관측 중'이라는 표시등이 꺼졌다. 크리히바움이 마지막 메시지를 채팅 그룹에 남겼다. "모든 VLBI 스캔 완료. 38시간 동안 관측해서 조금 피곤하므로 이제 우리는 휴식을 취할 것이다." 불쌍한 크리히바움은 전날 밤에도 잠을 못 잤다. 우리는 잠자리에 들었지만, 애리조나의 사라 이사운과 하와이에 있는 그녀의 동료들은 몇 시간 더 관측해야 한다. 애리조나 망원경은 중형급으로 가장 오랫동안 관측하기 때문에 그녀는 우리처럼 컴퓨터를 끌 수 없다. 그녀는 이 망원경으로 19시간 정도 관측을 했다. 여기에 준비하는 시간도 필요하다. 우리가 다음 날 관측 준비를 하는 동안에도 그녀는 일을 하고 있다. 그녀의 휴식 시간이 너무 짧다.

최종 카운트다운

첫 라운드는 성공이었다. 이대로만 계속된다면 얼마나 좋을까! 보스턴의 돌먼도 아주 좋은 첫 번째 관측 단계를 즐기고 있다. 그리고 이제 잠을 잘 자기를 바란다. 대부분 낮 시간 동안 몇 시간밖에 잠을 자지 못한다.

다른 사람들이 잠자리에 들어 있는 동안, 내게는 완전히 새로운 일이 기다리고 있다. 우리가 실험을 시작하기 직전, BBC에서 갑자기 우리의 관측 기사를 냈다. 천문학자들이 이제 블랙홀의 첫 번째 사진을 찍을 것이라는 내용이었다. 어떻게 알았을까? 우리는 보도자료를 내지 않았다. 성공할지 알 수 없었기 때문이다. 만약 우리가 또다시 퍼진 얼룩을 보게 된다면 어쩔 것인가? 기대치가 너무 높은 건 아닐까? 어쩌면 몇 년 동안 더 관측해야 하지 않을까? 나는 대중매체를 두려워하지는 않지만, 이 기사는 좀 거슬렸다.

그럼에도 이 기사는 취재 열기를 불러일으키기에 충분했다. 내 전화기가 계속 울린다. 전 세계 기자가 에스파냐 피코델벨레타에서 우리가 어떻게 지내는지 알고 싶어 했다. 스카이프(Skype: 인터넷전화 프로그램—옮긴이)를 이용해 스카이 뉴스(Sky News)·알 자지라(Al Jazeera) 등과 생방송 인터뷰를 하고, 네덜란드 라디오와도 통화한다. 소셜미디어도 점점 달아오르면서 오래 일한 전파천문학자들이 우리 채널에 들어와 불평하기 시작한다. 나는 기대치를 낮추려 애쓴다. 만약 우리가 못생긴 땅콩 비슷한 것이라도 봤다면 이미 만족했을 것이라고 말한다.

이런 상황에서 일단 숙면은 기대할 수 없었고, 그것은 내 언어 능력에 영향을 미쳤다. 어떤 네덜란드 트위터 사용자는 내 문법을 트집 잡았다. 내가 독일인이라는 걸 들은 후에야 비로소 좀 부드러워졌다. 나한텐 거의 칭찬이었다.

저녁에는 날씨에 대한 다음 결정을 내려야 한다. 모든 곳의 관측 조건이 훌륭하다. 짧은 원격 회의 뒤, 두 번째 라운드에 대한 출발 신호 역시 예상대로 다시 "VLBI 전진"이다. 100여 개의 스캔을 계획한다. 더 힘든 단계를 마주하게 될 것이다. 우리는 전날보다 2시간 늦은 한밤중에 시작한다. 몇 시간 동안 우리는 몇 분마다 3C 273과 M87 사이에서 왔다 갔다 한다. 운 좋게도 날씨가 계속 좋다. 그날 밤 마지막 스캔을 아침 7시 30분 정각에 마친다. 이 시점에 M87 은하의 중심은 지평선 위로 10도 정도 떨어진 곳에 있다. 가장 강력한 전파원도 이제 내려간다.

관측은 아주 짧다. 채팅 채널이 불이 난다. 밤이 깊어질수록 더 활활 타오른다. 동료들은 분명히 기분이 좋다. 남극에서 미할리크는 갑자기 동료[7]와 두꺼운 재킷을 입고 고글을 쓴 채 남극 망원경 앞에 서 있는 사진을 보낸다. 그 뒤로 평평한 풍경이 지평선까지 펼쳐진다. 수백 킬로미터에 걸쳐 얼음과 눈이 끝없이 펼쳐진다. 새하얀 풍경은 바로 파란 하늘로 이어진다. 이 사진은 아주 특별한 미학을 품고 있으며, 모든 기술 박물관에서 특별한 자리를 차지할 자격이 있다. 이제 나는 그 두 사람이 믿을 수 없는 조건에서 일하고 있다는 것을 알게 되었다. 기온은 상상조차 할 수 없는 섭씨 영하 62도라고 미할리크는 기록했다.

사진들이 참으로 훌륭했다. 좀더 보고 싶다. 곧바로 EHT 뷰티 콘테스트를 개최한다. 이제 동료들은 별도 채널에 각자 망원경에 대한 인상을 담은 사진을 올린다. 그렇게 우리는 모두 다른 사람들의 작업에 대해 더 잘 알게 되고, 때로는 동료들에 대해서도 더 잘 알게 된다. EHT의 일부 사람은 관측 실험 전에 개인적으로 만난 적이 없다. 가장 아름다운 사진 선정은, 부차적으로 팀을 더욱 가깝게 만든다.

다음 날 날씨가 관측을 할 수 있을지 확실하지 않다. 몇몇 망원경에서는 최적의 날씨가 아니어서 결정을 당분간 미룰 것이다. 에스파냐의 오퍼레이터들은 불안해한다. 빨리 결정하지 않으면, 다른 그룹이 망원경으로 작업을 할 텐데 우리는 당일 관측을 못하게 될 것이다. 마지막 순간에 진행을 결정한다. 우리가 벌써 3일 연속 모든 장소에서 관측할 수 있다는 것은, 한편으로는 큰 행운이다. 하지만 밤샘 작업은 근본적 문제에 이르게 한다. 돌먼은 팀 전체의 부담이 얼마나 큰지 잘 알고 있다며 감사의 글을 남긴다. 하지만 우리에게 주어진 관측 시간을 활용해야 한다. 잠은 나중에도 잘 수 있다.

이번에는 현지 시간으로 오전 6시경에야 시작한다. 드디어 우리은하 중심 관측이 예정되어 있다. 지금 특히 긴장되지만, 모든 것이 훌륭하게 진행되고 있다. 하지만 다음 날 날씨 운이 다했다. 멕시코에는 비가 내리고 있다. 망원경이 있는 산에는 눈까지 내린다. 애리조나의 날씨도 변화무쌍하고, 심지어 강한 바람이 분다. 큰 망원경에 너무 강한 바람일 수도 있다. 그래서 우리는 이틀간 중단한다. 다른 때 같으면 관측을 했겠지만, 지금은 아무도 애석해하지 않는다. 우리는 체력을 완전히 소진했다.

나는 이 시간을 이용해 앞으로 관측을 자동으로 준비하고 시작할 수 있는 작은 프로그램을 개발한다. 프로그래밍은 나에게 명상과도 같다. 정말 놀랍도록 진정되는 일탈이다.

다음 날 밤은 다시 "VLBI 전진"이다. 주요 관측 장소의 날씨가 진정되었다. 오늘 밤은 정말 환상적이다. 공기는 더 건조할 수 없다. 반면 남극에서는 망원경이 고장 났다. 동료들은 스캔 몇 개를 빠뜨릴 수밖에 없지만 곧 다시 가동된다. 이제 하룻밤만 더 있으면 우린 모든 걸 끝낼 수 있다. 몇 가지 고장이 있을 뿐 평소처럼 작동한다. 아침 8시경, '피코'의 파블로 토르네(Pablo Torne)는 "우리는 끝났다. 빠진 스캔 2개를 제외하고는 모든 게 아주 잘 진행됐다"고 말했다. 모두 끝났다. 프로젝트 관리자 틸라누스가 하와이에서 로그인해, 우리가 한 일에 감사하며 집으로 잘 돌아가기를 바란다고 전했다. "산에서 스키를 타는 것도 즐겁겠죠." 그는 관측 장소를 잘 알고 있다.

우리는 몸을 뒤로 젖히고 있다. 제어실의 분위기는 축제와 같다. 수면 부족의 흔적이 있지만, 적어도 이 순간만은 마치 승리의 순간처럼 느껴진다. 이 데이터가 정말 사용 가능할지는 몇 달 후에야 알 수 있을 것이다. 그럼에도 우리는 일을 끝냈다.

마지막 관측이 끝나면서, 다른 망원경 팀에서도 긴장감이 점차 해소된다. 이제는 축제다. 첫 번째 '축배'는 남극에서 왔다. 그곳은 관측 캠페인

이 끝나자 스카치 한 병을 준비했다. 그게 어떻게 거기 도착했을까? 멕시코 LMT의 분위기도 정말 좋다. 고팔 나라야난(Gopal Narayanan)은 그들의 마지막 스캔이 퀸의 〈보헤미안 랩소디(Bohemian Rhapsody)〉와 함께 전달되고 있다고 적었다. 재생 목록의 다음 곡은 〈파이널 카운트다운(The Final Countdown)〉이다. 보스턴에서도 좋은 일이 있다. 그곳은 이즈라엘 카마카위올레(Israel Kamakawiwo'ole)의 〈섬웨어 오버 더 레인보우(Somewhere Over The Rainbow)〉다. 하지만 애리조나의 내 학생들이 명중을 했다. 사라 이사운은 "우리는 뮤즈(Muse)의 노래를 듣고 있어요. 제목은 〈초대질량 블랙홀(Supermassive Black Hole)〉." 나는 당황했다. '초대질량 블랙홀'이 뭔지는 알지만, '뮤즈'는 도대체 누구란 말인가?

집으로 가는 길

탐험은 과학자의 경력에서 가장 흥미로운 경험 중 하나다. 하지만 천문학자들은 그렇지 않아도 여행을 많이 하기 때문에, 나는 일이 끝나면 되도록 빨리 가족에게 돌아갈 수 있기를 고대한다. 아내는 늘 나를 현실로 돌아오게 해야 한다고 말한다. 에스파냐에서 관측한 뒤에도 마찬가지다. 밤샘 관측은 EHT 팀 내 모든 사람의 기력을 소진시켰다. 이제 잠을 좀 잘 필요가 있고, 이런 상황은 다른 망원경에서 일한 동료들도 마찬가지일 것이다. 지구상에서 동떨어진 곳에 있던 한 무리의 EHT 연구원들이 문명 세계로 돌아가는 동안, 관측 기록이 담긴 하드 디스크 역시 이동한다. 대형 목재 상자에 담긴 약 1000개의 하드 디스크를 택배로 배송한다.

'이제 더 이상 일이 잘못되어서는 안 돼'라고 나는 생각한다. 운송 중에

VLBI 데이터가 분실되는 일이 발생할 수 있다. 디스크에는 EHT의 전체 데이터가 저장된다. 백업은 하지 않는다. 그렇게 하기에는 데이터의 양이 너무 크기 때문이다. 우리는 그물망과 이중 바닥 같은 안전장치를 사용하지 않고 일해야 한다. 데이터가 분실된다면 우리 프로젝트와 우리에게 상상할 수 없는 재난이 될 것이다. 캠페인은 헛수고가 될 것이다. 이렇게 좋은 날씨가 언제 다시 주어질지 누가 알겠는가.

하드 디스크가 든 상자가 하나씩 헤이스택 천문대에 도착한다. 일부 데이터는 그곳에서 본의 막스 플랑크 전파천문학 연구소(MPIfR)로 전송된다. 남극의 하드 디스크를 기다리는 시간이 가장 길다. 남극의 하드 디스크는 겨울이 끝나고 6개월이 지나서야 비로소 맥머도 기지(McMurdo Station)를 통해 비행할 수 있다. 남극의 관측자들도 그렇게 오래 머물러야 한다. 그들의 밤은 아직 끝나지 않았다.

5일간 관측하는 동안, 망원경 8대는 각각 약 450테라바이트의 데이터를 모은다. 따라서 우리는 총 3.5페타바이트 정도를 처리해야 한다. 1페타바이트는 0이 15개 붙는 숫자다. 첫 번째 단계는 여러 망원경의 데이터를 연관시키는 것이다. 즉 정확한 타이밍에 중첩해 결합하는 것이다. 매사추세츠와 본의 팀은 업무를 분담할 테지만, 각 팀은 다른 팀의 데이터 일부도 확인해야 한다. 두 기관 모두 이 분야에서 수십 년의 경험이 있지만, 안전이 우선이다.

상관관계(correlation) 작업은 데이터 더미에 저장된 전파를 찾아내 선택하고 중첩하는 과정이다. EHT는 간섭계이고, 그 정보는 늘 두 망원경의 파동 조합에 있다. 여기서 망원경 1대는 쓸모가 없다. 이런 간섭을 다음과 같이 상상할 수 있다. 돌 2개를 연못에 던져 원형의 파동을 만든다. 파동은 겹치거나 특정 지점에서 서로 상쇄되거나, 다른 곳에서 증폭되어 특정 패턴을 만든다. 이런 증폭 패턴을 전파천문학자는 '프린지(fringes)'라고 한다. '프린지 패턴'은 그냥 줄무늬 패턴이다. 줄무늬의 방향과 강도를 통해 돌 2개의 상대적인 충격 방향과 크기를 매우 정확히 읽을 수 있다. 하지만 전파천문학자는 그 관측을 조용한 연못이 아니라 폭풍우 치는 바다에서 한다. 그들은 어떤 것을 보게 될 때까지 아주 많은 파동의 봉우리와 골을 중첩시켜봐야 한다. 그러기 위해서는 서로 다른 파동을 정확하게 동기화해야 한다. 그렇지 않으면 파동은 제멋대로 발산한다.

동기화를 위해서는 전파가 거의 동일한 속도로 진동하도록 서로 반대 방향으로 이동해야 한다. 따라서 상관 센터 전문가는 두 턴테이블의 속도를 조정함으로써 서로 다른 곡의 비트를 융합하는 DJ를 좀 닮았다. 그러면 완벽하게 동기화해 두 곡이 하나의 트랙처럼 들리게 된다. 다만 전파천문학자는 레코드판이 아니라, 망원경의 복잡한 Mark 6 전파 검출기로 작업한다. 두 전파 망원경이 정확히 동일한 속도로 작동할 때에만 VLBI 모드에서 작동한다.

우리는 기다려야 하지만, DJ는 두 턴테이블이 동기화하는지 금세 알 수 있다. 실수로 두 곡의 리듬이 약간 어긋나더라도 그는 튀는 비트 때문에 댄서들이 귀를 막고 무대를 떠날 때에는 알아차리게 된다. 하지만 관측 중에는 모든 것이 동기화했는지 확인할 수 없다. 관측하는 동안 우리는 고대의 해상 탐험가와 같은 상황에 놓인다. GPS와 이정표 없이 그들은 무한히 넓은 바다와 대양을 넘어, 희망하는 거대한 목표를 향해 항해하는 것이다. 모든 노력이 그만한 가치가 있었는지, 우리가 무사히 도착했는지는 마지막에 가서야 알 수 있다. 프린지, 즉 좋은 중첩 패턴은 항상 찾을 수 있는 게 아니다. 그때까지 우리는 긴장한 채 손톱을 물어뜯으며 기다린다.

망원경들의 동일 주기를 찾기 위해서는 하늘을 향한 망원경의 상대적 위치와 우주 전파의 상대적 도착 시간을 정확히 알아야 한다. 이를 추정하기 위해 VLBI 전문가들은 그것의 회전, 편차, 해양 이동, 공기층의 움직임 등을 고려하는 지구 운동 모델을 사용한다. 수천 개의 연산 단위가 네트워크로 연결된 슈퍼컴퓨터는 각 2대의 망원경에서 나오는 전파 신호 속에서 파동을 서로 이동시켜 최상의 상관관계를 찾는 방식으로 공통 진동을 찾아낸다.

올바른 값을 찾는 것은 어렵고 오류 가능성이 크다. 단 1밀리초만 지나쳐도 여전히 수백만 개의 대안을 모색해야 하며, 완전한 데이터 상관관계는 관측 자체보다 때로 더 오래 걸린다. 따라서 시험적으로 우선 매우 밝은 퀘이사에 대해 망원경 2대의 짧은 데이터로 시작한다.

2017년 4월 26일, 첫 번째 메시지는 상관기(correlator)의 심층으로부터 나왔다. MIT의 상관관계 전문가 마이크 티투스(Mike Titus)가 퀘이사 OJ 278에 대한 하와이 JCMT와 멕시코 LMT 사이의 첫 프린지를 자랑스럽게 보고한다. 우리 마음에서 걱정이 사라진다. "육지가 보인다"는 외침처럼 들렸고, 이제 빠른 속도로 진행된다. 다음 날 티투스는 3C 279 전파원에서 JCMT, LMT, SMA 사이의 더 강력한 간섭 패턴을 보고한다. 거의 매일 새로운 성공 메시지가 뒤따르며, 그것들은 점차 전체 네트워크를 포함한다. 5월 5일, 나는 IRAM 소장[8]에게 EHT가 거의 모든 망원경의 프린지를 발견했다고 알린다. 믿기 힘들 정도다. 모든 것이 실제로 작동했다. 비록 그 데이터가 무엇을 보여줄지 알지 못하더라도, 지금까지 이런 실험을 통해 수집한 자료 중 최고다. 우리는 우주의 새로운 영역에 진입한다.

하지만 남극 데이터를 포함한 모든 데이터가 일치하기까지는 9개월이 걸린다. 데이터가 우리에게 무엇을 말해줄지 알기 전에, 우리는 벌써 두 번째 관측 캠페인을 시작하고 있다.

2018년 4월엔 운이 없었다. 망원경의 새 수신기가 제때 완성되지 않아 첫 3일을 놓쳤고, 게다가 날씨도 좋지 않았다. 피코델벨레타에서 나는 망원경의 끝을 볼 수 없다. 안개 속으로 사라졌다. 칠레 ALMA 망원경은 갑자기 얼어버리고, 애리조나와 하와이에서도 날씨가 그저 그렇다. 어쨌든, 타이베이에서 온 우리 동료들의 새로운 그린란드 망원경(GLT)이 처음으로 참가한다.

그리고 충격적인 소식이 있다. 멕시코 팀이 무장 조직의 공격을 받았다고 한다. 내 박사 과정 학생인 미하엘 얀센도 당하고 말았다. 절박하게 그와 연락을 꾀하면서 자책하고 있다. 우리 젊은 직원들에게 도대체 무엇을 요구한 것일까? 지금까지 그곳에서 어떠한 사건도 일어나지 않았지만, 그 프로젝트와 참여자들에 대한 책임은 나에게 있다. 마침내 미하엘과 전화 연락이 닿았다. "검은색 픽업트럭이 망원경으로 가는 우리를 막았어요"라고 그가 흥분해서 말했다. "중무장한 채 복면을 한 여섯 명이 우리를 포위했어요. 우리는 팔을 들어 올렸죠. 한 명이 영어를 조금 했는데, 그가 긴장한 걸 깨닫고 저는 더욱 긴장했죠." 미하엘이 놀랍도록 차분하게 일어난 일을 이야기하지만, 나는 그가 얼마나 당황했는지 안다. "저는 우리가 천문학자라는 걸 설명하려고 노력했어요. 한바탕 소란이 있었죠. 그들이 우릴 지켜주겠다며 떠났습니다. 케이티 보우먼(Katie Bouman)과 린디 블랙번(Lindy Blackburn)은 위층에 있었는데, 다행히 아무 일도 일어나지 않았고 지금은 안전합니다" 하고 그는 마무리 짓는다. "안전해지는 대로 돌아와." 내가 말한다. 돌먼과 나는 급히 통화했고, 이어 망원경 소장과도 통화했다.[9] 우리 팀은 철수하기로 결정하고, 이 중요한 망원경 없이 관측 캠페인을 끝내기로 했다.

그것이 실패한 납치 시도였는지, 아니면 비밀경찰이 꾸민 일인지는 아무도 알 수 없었다. 우리는 정확히 알고 싶지도 않았다. 당시 푸에블라주의 범죄 조직과 멕시코 중앙 정부 사이에 긴장이 고조됐기 때문이다. 휴화산인 시에라네그라(Sierra Negra)로 가는 구불구불하고 눈에 잘 띄지 않는 길에서는 이후에도 계속해서 급습이 일어났다. 2019년 2월, 결국 멕시코 국립천체물리학·광학·전자공학 연구소(INAOE) 운영진은 LMT와 인접한 감마선 망원경 HAWC를 잠시 폐쇄하기로 결정했다.[10]

이런 이유와 더불어 다른 망원경에서 나타난 여러 기술적 어려움 때문에, 2019년의 다음 관측은 수행할 수 없었다. 2020년 4월에 다시 시도하기로 했고, 나는 프랑스 알프스의 플라토드뷔르에 있는 새로운 IRAM 망원경인 NOEMA에 갈 계획이었다. 그때 코로나바이러스가 우리의 관측 캠페인을 방해했다. 캠페인 2주 전 봉쇄 조치가 취해졌고, 다시는 관측을 진행하지 못했다. 2017년은 우리에게 기적의 해였다. 2017년의 데이터는 우리가 이 특별한 기회를 잘 이용했는지 보여줄 것이었다.

11

첫 번째 사진

잡음이 사진이 되는 방식

우주 사진은 하늘에서 떨어지는 것이 아니다. 반대로 모든 천문학자는 우주 사진을 찍는 데 얼마나 많은 노력과 인내가 필요한지 알고 있다. 특히 광파가 하드 디스크에 저장된 경우에 그렇다. 원칙적으로 데이터를 기록한 뒤에는 컴퓨터에서 전 세계를 망라하는 망원경을 조립하고 거대한 망원경의 안테나나 거울이 실제 파동으로 무엇을 하는지 이해해야 한다.

우주로부터 오는 빛의 초점을 맞출 때 거울이 수행하는 수학적 연산을 푸리에 변환이라고 한다. 이 변환은 1822년 프랑스 수학자 장바티스트 조제프 푸리에(Jean-Baptiste Joseph Fourier)의 이름을 따서 명명했으며, 오늘날 우리 일상생활의 모든 영역에서 사용된다. 컴퓨터에 압축 JPEG 이미지나 MP3 음악 파일을 저장하는 사람은 이러한 푸리에 변환의 속성을 이용한다. 또한 우리의 청각은 진동을 톤으로 변환한다. 귀와 초점 거울은 수학적 천재라고 할 만한데, 이 복잡한 수학적 연산을 자동으로 잠자는 중에 마스터하기 때문이다. 잘못 설정한 디지털 알람시계의 경고음 때문에 밤에 깜짝 놀라 깨본 사람은 이미 경험한 일이다. 컴퓨터에서 우리는 먼저 이러한 변환을 힘들게 프로그래밍해야 한다. 즉 컴퓨터에 이 변환을 하나씩 하나씩 단계별로 가르쳐야 한다.

푸리에 변환의 특별한 특징은 이미지나 음악의 전체적인 인상을 잃지 않고 정보를 생략할 수 있다는 것이다. 전자 압축 방법은 매일 이를 활용한다. 즉 그림이나 음악 조각을 푸리에 변환해 데이터의 중요하지 않은 부분을 삭제한 뒤 남은 데이터를 저장하고, 또 이를 이용해 그림이나 사운드 파일을 언제든지 이전 상태로 되돌릴 수 있다. 차이는 거의 보이지 않거나 들리지 않지만 데이터의 양이 상당히 줄어들어 메모리 카드에 더 많은 이미지를 저장할 수 있다는 것이다.

긁힌 거울 망원경으로 별이 빛나는 하늘을 보거나 카메라 렌즈에 먼지가 있을 때도 마찬가지다. 결과적으로 정보가 손실되고 거울은 푸리에 변환을 불완전하게 수행한다. 그래도 별이 없는 구멍 난 이미지가 아니라 각각의 별이 약간 흐릿해지는 이미지를 얻게 된다. 따라서 누락된 정보로 인한 장애는 전체 그림에 눈에 띄지 않게 분산된다. 거울의 오류는 이미지의 모든 별에 똑같이 영향을 미친다. 그러나 컴퓨터 알고리즘을 사용하면 이러한 오류 대부분을 찾아 제거하고 이미지를 조정할 수 있다.

이러한 이유로, 큰 반사 거울 대신 서로 연결된 작은 망원경으로 구성된 글로벌 전파 간섭계는 완전히 채울 필요가 없다. 전 세계 모든 곳에 망원경이 없더라도 적절하고 안정적으로 작동한다. 이것은 긁힌 거울과 많은 구멍에 해당한다. 실제로 멀쩡한 곳보다 흠집과 구멍이 더 많은 거울이다. 그렇더라도 약간의 기술과 유용한 수학 지식으로 정확한 이미지를 재구성할 수 있다. 이것은 많은 안테나와 추가 비용을 절약하게 해준다. 게다가 지구 표면을 전파 망원경으로 완전히 뒤덮는 것은 무모한 일이다.

이미지의 푸리에 변환은 교향곡에 비유할 수 있다. 당신이 보는 그림은 당신이 듣는 음악에 해당한다. 이미지의 푸리에 변환은 교향곡의 악보이며, 전파 간섭계는 음악을 녹음하고 이를 악보의 음표로 다시 나누는 기기에 해당한다.

우리의 VLBI 네트워크에서 두 망원경의 조합은 상관기가 계산해내는, 정확히 하나의 이미지를 측정한다. 망원경 사이의 거리는 기준선이다. 이를테면 서로 다른 음을 담당하는 서로 다른 길이의 하프 현으로 생각할 수 있다. 여기서만은 반대다. 현은 음을 내지 않는다. 오히려 그 소리에 귀를 기울이고, 현의 길이가 길수록 높은 이미지 톤을 듣게 된다. 교향곡으로 바꿔보자면 짧은 기저 라인은 주로 오케스트라의 팀파니와 더블베이스를 듣는 것과 같고, 긴 기저 라인은 피콜로플루트와 트라이앵글을 듣는 것과 같다.

예를 들어 푸리에가 머리의 이미지를 변환할 때 낮은 이미지 톤은 머리의 모양만 포착하지 얼굴의 세부 사항까지는 포착하지 않는다. 반면에 높은 이미지 톤은 입과 코 등 눈에 띄는 윤곽을 볼 뿐 머리는 볼 수 없다. 전파원의 관점에서 망원경들 사이에 가상 줄이 얼마나 오랫동안 나타나느냐가 중요하다. 줄을 따라 대각선으로 보면 위에서 볼 때보다 짧다. 지구의 회전으로 인해 투사된 줄 길이가 바뀌며, 망원경은 하룻밤 사이 몇 시간의 관측이 진행되는 동안 계속 '조정'된다.

그러나 VLBI 네트워크에서 좋은 기록을 얻으려면, 먼저 개별 망원경의 측정 감도를 서로 정확히 설정해야 하고 모든 망원경의 상대적 지연 시간을 수정해야 한다. 이것은 여러 부분으로 구성된 거울의 조정과 균일한 연마 또는 피아노의 정확한 튜닝에 해당한다. 2018년 봄, 우리 교정 그룹[1]이 이 작업을 맡게 된다. 적절한 혼합을 신경 쓰고 많은 악기로 거대한 음악 작품의 볼륨을 조정하며 콘서트를 시작하기 전에 '음 조율'을 수행한다. 그래야만 데이터의 불협화음이 조화로운 블랙홀의 이미지 교향곡이 된다.

2018년 5월 중순 내가 평소처럼 사무실을 나설 때, 사라 이사운이 내게 말을 건넸다. "Sgr A*와 M87의 첫 번째 측정 플롯 보셨나요? 관심이 생길걸요." 사라는 늘 기분이 좋지만, 이번에는 유난히 눈이 장난스럽게 빛난다. 나는 궁금해서 그녀의 화면을 본다. 그러고는 다시 한 번 들여다보고 기절할 듯이 물었다. "지금 보고 있는 게 믿어지나?" "음, 이게 첫 번째 데이터고, 물론 더 자세히 확인해야 해요"라고 그녀가 대답했다.

교정팀이 제시한 것은 증폭된 점들의 곡선이다. M87의 패턴으로, 천체에서 측정한 모든 이미지 톤의 볼륨을 주파수별로 정렬해 보여준다. 높은 이미지 톤으로 갈수록 볼륨이 꾸준히 감소하다 결국에는 0이 된다. 블랙홀 이미지가 인물 사진이라면, 우리는 지금 머리가 얼마나 큰지 정확히 알 수 있다. 높은 이미지 톤이 적을수록 머리가 커진다. 그러나 곡선이 갑자기 다시 상승한다. 우리는 또한 큰 소리를 내는 (시끄러운) 수많은 높은 톤을 측정했다. 머리에 얼굴도 있고, 우리는 그것을 잡아챘다. 에스파냐의 우리가 하와이 팀과 함께 관측하던 바로 그 마지막 순간에 가장 높고 가장 결정적인 톤을 측정했다. 정말 놀랍다!

나는 안심했지만 긴장되어 숨을 내쉰다. "이게 사실이라면 정말 좋은데!" 우리는 전파천문학 교과서에서 이 곡선의 모양을 봐서 알고 있었다.[2] "너무 큰 소리로 말하고 싶지는 않지만, 이건 고리의 푸리에 변환과 거의 같군. 이게 사실이라면, M87은 정말 일부 사람이 말하는 것만큼 크고 우리는 그 그림자를 볼 수 있겠어"라고 나는 거의 경외심을 품고 말했다. "그렇죠, 태양 질량의 60억~70억 배입니다"라고 사라가 웃으며 덧붙였다.

"자, 다시 한 번 봐야겠어." 나는 평소 얼굴을 유지하려 애쓰며 침착하게 말했다. 그렇지만 나는 하루 종일 사무실을 서성였다. 수십 년이나 기다려온 특별한 손님이 마침내 방문하겠다고 알려온 것 같았다. 이제 곧 우리는 그의 방문을 처음으로 맞닥뜨리게 될 것이다. 감사의 기도가 그토록 냉철한 방 안을 가득 채운다.

놀람

VLBI로 모든 이미지를 관측하지 않는다는 사실은 이론적으로 우리 관측 결과와 호환되는 이미지가 많을 수 있다는 것을 의미한다. 교향곡의 모든 음을 알지 못하면 보통 많은 멜로디를 휘파람으로 불 수 있다. 물론 대부분의 멜로디는 매우 이상하게 들릴 것이다.

나는 어떻게 하면 우리 자신을 속이지 않을 수 있는지 고심한다. 왜냐하면 우리 자신이 가장 날카로운 비평가가 되어야 하기 때문이다. 다행스럽게도 팀의 모든 사람이 이 위험을 분명히 알고 있는 것 같다. 우리는 최소한 두 가지 독립적인 방법으로 분석의 모든 단계를 수행한다.

교정팀은 데이터 처리에 매우 열심이다. 이런 작업에 전문가인 하버드의 린디 블랙번이 데이터 파이프라인 하나를 작성하면 미하엘 얀센이 두 번째 데이터 파이프라인을 작성한다. 미하엘은 자신의 데이터 파이프라인을 rPICARD라고 부른다.[3] 내가 좋아하는 〈스타트랙(Star Trek)〉의 선장처럼 "그렇게 해!(Make it so!)"라고 말하기만 하면 데이터 처리는 완전히 자동으로 진행된다. 두 파이프라인 모두 호환 가능한 결과를 제공하므로 기기가 조정되었다. 이제 데이터를 해제해 이미지를 찍을 수 있다. 공동 연구에서 매우 활발한 대규모 '이미징팀'[4]이 지금 이를 처리하고 있다.

과학적으로 완벽한 이미지를 만들자면 여전히 갈 길이 멀다. 전 세계 수십 명의 동료가 EHT의 여러 단계에 참여하고 있다. 이미지를 생성하는 데는 여러 가지 방법이 있는데, 케이티 보우먼이 이 분야에 참여하고 있다. 그녀는 전자 이미지 처리 전문가로 이미 고등학생 때부터 이 주제에 열정을 보였다. 보우먼은 학업을 마친 뒤 MIT에서 근무하다 하버드로 옮겼다. 그녀는 이미지 처리의 모호함과 가장 큰 난관을 안전하게 우회하는 방법을 알고 있었다. 그녀는 VLBI 전문가와 알고리즘을 테스트하기 위해 정기적으로 대회를 열었다. 전문가들은 그녀에게서 시뮬레이션 데이터를 받았다. 어떤 것은 예상하던 블랙홀 같았고, 다른 것은 제트처럼 보였으며, 또 다른 것은 모자·스카프·당근 코를 한 눈사람을 닮았다. 팀은 데이터 뒤에 무엇이 있는지 알지 못한 채 재구성한 이미지를 제출해야 했다. 거의 소규모 뷰티 콘테스트 수준이다. 동료들의 작업은 심사위원이 평가하는데, 나도 심사를 한 적이 있었다. 이런 식으로 우리는 순수한 데이터 처리를 위해 일종의 교차 검증을 반복했고, 팀은 그들이 개발·검증한 몇 가지 알고리즘을 선택했다.

지금까지 이미징팀은 시뮬레이션한 이미지 데이터와 측정기의 데이터로만 작업했다. 그러나 관측해 조정한 M87과 Sgr A*의 이미지가 발표되면서 이제는 심각해지고 있다. 긴장이 엄청나다. 블랙홀은 어떻게 생겼을까? 우리는 크리스마스 선물을 받기 직전의 아이들 같다고 느낀다. 크리스마스트리 아래에 거대한 선물이 있고 이제 포장을 풀 수 있다. 이런 선물은 한 번만 풀 수 있다. 첫 번째 순간은 단 한 번뿐이다. 과학에서는 데이터의 압축을 푸는 것도 실험이고 사람이 수행하기 때문에 분석에 영향을 미칠 수 있다.

따라서 선물을 독립적으로 풀기 위해 그룹을 4개의 하위 그룹으로 나누었다.[5] 나는 내 박사 과정 학생인 사라, 미하엘, 프레이크 룰로프스(Freek Roelofs) 등과 함께 II팀에 속해 있다. II팀은 3개 대륙에 걸쳐 있고, 사라와 일본인 동료 아키야마 가즈노리(Kazunori Akiyama, 秋山和範)가 이끌고 있다.

모든 팀이 독립적인 결과를 얻을 수 있도록 개별 그룹 간의 의사소통은 절대 금지다. 그룹에서 생성한 영상을 EHT 외부 사람에게 보여줄 수도 없다. 우리는 아무것도 유출되지 않는다는 것을 정말 확신하고 싶다. 고백하자면 아내한테는 사진을 보여줬다.

이미지 그룹의 작업은 스케줄에 따라 정확하게 진행된다. 2018년 6월 6일 밤, M87과 Sgr A*의 관측 데이터가 네 팀에 전해진다. 우리는 모두 흥분한다. 박사 과정 학생들은 곧바로 데이터를 처리하기 시작한다. 처음에는 모두 각자 자신의 이미지로 작업한다. 이 시점에 나는 다시 미국에서 열린 미국천문학회(AAS)에 참석해 달 전파 안테나에 대해 강연한다. 나는 아무것도 보여주지 않으려고 노력하고, 프레이크를 비롯한 다른 사람들과 은밀히 전자적으로 연락을 유지한다. 그날 밤 블랙홀의 첫 사진이 전 세계에서 만들어졌다. 누가 처음인지 아무도 모른다. 그것은 중요하지 않다. 기계가 작동하는 동안 나는 독일행 비행기에 있었다. 덴버에서 돌아올 때의 긴장은 거의 견딜 수 없을 만큼이다. 기내 프로그램에서 케이티 보우먼의 테드엑스(TEDx) 강연을 발견했다. '착륙할 때에는 이미 구식이 될걸'이라고 나는 속으로 웃으며 생각한다. 마침내 비행기가 프랑크푸르트 공항 활주로에 멈춰서자, 나는 주머니에서 스마트폰을 꺼내 우리 그룹이 작업한 이미지를 본다. 오랫동안 기다려온 방문이 오늘 이뤄질 것이다.

내 감정 상태는 19세기 낭만적 로맨스 소설의 유치한 상황에 해당한다. 이미지는 내가 수십 년 동안 기다린, 지금까지 그저 정기적 편지 교환을 통해서만 가까이 느끼던, 멀리 떨어져 있는 애인과 같다. 내 머릿속에는 본 적은 없지만 어떻게 보일지에 대한 명확한 아이디어가 있다. 그녀는 특별한 손님이고 처음으로 오는 것이다. 첫 번째 이미지를 보는 것은 마치, 드디어 마차가 도착하고 문이 열리는 순간, 처음으로 내 열망을 직면하는 순간과 같다. 내 두려움은 이 기대와 섞여 있다. 내 상상력이 나를 배신했을까? 모두 상상이었을까? 실상은 훨씬 더 까칠하고 추한 게 아닐까? 그녀의 모습이 감동스럽지 않다면 어떡하지? 마차가 조금 거리를 두고, 문이 열린다.

약간 떨면서 나는 프레이크가 보낸 자료 파일을 연다. 천문학적으로 특수한 데이터 형식이다.[6] 나는 이미 기차를 탔고, 내 앞에 노트북이 있다. 슬쩍 주위를 둘러본다. 다른 여행자들은 나를 주목하지 않는다. 마침내 창이 열리고 약간 회색에 흐린 것이 보인다. 나는 이미지를 확대하고, 콘트라스트를 조정하고, 색채 척도를 좋아하는 빨간색으로 선택한 다음 그것을 본다. 닫힌 고리가 아니다! 말굽 모양? 아니다, 원의 4분의 3만 있는 모양과 같다. 정말 아름답지 않은가!

나는 영상에서 눈을 떼지 못하고 끊임없이 본다. 놀랍도록 새롭지만, 오래 전부터 알던 것처럼 아주 친숙하다. 붕 뜬 기분으로 1시간을 보내자 다시 회의적인 생각이 밀려온다. 이것은 단지 엿보기다! 내일은 어떻게 보일까? 그리고 내일 첫인상을 확인하고 나면, 어느 시점에는 교제를 이어나가는 지루한 단계에 돌입한다. 유지될까? 결혼까지는 갈 길이 멀다.

얼마 후, 아키야마 가즈노리의 이메일이 도착한다. 그는 다음 날 우리 팀과 원격 회의를 계획하고 있다. 여기서 II팀의 모든 사람은 각자의 이미지를 서로 비교해야 한다. 그는 이미지 데이터를 보내기 전에 암호로 보호하라고 일깨워준다. 그는 몹시 흥분했다. "우와! 나는 오늘 밤, 잘 수 없겠어요." 나는 학생들과 대화하기 위해 곧장 네이메헌으로 가고 싶다. 하지만 지금은 아헨 대학에서 테드엑스 강연을 해야 한다. 리허설 전에 나는 몰래 창고로 들어갔다. 저장 식품과 의자 사이에서 나는 차례로 블랙홀을 본다. 안심이다! 그들의 이미지에서 고리도 알아볼 수 있다. 상상이 아니다. 강연 중에는 한마디도 발설할 수 없다. 이미 낡은 결과였지만 강연은 매우 활기차게 진행했다.[7]

6월 말에는 보스턴의 하버드 대학교에서 중요한 이미징 워크숍[8]이 열린다. 공동 연구의 모든 분야에서 50명 이상의 동료가 만나 각자의 이미지를 보여준다. 먼저 교정 천체, 그리고 M87(에 대한 이미지)이다. 회의는 여름 방학에 있다. 발트해에서 아내와 함께 휴가를 보낸다. 저녁마다 나는 여전히 휴대전화로 결과를 본다. 완전히 신경을 꺼버릴 수는 없다. 지금은 더더욱 그럴 수 없다. 사실, 다른 세 그룹의 이미지에서도 고리를 식별했는데, 이게 더 이상 놀라운 일은 아니지만 엄청난 위안을 준다. 아주 친숙하지만 신비한 젊은 날의 사랑이 마침내 가족으로 들어와 받아들여졌다.

그런 다음 EHT 과학위원회에서 어떻게 사진을 추가로 분석하고 발표할지 논의한다. 우리는 여름 동안 궁수자리 A* 관측 데이터를 편집하고 사용하는 것이 훨씬 어렵다는 것을 깨달았다. 따라서 은하 M87의 데이터만 평가하려고 한다. "간단한 것부터 먼저 해봅시다." 내 좋은 동료이자 과학위원회 부의장인 바우어가 말했다.

M87의 질량 괴물은 우리 이미지에 완벽하게 부합한다. 방출하는 플라스마가 거의 빛의 속도로 블랙홀 주위로 흐르지만, 거대한 크기 때문에 고리가 한 바퀴를 돌려면 수일 혹은 수주가 걸린다. 우리의 전 세계 망원경으로 약 8시간 동안 사진을 찍으면 M87의 블랙홀은 여전히 겨울잠을 자는 큰 곰과 같다. 반면, 궁수자리 A*의 중심은 M87보다 1000배 작고, 따라서 뜨거운 가스는 회전하면서 동시에 1000배 더 자주 변한다. 우리 관측 기록에서 이 뜨거운 가스는 생일날 심하게 활동적인 두 살배기처럼 요동친다. 장시간 노출 촬영은 매우 흐릿할 수 있으며, 우리 관측 데이터에서 깨끗하고 선명한 이미지를 생성하는 데는 훨씬 더 많은 노력을 기울여야 할 것이다.

하버드 대학교 워크숍을 마친 뒤 블라인드 이미징팀은 해산했다. 이제 전체 팀이 다시 처음부터 시작한다. 우리는 M87에서 전파 전체가 어떻게 보이는지 대략 알고 있다. 이제 컴퓨터가 최상의 사진을 계산해야 한다. 우리는 서로 경쟁하는 세 가지 알고리즘을 선택한다.[9] 이를 위해 한 팀은 실제 데이터와 매우 비슷하지만, 여전히 다른 이미지를 기반으로 시뮬레이션한 VLBI 데이터를 다시 개발하고 있다. 일부는 고리이고, 일부는 원반이며, 일부는 그저 2개의 얼룩이다. 데이터는 알고리즘을 통해 자동으로 처리되며 이미징팀은 수천 개의 이미지를 계산한다. 결국, 중간에 그림자가 없는 이미지를 비롯해 모든 시뮬레이션 이미지를 동일하게 재현하는 매개 변수를 정확하게 선택한다. 고리만 잘 재구성하는 알고리즘은 물론 자기기만이다.

그런 다음에야 팀은 M87의 실제 관측 데이터에 매개 변수가 포함된 세 가지 알고리즘을 적용해 약간 다르지만 선명한 이미지 3개를 얻는다. 나는 이렇게 좋은 관측 결과를 기대하지 않았다. 그들은 중간에 어두운 점이 있는 붉은 고리를 보여준다. 이 색은 우연이 아니라 이전 그림자 기사의 이론적 예측에서 영감을 받은 것이다. 애리조나의 동료[10]가 색 척도를 약간 조정하고 개선했다. 비록 전파를 볼 수는 없지만, 곧 대중의 인식에서 블랙홀은 붉은색으로 빛날 것이다. NASA조차 블랙홀에 대한 컴퓨터 애니메이션을 붉은색으로 표현할 것이다.[11] 나중에 내가 현대 기독교 노래를 작곡한 로타어 코세(Lothar Kosse)에게 붉은색 전파에 대해 이야기해주었을 때, 그는 매료되어 "나는 알지 못하는 색을 본다"고 말했다. 아주 잘 표현한 것 같다.

이 이미지들로 우리는 대중에게 다가갈 수 있다. 비밀 약혼식 전날과 같다. 이제부터는 결혼식 준비가 시작된다.

분석팀은 결과를 검토하기 시작했다. 이제 그들은 본격적으로 움직인다. 이론 그룹[12]은 끝없이 초과 근무를 한다. 그들은 데이터와 비교할 수 있도록 슈퍼컴퓨터로 시뮬레이션한 거대한 블랙홀 라이브러리를 만들었다. 지금까지 블랙홀이 이렇게 자세히 시뮬레이션된 적이 없다.

다른 팀[13]은 블랙홀 측정을 준비한다. 얼마나 클까? 우리는 질량을 알아낼 수 있을까? 방향은?

짧은 시간에 그곳에서 일어난 일은 숨이 막힐 만큼 놀랍다. 많은 크고 작은 영웅들의 이야기가 기록된다. 모두가 최선을 다하지만, 아드레날린과 수많은 밤샘 작업은 그 대가를 요구한다. 어떤 사람은 한계에 부딪히거나 넘어서고, 또 다른 사람은 뒤처지거나 압박에 시달린다. 겉보기에 영웅적으로 보이는 24시간 끊임없는 활동은 영웅과 동료 모두를 집어삼키는 위험한 소용돌이를 유발하는 공격적인 측면을 드러낸다. 집중적인 글로벌 협력과 함께, 때때로 부족 간 영역 싸움 같은 진부한 지역주의적 행태가 나타나기도 한다. 즉 아이디어와 방법이 '자신들의 것이 아니라는' 이유로, 한 무리가 다른 무리를 공격하는 것이다. 관리팀 내에서 관계가 악화하고, 이사회와 과학위원회는 팀 전체를 아우르기 위해 바쁘다. 어떤 사람은 불에 기름을 붓고 또 다른 사람은 불을 끄려고 노력하지만, EHT의 모든 사람은 여전히 목표에 도달하기 위해 최상의 작업을 수행하려 애쓴다.

프로젝트 과학자로서 프살티스는 이 창의적인 폭풍을 조직화한 채널로 이끌려 노력하고 결과 발표 계획을 수립한다. 주요 과학 잡지 중 하나인 〈네이처〉에 짧은 기사로 사진을 빨리 실어야 할까? 그것은 부적절할 것이다. 이 이미지는 지나치게 훌륭하고 획기적이어서 쇼맨십으로 의심받을 수 있으므로 조심하지 않으면 안 된다. 많은 일이 일어났고 모든 것을 기록해야 했다. 프살티스는 공동 연구에 대해 많은 토론을 거친 뒤 과학위원회의 승인을 받는 여섯 편의 학술 논문 계획을 발표했다. VLBI 기술, 데이터 교정, 이미지 생성, 시뮬레이션, 이미지 분석 등 EHT에 필요한 전체 과학 프로세스를 깔끔하게 담아내고자 했다. 각각의 주제가 한 편의 논문이 된다. 개요 논문은 이 모든 것을 요약하고 분류해야 한다. 결국 204쪽으로, 거의 책 한 권 분량이다.

2018년 11월, EHT는 대규모 공동 연구 회의를 위해 네이메헌에서 만났다. 과학자 120명이 라드바우드 대학교에 모였다.[14] EHT의 모든 주제를 함께 논의한다. 2017년 협력 연구 계약의 발효와 관측 이후 첫 번째 공동 회의다. 당시 내 조수 카타리나 쾨니히슈타인(Katharina Königstein)은 많은 사랑과 에너지로 한 주를 회의 준비에 바쳤다. 이번 회의는 라드바우드 대학교가 최근에 인수·개조한 고대 예수회 수도원 베르히마니아눔(Berchmanianum)에서 진행됐다. 오래된 예배당 안에 놓인 성자들의 엄격한 눈길 아래에서 EHT의 향후 방향과 여섯 편의 논문을 논의한다.

월요일 아침, 나는 수도원 정문 앞에서 주변 호텔에 투숙한 동료들이 타고 오는 버스를 기다린다. 문이 열릴 때 친숙한 얼굴이 많아 마음이 따뜻해진다. 행복하고 편안한 분위기가 흐른다. "텔레비전에서 당신 얼굴을 봤어요"라는 말을 가장 많이 듣는다. 지금까지 많은 동료가 원격 회의에서만 서로를 보았다. 가상에서 수많은 시간을 함께했지만 직접 만난 적은 없었다.

1년 반 뒤, 코로나 위기가 닥치자 많은 사람이 격리되고 수많은 회사가 근무 문화를 완전히 바꿨다. 하지만 EHT에서는 밤낮없이 진행되는 원격 회의가 이미 일상이었다. 2018년 협력 회의에서 우리는 자체 격리를 중단하고 집중적인 공동 작업을 하는 한 주를 보냈다. 이 경험은 EHT의 역동성에 매우 중요했다. 사람들이 화면, 카메라, 마이크를 통해서만 서로 소통할 때 어떤 감정적·사회적 요소를 상실할 수 있는지를 여실히 보여주었다. 네이메헌의 모임은 서로 친숙한 것 같으면서도 조금은 어색한 사람들이 한자리에 모이는 동창회 같았다.

여가 시간에는 벌집처럼 소란스럽다. 어디서나 자발적으로 토론하는 그룹이 형성된다. 날씨도 한몫하며, 관측 기간 중의 완벽한 날씨를 떠올리게 한다. 네덜란드는 이 시기에 보통 흐리고 습한데 말이다. 오래된 VLBI 전통에 따라 나는 작은 축구 경기를 고집한다. 골을 넣기까지 했지만, 다음 날 계단을 오르는 일은 그저 힘들기만 하다. 하이라이트로 카타리나 쾨니히슈타인은 네이메헌의 성 스테번스 대성당(St. Stevens Cathedral)에서 회의 만찬을 주최했다. 처음에는 낯설었지만, 세속화한 네덜란드에서 후원 협회가 교회를 보존하기 위해 수입을 창출하는 중요한 방법이며, 우리는 정서적 공동체 경험을 할 수 있다. 갑자기 오페라 가수가 성당

2층 발코니에 나타나 오르간 반주에 맞춰 노래를 부르면, 휴대전화를 꺼내 녹화를 하고 눈물을 닦을 손수건을 찾는다.

본회의에서는 각 논문과 기사의 조정자들이 다양한 출판 계획을 발표한다. 나는 전체 내용을 요약하는 주요 논문을 조정하고 협업에 대해 질문해야 한다. "우리가 하고 싶은 이야기는 무엇일까? 우리는 감히 어떤 진술을 하려는가?"

어쨌든 블랙홀에서 예상되는 것처럼 그림자가 나타난다. 프살티스는 우리가 블랙홀을 증명할 수 없을 것이라고 강조한다. 우리 결과가 일반상대성이론의 예측과 일치한다고 주장할 수밖에 없다. 그러나 그것은 매우 인상적이다. 이론 그룹의 이미지를 보면 놀라운 수의 시뮬레이션이 우리 이미지와 맞는다. 특히 컴퓨터에서 모델의 일대일 인공 VLBI 관측을 시뮬레이션하는 경우에 그렇다. 저주이자 축복이다. 그림자는 실제로 매우 강력하고 가시적 블랙홀의 표시다. 하지만 예를 들어 블랙홀의 회전 여부와 얼마나 빨리 회전하는지는 말할 수 없다.

그래도 반짝이는 전파성운을 관통할 수 있다면, 검은 반점을 볼 수 있고 크기와 질량 사이에 정확한 상관관계가 있음을 알 수 있다. 고리는 모든 방향에서 블랙홀 주위로 구부러진 빛이다. 거의 빛의 속도로 가스가 블랙홀 주위를 돌면서 우리 쪽으로 움직일 때 예상되는 것처럼 아래쪽에서 더 밝다. 상대성이론에 따르면, 이 초고속 움직임은 광선을 순방향으로 초점을 맞추고 증폭시킨다. 제트, 그리고 플라스마의 회전축이 위쪽 그리고 우리를 지나쳐 오른쪽 방향을 가리키고 가스의 아래쪽 부분이 우리를 향해 움직이는 것을 보면, 고리는 시계 방향으로 회전하는 것이 틀림없다.

그러나 우리의 주요 결과는 고리의 크기다. 천문학 용어에서 그 지름은

42마이크로각초다. 슈퍼컴퓨터에서 수년간 작업해 수천억 개의 숫자를 처리한 뒤, 우리 질문에 대한 답이 42가 될 것이라고 누가 생각이나 했겠는가. 모든 것이 이 숫자로 귀결된다.

지구에서 볼 때 블랙홀은, 네이메헌에서 보는 뉴욕의 겨자 씨앗만 한 구멍이거나, 350킬로미터 떨어진 곳에서 보는 머리카락 같다. 5500만 광년 떨어진 M87에서 이것은 1000억 킬로미터의 지름에 해당한다. 시뮬레이션과 비교해 이 괴물의 슈퍼 질량을 결정할 수 있다. 실제로 65억 개의 태양 질량이다. 이러한 블랙홀의 사건의 지평선을 우리 태양계로 옮겨온다면 해왕성 궤도의 4배 정도에 해당한다.

그러나 이 시점에서 어떤 관측 '기록'이 바로 그 이미지가 되어야 하는지, 그리고 어떤 것이 될지는 아직 불분명하다. 결국, 우리는 서로 다른 나흘의 관측 일과 각각 다른 세 가지 알고리즘에 따른 이미지, 즉 12개의 이미지를 갖고 있다. 모두 혼동할 만큼 비슷해 보이지만 정확히 똑같지는 않다. 이미징 그룹에서 심각한 논쟁이 벌어진다. 제프 바우어와 나는 중재하려고 노력한다. 결국, 이미징 그룹은 세 가지 다른 알고리즘을 평균화해 2017년 4월 가장 좋은 관측 일의 데이터로 하나의 이미지를 만들기로 결정했다. 다른 날의 이미지와 개별 이미지도 보이지만 그렇게 두드러지지는 않는다. 솔로몬식 재판이라 할 수 있다. 거대한 팀의 모든 구성원은 이제 자신들의 작품이 이 한 이미지에 있다고 말할 수 있다.

마지막으로 중요한 질문은 언제 발표할 것인가다. 돌먼은 워싱턴에서 열리는 세계 최대 과학 회의인 미국천문학회(AAS)의 주요 기자회견 일정과 시기적으로 근접한 2월로 일정을 계획하고 있다. 하지만 이 일정은 너무 촉박해 보였다. 댄 마론과 나는 봄이나 여름이 어떻겠냐고 제안했다. 좋은 과학 활동과 논문에는 시간이 걸리고 하루는 24시간밖에 없다. 2월은 불가능한 것으로 진작 판명 났고, 우리는 계획했다가 취소된 관측 캠페인 이후인 4월로 일정을 조율했다. 4월도 힘든 여정일 게 뻔해서 돌먼의 모토인 "공격적으로, 그러나 달성 가능하게"는 우리 모두에게 비현실적으로, 거의 냉소적으로 들린다. "공격적"이란 말로는 부족했다.

전진

이미지가 마침내 세상의 빛을 보기까지 집중적인 작업 단계가 남아 있다. 〈천체물리학 저널〉은 우리에게 여섯 가지 연구를 위한 특별판을 약속했다. 각 논문에는 주로 실무 관련 조정자가 있고, 개별 분야를 감독하는 여러 하위 조정자가 있다. 여러 저자가 하나의 온라인 플랫폼에서 동시에 작성한다.

돌먼, 틸라누스, 피시는 우리 기기에 대한 논문을 조정한다. 바우어, 프살티스, 레촐라와 나는 리뷰 논문을 조정하고 작성한다. 우리는 때때로 다른 결과들이 완성되기 전에 전체 논문을 요약해 통합해야 하므로 유일하게 각자의 실무 그룹이 없는 팀이다. 우리는 계속해서 새로운 버전을 생산하고 추가 의견을 얻기 위해 이를 협력팀 전체에 제공한다. 모든 문장 하나하나, 모든 주석 하나하나에 의문을 제기하고 때로는 이의를 제기하며 논의한다. 모든 출판팀은 혹독한 과정을 거친다. 출판위원회[15]가 이 과정을 함께하고 학회지에 보내기 전에 먼저 각 논문을 내부 검토자에게 보인다.

논문에서는 다른 모든 논문을 요약할 뿐만 아니라 우리 결과의 약점과 강점도 설명한다. 고리가 우연히 그곳에 있을 수도 있지 않을까? 제트기가 날아가며 대기 중에 만든, 곧바로 바람에 날려 사라져버리는 고리 모양의 구름처럼 말이다. 블랙홀 주변의 제트에 대한 수천 개의 VLBI 관측을 통해 이와 같은 것을 본 적이 없고, 우리의 구조 역시 안정적으로 보이기 때문에 아마도 그럴 가능성은 없다. 거의 블랙홀처럼 보이지만 실제로는 완전히 다른 무엇일 수도 있지 않을까? 예를 들어, 여전히 알려지지 않은 원소 입자들의 거대한 덩어리, 즉 보손 항성(boson star: 양자 스핀이 정수를 나타내는 기본 입자나 원소인 보손으로 이루어졌다고 여겨지는 이론상의 항성. 우주 물질의 25퍼센트를 구성한다고 여겨지는, 아직 발견되지 않은 암흑물질의 한 후보다—옮긴이)일까? 이론물리학자들은 이처럼 창의적이지만 거의 입증되지 않은 많은 아이디어를 제안했고, 우리는 이런 대안 이론들을 모범적으로 시뮬레이션했다.[16] 사건의 지평선 주변 어둠의 영역에는 훨씬 더 알려지지 않고 복잡한 물리학이 숨어 있을 수 있어서 완전히 배제할 수는 없다. 하지만 블랙홀은 현재 가장 단순하고 타당한 설명이며, 우주의 다양한 천체물리학 현상을 설명한다.

우리의 진정한 돌파구는 처음으로 초대질량 블랙홀에 다다르게 되었다는 것이다. 우리가 아는 바에 따르면, 이제 은하계의 어두운 질량 괴물이 실제로 블랙홀이라고 말할 수 있다.

퀘이사 선구자들이 거의 50년 전에 추측한 것을 이제 우리 눈으로 볼 수 있다. 그리고 곧 전 세계가 보게 될 것이다. 새로운 단계가 시작된다. 수십 년 동안 블랙홀을 탐색한 뒤 이제 우리는 블랙홀을 측정하기 시작했다. 문제는 더 이상 존재 여부가 아니라 올바르게 이해하는지에 대한 것이다. 이제 분명한 것은 블랙홀이 예상과 다르다고 해도 그 편차가 그리 크지 않으리라는 점이다. 그렇지 않다면 이미지가 완전히 달라 보일 테니 말이다.

사건의 지평선은 이제 아인슈타인과 슈바르츠실트 시대처럼 더 이상 추상적인 수학적 아이디어가 아니다. 우리가 연구를 수행하는 구체적인 과학의 영역이 되었다. 중력파, 펄서, 사건 지평선 망원경(EHT) 등을 통해 우리는 우주의 극한 지역과 다양한 규모의 상대성이론을 면밀히 살펴보기 위해 각종 기기를 모았다. 예를 들어, 일반상대성이론은 기본적으로 사건의 지평선과 그 그림자의 크기가 블랙홀의 질량에 비례한다고 예측한다. 2016년에 발견한 중력파 역시 원칙적으로 이 그림자 지역에서 발생했지만 크기가 작은 항성형 블랙홀에서 발생했고, 그 크기는 이에 따라 추정할 수 있다.

우리의 블랙홀은 이 작은 항성형 블랙홀보다 1억 배 더 무겁지만, 또 1억 배 더 크다. 정확히 예상한 대로다. 아인슈타인 이론의 가장 근본적 예측, 이른바 척도 불변(scale invariance)은 이를 통해 소수점 아래 여덟 번째 자리까지 특히 인상적으로 정확하게 확인되었다.

우리는 논문을 쓰다가 M87 은하에 있는 블랙홀의 이름과 관련해 문제를 발견했다. 이 중력의 불가사의를 부를 용어가 없는 것이다. 천문학자들은 이 천체를 뭐라고 불러야 할지 전혀 생각해본 적이 없었다. 우리가 이 천체의 이름을 지어주거나, 매번 "M87의 중심에 있는 블랙홀"이라며 번거롭게 언급할 수밖에 없다. 결국, M87은 블랙홀이 아니라 은하계 전체의 이름이었다.

그래서 협업에 대한 자세한 논의를 마친 뒤 '궁수자리 A*'의 경우처럼 이름에 단순히 별표를 추가했다. 천문학자에게는 효율적이고 논리적인 결정이었다. 이 원칙은 다른 은하에도 쉽게 적용할 수 있다. 그러나 그 뒤 과학 기자들은 이것에 만족하지 않았다. 인간은 관련성이 있는 것들에 대해 의미 있는 이름을 원하며 M87*는 단순히 귀여운 반려동물 이름이 아니다. 우리는 재미삼아, 블랙홀 카를(Karl) 또는 블랙홀 알베르트(Albert)라고 부를까도 생각해봤다. 슈바르츠실트나 아인슈타인에 대한 작은 찬사로 말이다. 그러나 그것을 실제로 다수가 받아들였을지는 미지수다.

우리가 결과를 발표한 직후 하와이 대학교는 한 언어학 교수가 블랙홀에 '포웨히(Pōwehi)'라는 이름을 붙였다는 보도자료를 냈다.[17] 하와이 신화에서 '창조의 끝없는 어둠'을 뜻하는 단어였다. 이것은 하와이 사람들에게는 자랑스럽고 그들 문화의 일부로 훌륭한 이름이다. 그러나 이미지는 전 세계의 망원경으로 찍은 것이며 모든 사람과 모든 언어에 속한다. 어쩌면 모든 국가가 저마다 M87*의 별명을 생각해야 할 것이다.

우리의 연구가 끝났을 때, 그것을 정리하니 9쪽에 달했다. 그러나 관련된 동료, 연구소, 대학, 후원 기관, 전파 망원경 등을 모두 나열하기 위해 거의 비슷한 분량이 필요했다. 348명의 저자를 알파벳 순서로 나열했다. 첫 번째는 아키야마 가즈노리이고, 마지막은 SMT를 확장하고 유지한 애리조나 대학교 교수 루시 지우리스(Lucy Ziurys)였다.

2월 초에 우리는 공식적으로 〈천체물리학 저널〉에 논문을 보냈다. 이제 독립적인 전문가가 우리의 결과를 검토하는 동료 심사(peer-review)만 남았다. 일반적으로 몇 주에서 몇 달이 걸릴 수 있지만, 이번에는 미리 선발한 '심사위원들'이 대기 중이었다. 이것이 마지막 큰 걸림돌이었다. 검토자가 논문을 거부하거나 우리가 간과한 오류를 발견하면 어떻게 될까? 일부 적대적 검토자는 인생을 지옥으로 만들 수 있다. 며칠 뒤 익명의 보고서를 받게 된다. 나는 기쁘게 텍스트를 훑어보고는 안심하여 의자에 털썩 주저앉았다. 반응은 매우 긍정적이다. 노력과 자기비판이 결국 성과를 거두었다. 우리는 단지 몇 가지 사소한 것만 고치면 된다. 다른 논문들도 비교적 가볍게 통과했다.

이제 4월 초 기자회견까지는 몇 주밖에 남지 않았다. 미국에서 돌먼은 고삐를 단단히 잡는다. 그는 미국과학재단과 함께 워싱턴에서 큰 행사를 준비하고 있다. 유럽에서는 브뤼셀에서 기자회견을 하기 위해 모든 중요한 파트너와 정기적으로 원격 회의를 개최한다. 도쿄, 상하이, 타이베이, 칠레의 산티아고 등에서 추가 행사 계획이 빠르게 진행된다. 로마, 마드리드, 모스크바, 네이메헌, 그 밖의 여러 도시에서는 브뤼셀의 기자회견이 현지 전문가와 함께 생방송으로 진행될 것이다. 따라서 각국은 자국어로 결과를 들을 수 있다.

유럽의 경우, 이러한 기자회견은 대개 가르힝의 유럽 남부 천문대(ESO) 또는 제네바의 유럽 입자물리 연구소(CERN) 같은 대규모 연구 기관에서 열리기 때문에 새로운 영역에 속한다. 과학은 아직 유럽의 정치 중심지에 도착하지 않았다. 그러나 이 이미지는 유럽의 협력과 자금 조달의 성공이기도 하다. 브렉시트 관련 토론이 씁쓸하게 이어지던 당시 우리는 이 이미지로 이 다양한 대륙에서 시민들의 연대를 위한 모범을 보여줄 수 있었다. 그들은 자금과 관심을 통해 이 성공에 기여했다. 내게는 그것이 중요하다.

2019년 3월 20일, 최종 논문이 승인되었다. 우리는 오랫동안 기자회견을 기획했다. 이제 가장 중요한 것은 언론에 아무것도 새어나가지 않도록 하는 것이다. 이렇게 많은 동료가 참여한 대규모 프로젝트에서는 이것이 매우 어렵다. 한참 전부터 4월 10일에 엄청난 내용이 발표될 거라는 소문이 돌았다.

과학 기자는 전 세계에서 동시에 6건의 기자회견이 열린다는 정보를 듣게 되면 요란한 경보음을 듣는 것처럼 잔뜩 긴장한다. 며칠 동안 수많은 요청을 받았다. 유명한 〈뉴욕타임스〉 기자는 나 대신 박사 과정 학생 사라 이사운에게 전화를 걸어 핑계를 대며 정보를 알아내려 했지만, 그녀는 깐깐하게 군다. 그는 관련 정보를 미국에서 얻었다. 언론인 대부분은 우리가 은하 중심 이미지를 발표할 거라고 확신한다. 몇몇은 이미 쓴 기사를 바삐 바꿔야 할 것이다.

기자회견 하루 전날, 나는 이미지를 발표하기 위해 레촐라, 모시치브로츠카, 첸주스 그리고 그의 동료 에두아르도 로스(Eduardo Ros)와 함께 브뤼셀로 갔다. 이 다채로운 팀은 5개국과 6개 이상의 언어를 대표한다.

미국에서는 돌먼과 미국 동료 세 명이 암스테르담에서 온 내 동료 세라 마코프와 함께 출발했다. 도쿄, 타이베이, 상하이, 산티아고에서도 준비하고 있다. 이것은 다시 일종의 세계적 탐험이다. 이번에는 우리를 면밀히 지켜보고 있다. 중력파를 발표했을 때처럼 많은 대학에서 동료와 학생들이 우리 발표를 생방송으로 시청할 것이다. 천문학자들에게 이것은 월드컵 기간 동안 축구 팬들이 함께 모여 경기를 시청하는 것과 비슷하다. 다만, 맥주의 양은 훨씬 적다.

전날 오후에는 미디어 전문가와 함께 기자회견이 예정되어 있다. 우리가 유럽연구위원회(ERC) 전문가 앞에서 자금 지원을 받아내기 위해 열변을 토해야 했던 바로 그 회의실에서 말이다. 블라인드가 닫혀 있다. 나는 오프닝 멘트를 연습하고, 긴장한 채 EU 직원에게 처음으로 화면에 이미지를 보여준다. 그런 다음 반짝이는 눈동자들을 들여다보았다. 그 몇 초 동안 열심히 일하는 전문가들 사이에서도 거의 경외감을 불러일으키는 침묵이 흐른다. 나는 이 이미지의 감정적 힘에 대한 첫 예감을 얻는다.

저녁에 나는 호텔 방으로 돌아와 해야 할 말을 되새기며 거울 앞에서 연습한다. "이것이 최초의 블랙홀 사진입니다"라는 문장을 4개 언어로 말하고 싶다. 사라 이사운은 나를 위해 프랑스어로 번역한다. 어린 나이에도 영화 음악 작곡가이자 음악가로서 성공적으로 출발한 아들 닉이 중간에 잠깐 방문했다. ESO를 위해 그는 블랙홀 줌 영상에 음악을 추가했으며,[18] 발표 당일 촬영한 장면을 자신의 첫 뮤직비디오에 넣을 것이다.[19]

자정 무렵, 언론매체 노출 위험(Press Relation-Grösster Anzunehmender Unfall, PR-GAU: 언론매체 관련 위험, 대부분 기사 노출 등으로 인해 발생하는 대규모 연쇄적 위험—옮긴이)에 대한 문제가 발생했다. 이전 동료인 한 과학 기자[20]가 보안이 되지 않은 웹사이트에서 블랙홀 이미지가 포함된 일급비밀 보도자료를 발견했다. 링크를 사용하면 인터넷에서 주목을 받았겠지만, 다행히 우리에게 알려주었다. 일부 동료는 그 구멍을 막느라 밤을 지새웠다. 누가 또 찾았지? 그 사람이 유일한가? 우리는 날이 밝아 기자회견이 시작되기를 간절히 바라지만, 모두 침묵을 지켰다. 그날은 과학의 향연이 펼쳐질 예정이다.

1992년 노벨상 수상자 조지 스무트(George Smoot)가 빅뱅 이후 38만 년 정도 된 우리의 젊은 우주를 보여주는 최초의 전파 이미지를 발표했을 때, 그는 "우리는 신의 얼굴을 보고 있다"고 조금 진지하게 말했다. 나는 그에 대해 반박하고 싶었다. 빅뱅이 시공간의 시작이라면 블랙홀은 끝과 같은 의미를 지닌다. 따라서 나는 다음과 같은 말로 내 기자회견을 마무리했다. "우리는 지옥의 문을 보고 있는 것 같습니다." 전 세계가 지켜보고 있었다.

4부

경계 너머

미래를 향한 시선:

물리학의 거대하고 열린 질문, 인간과 신의 위치에 관한 질문

12

우리의 상상력 너머

압도적인 환영

블랙홀의 이미지에 대한 반응은 압도적이었고[1] 모두를 매료시키는 것 같았다. 전 세계 모든 주요 일간지 및 주간 잡지가 과학과 인류 역사에서 매우 특별한 이 사건을 보도했다. TV 주요 뉴스가 다루고, 소셜미디어 공간이 한층 달아올랐다. 이런 현상은 고무적이기는 하지만 두려운 일이기도 하다. 기쁨의 순간을 전 세계가 공유한다. 1969년 7월, 달 착륙이 촉발한 감정을 떠올리게 한다. 이제 교생 선생으로 학교에서 인턴십을 하는 딸이 자랑스럽게 내게 문자를 보냈다. "교무실에 있는 모든 선생님이 휴대전화로 아빠가 찍은 사진을 보고 있어요."

무수히 많은 사람이 이 사진을 즉시 다운받았다. 셀 수 없이 많은 사진과 합성을 거쳐 고양이 사진과 재미있는 밈으로 재탄생해 공유된다. 검색엔진 구글은 홈페이지에 오늘의 "Google Doodle"로 표시한다.[2] 독일 주요 언론 편집실에서는 오늘의 정치 핫이슈로 둔갑해 게시판에 소개하기도 한다. 케이티 보우먼이 처음 사진을 보고 기뻐하는 사진은 인터넷에서 화제가 되면서 그녀는 의지와 상관없이 소셜미디어 스타가 되었다.[3] 중국의 사진 대행사에서는 이미지에 대한 저작권을 주장하며 판매하려 들었다. 인터넷에서는 분노가 들끓었고 주가가 27퍼센트나 하락했다. 기자회견 이틀 뒤 그 회사는 우리가 공개한 영상 때문에 1억 3500만 유로의 손실을 입었다.[4]

단 한 장의 학술적 사진이 사람들의 상상력을 그토록 빨리 자극한 적은 일찍이 없었다. 궁극적으로, 우리의 성공은 그들의 성공이기도 하다. 어떤 과학자나 팀도 우리가 일할 수 있도록 도와주는 수많은 사람, 즉 빵을 구워준 제빵사·우리 방을 깨끗이 유지해준 청소부·주방팀·망원경 관측소의 기술자 들이 없었다면 이 일을 완수할 수 없었을 것이다. 결국, 모든 시민은 우리 공동체를 지원함으로써 이 세계적 프로젝트를 지원했다.

나중에 전 세계의 많은 동료가 이 특별한 날을 어떻게 경험했는지 자세히 말해줄 것이다. 우리는 모두 실제로 일어난 일을 친구, 이웃, 언론 등에 설명해야 했다. 큰 기자회견이 끝나고 일주일이 지나 아드레날린이 솟구친다. 인터뷰, 강의, 수많은 이메일 및 문자 메시지가 쇄도한다. 우리는 모두 이미지 사진이 나올 때까지 최후의 힘을 다했고, 이제 마지막 남은 자원을 불태우고 있다. 난생 처음 심장에 이상한 압박감을 느낀다. 몇 주 동안 나는 공회전 속도가 너무 높게 설정된 자동차처럼 느꼈지만, 휴식은 여전히 가시거리 밖이었다.

5일간 강연 7개가 잡혔다. 그리고 성주간은 내게 아주 중요한데 하필 그때 강연이 있어서 나는 부활절 기분도 내지 못한다. 종려주일(부활주일

바로 전 주일—옮긴이)에는 사람들로 가득 찬 네이메헌의 박물관에서 강연을 했다. 세족목요일엔 케임브리지의 천문학자들 앞에서 강연했다. 강연장은 마지막 한 석까지 꽉 찼다. 청중석에는 1970년대에 블랙홀 아이디어를 더욱 희망적으로 만든 영국 왕립 천문학자 마틴 리스가 앉아 있다. 이제 그는 눈으로 직접 블랙홀의 첫 번째 이미지를 보고 중요한 질문을 한다. "실제로 이미지에서 무엇을 볼 수 있습니까? 사건의 지평선?" "그 그림자를 보죠." 나는 대답과 동시에 내 자신이 그림자처럼 느껴졌다. 목구멍이 따끔거리고, 어지럽고, 기력이 다한 것 같았다. 지친 몸을 이끌고 집으로 돌아왔다. 실제로 부활절 휴가를 계획했다.

다음 날인 성금요일에 나는 아내와 함께 쾰른 YMCA 예배에 참석한다. 그곳은 내 신앙이 시작된 곳이다. 우리는 예수 그리스도의 죽음과 고통에 대한 이야기를 듣는다. 종려주일에 군중의 환호를 받고, 세족목요일에 친구들과 식사한 뒤 작별을 고하고, 같은 날 배신당하고, 성금요일에 음모에 의한 무고한 희생자로 십자가에 못 박히셨다. 나는 뒷줄에 앉아 이야기를 들으면서 그 마지막 며칠 동안의 환호와 상처에 대해서도 생각한다. 나는 울고 있다. 지금 나는 부활절의 휴식과 기운이 필요하다.

다시 일어설 힘을 얻는 데 며칠이 걸렸다. 영혼은 돌아왔지만, 심장이 진정되는 데는 몇 주가 더 걸렸다.

나는 자워란트(Sauerland)에서 열린 대규모 기독교 회의인 "스프링(SPRING)"에서 부활절 이후 첫 대규모 공개 강연을 즉흥적으로 하게 되었다. 학술 강연은 일반적으로 작은 세미나실에서 진행하지만, 주최 측은 갑자기 대강당을 예약했다.

빈자리 없이 꽉 찬 강당에는 과학에 대한 적대감 대신 열정적이고 따뜻한 환영으로 가득했다. 간호사, 장인(匠人), 학생, 연금 수급자, 교사, 직장인, 기업가 등이 꼼짝하지 않고 자리에 앉아 집중해서 강연을 듣는다. 내 음악가 친구 로타어 코세는 "모든 것이 가능하고 모든 것이 불가능하다"며 다음 앨범에서 하늘과 블랙홀을 은유적으로 노래한다. 블랙홀은 모든 사람을 똑같이 매료시키는 것 같다. 그런데 왜 그럴까?

블랙홀이 인간에 대해 말하는 것

중력 괴물, 우주의 먹보 기계, 지옥의 입구. 블랙홀을 묘사하기에는 이런 극단적 표현들마저 부족하다. 블랙홀은 천체물리학에서 공룡과 같다. 티라노사우루스 렉스처럼 무시무시한 평판에도 불구하고, 그 평판 때문에 인기가 있다. 우리의 블랙홀 이미지는 전 세계 잡지의 표지를 장식할 만큼 흥미로웠다. 그러나 사람들이 그렇게 감성적으로 반응한다는 사실이 더욱 뭉클하게 만들었다.

사람들은 그 이미지에 매료되었으며, 발표 전날에는 흥분해 잠을 설쳤고 그것을 보고 깊은 감동을 받았다고 내게 말했다. 힉스 입자나 중력파도 이런 감정을 일으키지는 못했다. 그렇다면 블랙홀은 우리 인간에 대해 무엇을 말해줄까?

다른 과학적 현상과 달리 블랙홀은 인간의 기본적인 두려움을 불러일으키는 것 같다. 이 천체는 광대한 우주 공간의 미스터리 중 하나다. 블랙홀은 천체물리학의 궁극적인 한계를 나타내며, 무자비한 파괴 기계의 전형이다. 사람들은 이것을 직관적으로 느낀다. 우리 상상 속에서 블랙홀은 모든 것을 삼키는 허무, 생명과 이해가 멈추는 경계, 즉 지옥의 입구를 상징한다.

블랙홀은 우리와 완전히 다른 세상을 설명한다. 빛은 똑바로 움직이지 않고 원운동을 한다. 앞을 보면, 내 등이 보이다. 어떤 사람에게는 시간이 계속 흐르지만 다른 사람에게는 멈춰 있는 것처럼 보인다. 가스는 거의 빛의 속도로 소용돌이치며 모든 물질이 개개의 부분으로 분해되는 종말 온도에 도달할 수 있다. 분자와 원자핵에서 남은 것은 양성자와 전자의 빛나는 뜨거운 구름인 플라스마다. 나는 블랙홀에 빠질 수 있고, 또 원칙적으로 살아남을 수 있으며, 심지어 과학 측정도 가능하다. 하지만 거기서 무슨 일이 벌어지는지 누구에게도 설명할 수 없다. 어떤 정보도 블랙홀을 벗어나지 못하며, 빛조차도 마찬가지다. 블랙홀은 우리를 경계(내세)에 더 가까이 데려다준다.

내세는 심지어 물리학에서도 실제로 존재한다. 일반상대성이론에서 내세는 초자연적인 것이 아니라 세계를 두 영역으로 나누는 이론의 중요한 부분이기도 하다. 이쪽 세계는 내가 연결된 공간으로 정보를 얻을 수 있고 나와 소통하는 공간이다. 그리고 경계 너머에 내세가 존재한다. 이것은 기본적으로 우리의 경험 가능성을 초월하는 공간이다. 이에 대해 우리는 아무것도 배우지 않는다. 침묵으로 일관한다. 이 두 세계는 내 지평선에 의해 나뉜다.

블랙홀은 우리의 호기심과 인식에 완고하고도 원칙적으로 저항한다. 사건의 지평선 뒤로 사라지는 모든 것은, 적어도 아인슈타인의 이론이 궁극적 진실이라면 영원히 그곳에 머물러 있다.

블랙홀 너머 이 영원한 경계는 현대 물리학의 큰 도전 중 하나다. 이론적으로 공간은 사건의 지평선 뒤에 명확하게 위치하지만, 우리의 상상 속에만 존재한다. 그것은 완전히 비현실적으로 현실적이다. 전파 망원경으로 오늘날 우리는 놀라운 정밀도로 우주의 깊은 곳에 있는 경계의 관문을 볼 수 있다. 우리는 이것을 물리적으로 설명할 수 있으며, 심지어 빛이 그 안 어두운 곳에서 사라져 다시 나타나지 않는 것을 볼 수 있다.

우리는 "거기, 정확히 거기에 있다", "정확히 바로 그곳에 이 세상과는 다른 공간이 존재한다"고 말할 수 있다. 이후 무릎 위에 손을 떨구고 우리가 관측할 수 없다는 것을 인정하기만 하면 된다. 블랙홀은 이제 우리 세계 한복판에 있는 저쪽 세계다.

물리학자에게 이것은 일종의 파산 선언과 같다. 우리의 우주 한가운데 명확하게 정의된 장소에 존재하지만 어떤 검증도 거부하는 공간에서 이것은 대체 어떤 물리학이란 말인가? 이것은 여전히 과학인가? 이론물리학자들은 "물론 물리학이다. 이 공간에서 무슨 일이 일어나는지 정확히 계산할 수 있기 때문이다!"고 말한다. "아니, 물리학이 아니다!"고 나는 대답한다. "이것은 경계의 물리학이다." 또는 형이상학이다.

대부분의 사람은 내세에 대해 생각할 때 물리 법칙에는 무관심하다. 그러나 모든 사람은 내세를 생각하며, 이런 상상에 대한 지식은 오래됐다. 경계 너머의 세계에 대한 생각은 우리의 상상력과 도전을 자극하고 동시에 죽음과 밀접한 관련이 있다. 블랙홀은 이런 연장선상에서 하나의 새로운 상징일 뿐이다.

10만 년 전부터 우리 조상들은 죽은 자를 매장하기 시작했다. 어쩌면 그들은 이미 사후 세계에 대한 관념을 가지고 있었을 것이다. 아무도 내세가 어떤 모습일지 알지 못했다. 그러나 죽은 자에 대한 존중과 감정의 첫 의식(儀式)이 시작되었고, 적어도 내세에 대한 오늘날의 고도로 발전한 개념은 문화적 진화를 증언한다.

수많은 문화에서 내세에 대한 믿음은 많은 것들이 비슷하다. 영생, 신의 심판, 천국과 지옥이 그렇다. 고대인은 산 자를 위한 상위 세계와 죽은 자를 위한 지하 세계를 믿었다. 이는 다양한 문화에서 볼 수 있는 개념이다. 그리스인은 이곳을 하데스라고 불렀다. 북유럽 신화에서 죽음의 여신 헬(Hel)은 그녀의 은신처, 헬헤임에서 통치했다. 지옥이라는 용어는 나중에 여기서 파생한 것 같다. 반면 전사한 바이킹은 전사들의 천국인 발할라(Valhalla)에서 살 수 있었다. 로마인 역시 오르쿠스(Orkus)라는 어둡고 깊은 곳을 상상했다. 마야인은 지하 세계를 시발바(Xibalbá)라고 일컬었다.

종교가 세계화하면서 내세에 대한 개념이 확립되었다. 기독교와 이슬람교는 내세에 천국이나 천당이 있다고 가정한다. 유대교에는 두 가지 견해가 있다. 하나는 영혼 불멸을 가정, 즉 사후에 살아남은 영혼이 신에게로 되돌아온다고 가정한다. 반면 정통파 유대교도는 부활을 믿는다. 그들은 죽은 자를 태우지 않고, 죽은 자들의 고요한 휴식을 신성한 것으로 여긴다. 불교도와 힌두교도는 동물이나 식물로도 태어나는 수백만 번의 환생을 믿는다. 오직 열반에 이르러 윤회가 끝나야만 이 순환은 끊겨 종결된다.

블랙홀은 이 모든 사후 세계 신화에 새롭고 현대적인 신화를 추가한다. 이것은 자연과학에서 영감을 얻은 신화로, 현대 물리학의 이미지와 인간의 심오한 문제가 혼합되어 있다. 우리에게 생물학적 사망은 경계를 넘는 것을 의미한다. 여기서부터 이제 우리는 아무것도, 심지어 존재하는지조차 알 수 없는 내세로 넘어간다. 다른 것이 있을까 아니면 아무것도 없을까? 사랑하는 사람의 죽음을 목격한 사람이라면 누구나 죽어가는 사람이 마지막 몇 분 동안 자신의 몸에서 빠져나가 빈 껍질만 남게 되는 것을 느낄 수 있다. 우리는 이 가까운 사람의 마지막 경험, 생각, 꿈 등을 알 수 없다. 그는 말 그대로 그 모든 것을 무덤 너머로 가져간다. "어디로 가는 거지?" 어머니가 내 눈앞에서 돌아가셨을 때 나는 스스로에게 물었다. 몇 분 전까지만 해도 나는 어머니의 손을 잡고 함께 기도했는데 말이다.

죽음은 우리를 뿌리까지 뒤흔든다. 종말의 확실성 앞에서 흔들리는 것은 우리가 피하고 싶은, 원치 않는 원초적 감정 중 하나다. 그럼에도 마법처럼 우리를 계속해서 끌어당긴다. 지금까지 할리우드 영화에서 생생히 재현된 추상적 창작물일 뿐이던 블랙홀이 이제 최초로 구체적인 특징을 부여받게 되었다. 만지거나 느낄 수 없지만 볼 수는 있다. 이제 우리는 말 그대로 괴물을 눈으로 볼 수 있으며, 같은 방식으로 우리의 원초적 두려움을 들여다본다. 이 두려움을 극복하기 위한 첫 단계일까?

"이걸 봐, 이게 지옥으로 가는 입구야." 내 잠재의식의 속삭임이 들린다. "당황할 필요 없어. 여기 책상 의자에 앉아 있어도 안전해." 나는 거기서 무슨 일이 일어나는지 정확히 알지는 못해도, 적어도 내 눈으로 직접 그것을 보았다. 공포는 더 이상 모호하지 않으며 오히려 묘사하고 설명할 수 있다.

창문 너머로 태양이 비치고, 지구가 그 축을 중심으로 침착하게 회전하는 동안 나는 블랙홀 사진을 보고 있다. 그리고 그것이 아주 멀리 떨어져 있다는 것을 안다. 우리 은하수의 많은 작은 블랙홀 중 어느 하나도 우리를 내세로 인도하지 않을 것이다. 알려진 가장 가까운 블랙홀은 태양 질량의 4배에 달하고 지구에서 약 1000광년 떨어져 있다.[5] 멀리서 볼 때, 그 중력은 보통 별보다 크지 않으며 사건의 지평선은 보덴호〔Bodensee: 독일, 스위스, 오스트리아에 걸쳐 있는 호수로, 콘스탄츠호라고도 한다—옮긴이〕 크기에 불과하다.[6] 그런 작은 블랙홀이 우리를 칠 확률은 희박하다. 이런 일은 지난 40억 년 동안 일어나지 않았고 가까운 미래에도 일어나지 않을 것이다.

그래서 우리는 멀리서 블랙홀을 계속 관측하면서 그들의 이색적인 물리학을 즐길 수 있다. 그러나 스냅 사진은 상징적 힘을 발달시킬 수 있다. 이런 점에서 우리의 이미지는 과학일 뿐 아니라 예술이자 신화이기도 하다.[7] 뉴욕 현대미술관과 암스테르담 국립미술관은 인화한 이 사진 작품을 컬렉션에 추가했고, 일부는 복도에 전시했다.

예술가들은 추상을 단어와 그림으로 포착하고 그로부터 현실을 창조하는 데 성공한다. 현실은 예술을 통해 변화하고 해석된다. 이런 점에서 과학은 예술의 일부이기도 하다. 과학의 이미지는 결코 현실 그 자체가 아니다. 현실을 증언할 뿐이며 그들이 전하는 이야기를 통해 새로운 추상 현실을 만들고 완전히 다른 생각, 세계관, 새로운 질문 들을 자극한다.

과학적 사진(이미지)은 서사가 없으면 아무 가치가 없으며, 우리의 사진 역시 관련된 이야기가 없다면 어두운 얼룩에 불과하다. 따라서 사진의 의미는 그것을 만든 사람들과 그들이 제공하는 이야기의 신뢰성에 좌우된다. 실제로 이것은 모든 연구 결과에 적용된다. 우리 과학자들은 사실뿐만 아니라 우리에 대한 신뢰를 바탕으로 살아간다.

이 사진은 천문학과 물리학의 전체 발전은 물론 감정, 신화적 과장, 지능적 침묵, 별의 관측, 지구와 공간의 측정, 공간과 시간의 이해, 최신 기술, 글로벌 협력, 인간적 긴장, 길을 잃는 두려움, 완전히 새로운 것에 대한 희망을 아우른다. 한편 이 사진은 모든 면에서 우리를 한계에 이르게 한다. 블랙홀에 대한 모든 질문이 해결된 것은 아니다.

EHT는 계속 작동한다. 모두 은하 중심의 블랙홀이 어떻게 생겼는지 보고 싶어 한다. 우리는 이미지 사진을 얻을 수 있을까, 아니면 우주 수프(cosmic soup)를 급격하게 휘저음으로써 모든 걸 망칠까? 궁수자리 A*는 언제 우리에게 자신의 그림자를 보여줄까? 앞으로 몇 년간 M87*는 어떻게 될까? 블랙홀 주위를 둘러싸고 있는 자기장을 볼 수 있을까? 사진 대신 영화를 만들 수도 있을까? 우리는 더 많이 관측해야 하고 훨씬 많은 망원경이 시급하다. 아프리카에도 망원경 1대가 필요하다.[8] 나는 여전히 모든 지원에 감사한다! 전파 망원경이 지구 둘레를 한 바퀴 도는 순간 인상적인 최종 이미지를 얻게 될 것이다.[9] 그러면 언젠가 우리는 실제로 지구보다 큰 망원경을 갖게 될 것이다. 여전히 볼 게 많다!

13

아인슈타인을 넘어서?

웜홀

어렸을 때 나는 큰 다세대주택에서 부모님과 함께 살았다. 뒷마당에는 모래밭과 잔디밭이 있었다. 정원은 넘을 수 없는 벽으로 둘러쳐져 있어서 늘 그 뒤에 뭐가 있는지 궁금했다. 그래서 언젠가 못과 막대기로 벽 틈에 구멍을 내기 시작했다. 내 작은 손으로는 지루하고 힘든 일이었다. 몇 달 동안 나는 어른들이 보지 않을 때 몰래 그렇게 했다. 틈은 점점 커졌지만 결코 내가 통과할 만큼은 아니었다. 벽은 내게 너무 강력했다.

학교 갈 나이가 되었을 때, 나는 갑자기 담장 너머를 탐험할 수 있게 되었다. 그곳은 학교 운동장이었다. 이전에 그렇게 신비롭던 장소에 도달하기 위해서는 벽을 통과하는 대신, 뒷마당을 나와 모퉁이를 돌아 걷다가 큰 문을 통과해 걸어 들어가면 되었다. 때로는 직진하는 지름길이 잘못된 길이고, 모퉁이를 돌아가는 길이 올바른 길이라는 것을 깨닫기 위해 인내심을 갖고 성장하고 성숙해야 할 때도 있다.

나는 여전히 벽과 경계에 대해 똑같은 호기심을 갖고 있다. 그 뒤에 뭐가 있을까? 경계의 벽을 돌아갈 수 있을까? 블랙홀의 어두운 벽을 우회할 수 있을까? 사건의 지평선 어딘가에 우리가 살펴볼 수 있는 틈이 있지 않을까, 아니면 우회할 수 있을까?

1935년 아인슈타인이 조수 네이선 로젠(Nathan Rosen)과 블랙홀 내부에 대해 논의할 때도 똑같은 질문을 했다. 수학적으로 방정식은 블랙홀의 반대쪽, 즉 무언가가 나올 수 있지만 아무것도 들어갈 수는 없는 화이트홀을 허용한다. 상황을 더 복잡하게 만드는 것은 원칙적으로 이러한 화이트홀과 블랙홀은 다리로 서로 연결될 수 있고, 이 때문에 블랙홀로 들어가 화이트홀의 한쪽 끝으로 빠져나올 수 있다는 점이다.

물리학에서 이 구조는 '아인슈타인-로젠 다리(Einstein-Rosen bridge)'로 알려졌다. 그런데 1950년대에 프린스턴 대학교 존 아치볼드 휠러 교수는 마케팅적으로 영리하게 '웜홀(wormhole)'이라는 용어를 사용해 여러 세대의 SF작가들을 행복하게 만들었다. 이런 방식으로 블랙홀에서 탈출하는 게 가능할 수도 있기 때문이다. 또 웜홀은 우주의 두 영역을 연결할 수 있어서 우리는 빛보다 빠르게 이동할 수 있다. 심지어 시간 여행과 다른 우주를 방문하는 것도 생각할 수 있다.

그러나 수학적으로 가능한 모든 것이 실제일까? 수학은 과학의 신화이다. 실제 경험을 환상적 신화의 창조물처럼 똑같이 훌륭하게 묘사하는 추상적 설명이다. 수학에 존재하는 것이 현실에도 존재할 수 있지만, 반드시 그럴 필요는 없다. 이것을 구별하는 것은 물리학자가 해야 하는 어려운 과제다.

화이트홀과 웜홀에서 우리는 같은 질문에 직면하게 된다. 수학적으로 둘 다 실제처럼 보이지만 물리적으로 의미가 있을까? 지금까지 우주에 웜홀이 존재한다는 증거는 발견되지 않았다. 사실, M87*의 이미지를 보고 우리는 그것이 웜홀일 가능성에 대해 잠깐 고민했다. 그러나 그 크기가 예측과 일치하지 않았다.[1]

더 불편한 사실은 웜홀이 수학적으로 안정적이지 않다는 것이다. 물질이 날아다니면 붕괴한다. 적어도 이론상으로는 그렇다. 이를 방지하기 위해 반중력을 만드는 새로운 형태의 물질을 고안해야 한다. 반물질만으로는 적합하지 않다. 반물질 역시 일반 물질과 마찬가지로 중력의 법칙을 따르기 때문이다. 반물질을 공중에 던지면 땅에 떨어질 것이다.[2] 물질과 결합해 눈부신 전멸의 섬광 속에서 스스로 파괴되지 않는다면 말이다.

또 다른 문제는 통과 가능한 웜홀이 어떻게 자연적으로 발생할 수 있는지 전혀 모른다는 것이다. 직접 만들어야 할 것 같다. 일부 창의적 이론가에게 이것은 문제가 되지 않는다. 노벨상 수상자 킵 손(Kip Thorne)은 〈뉴욕타임스〉에서 "우리는 선진 문명의 기술과 재료에 대해 확실히 아는 것이 없기 때문에 물리학자는 이런 것을 설계할 수 있는 무한한 자유를 갖는다"고 주장했다.[3] 나는 좀 회의적이다. 웜홀이 존재할 수 있다고 해도 모든 기적적인 약속을 실현할 수 있을지 이론적으로 분명하지 않다. 그래도 꿈꾸는 것은 당연하다.

호킹 복사

양자이론과 아인슈타인의 상대성이론은 아마도 과학에서 가장 획기적인 아이디어일 것이다. 이 이론들은 우리의 세계를 근본적으로 결정하며, 둘

중 어느 것이 더 근본적이라고 말하기 어렵다. 두 이론을 통합하려는 것은 지적 한계를 넘어서는 일이다. 블랙홀은 이 해결 불가능한 충돌을 다른 어떤 천체보다도 분명하게 드러낸다.

일반상대성이론은 가장 큰 것, 시공간을 설명한다. 이 시공간에서 우리 삶의 시작과 끝과 온 우주의 광경이 일어난다. 우주의 모든 진화와 발전이 펼쳐지는 극장이다. 모든 것이 시공간 안에 자리하고 각각의 위치가 있다. 신축성 있는 침대보의 예시를 기억해보면, 이 극장은 정적인 무대가 아니라 무대 위에서 공연자를 통해 변화하고 반응하는 유연한 시트다. 블랙홀은 이 우주 무대에서 가장 급진적인 배우다. 말 그대로 무대를 찢어버리고 우리에게 깊은 질문을 던지는 배우다.

모든 것에겐 저마다 장소와 시간이 있다고? 정말 그럴까? 아니다! 바로 두 번째 기본 이론인 양자이론이 있기 때문이다. 상대성이론은 매우 큰 것을 설명하지만, 양자이론은 물질·분자·원자·기본 입자 등 구조가 가장 작은 것을 설명한다. 하지만 시공간을 측정 가능하게 하는 것은 바로 빛의 구성 요소인 광자다. 이 빛의 양자는 시공간을, 추상적인 수학적 설명의 어둠으로부터 우주 시간을 경험할 수 있는 밝은 현실의 빛으로 가져온다. 여기서 상대성이론과 양자물리학이 만난다.

하지만 아인슈타인의 이론과 달리 양자물리학에서는 모든 것이 장소나 시간을 갖지는 않는다. 짧은 순간에 어떤 과정은 앞뒤로 진행될 수 있다. 입자는 아무도 보고 있지 않을 때 동시에 두 곳 이상의 장소에 존재할 수 있다. 극단적으로 양자이론은 블랙홀의 가장자리에 있는 거시 세계만큼이나 우리에게 이질적인 미시 세계를 허용한다. 그럼에도 두 이론은 일상생활의 일부가 되었고, 이를테면 스마트폰에서 평화롭게 공존한다. 휴대전화의 모든 칩, 모든 반도체에는 양자물리학이 적용된다. 양자물리학이 없다면 인터넷도, 컴퓨터 프로세서도 없을 것이다. 반면, 길을 알려주는 휴대전화의 내비게이션 시스템은 일반상대성이론의 결과를 사용한다.

그러나 블랙홀의 가장자리에서 이 두 이론은 근본적인 방식으로 충돌한다. 여기서 완전히 새로운 물리학이 작동해야 한다. 지난 수년 동안 지구상에서 똑똑하다는 수만 명이 이 물리학이 어떻게 보일지 고민해왔다. 아직까지 확실한 성공을 거두지 못했다.

지금까지 이 문제는 이론적으로만 존재했다. 무엇보다도 이 사건은 유명한 천체물리학자 스티븐 호킹(Stephen Hawking)으로 거슬러 올라간다. 그는 사건의 지평선에서 양자 입자에게 어떤 일이 일어나는지 연구했다.

양자 입자는 현재 물리학에서 가장 작은 악당이다. 신은 우리에겐 의문의 여지 없는 일들을 이 양자 입자에서는 일어나게 한다. 예를 들어, 이 입자들은 허락도 없이 짧은 시간에 약간의 에너지를 '빌릴' 수 있다. 이 입자들의 속임수는 이 에너지를 최대한 빨리 되돌려주는 데 있다. 눈에 띄지 않게 말이다.

원칙적으로, 빈 공간은 거대하고 거품이 이는 바다라고 생각한다. 그로부터 저절로 물이 떨어지고 공기가 튀어나오고 다시 사라진다. 바다와 대기 사이의 경계는 흐릿하다. 물에서 수영하지 않더라도 해수면 근처에서는 젖게 된다.

같은 방식으로 빈 공간에 작은 입자들이 자연스럽게 나타났다가 다시 사라진다. 그러면 빈 공간은 완전히 비어 있지 않고 입자가 섞여 채워진다. 하지만 무에서 입자를 만들려면 물론 에너지가 필요하다. 훔치지 않고 어디서 가져올까? 바다에서는 바람이 에너지로 물방울을 만들지만 빈 우주 공간에는 바람이 없다. 따라서 자연은 간단한 균형 잡기를 활용한다. 가상의 광자 형태로 약간의 에너지를 빌리는 것이다. 이 에너지로 양자 쌍을 만든다. 그것은 정확히 반대되는 쌍둥이 입자로 구성된다. 입자와 반입자, 천사와 악마처럼 말이다. 하나는 양전하를 띠고 다른 하나는 음전하를 띤다. 하나가 좌회전하면 다른 하나는 우회전한다. 하나가 물질이라면 다른 것은 반물질이다. 바다에 비유하면, 입자는 공기 중의 작은 방울과 같고, 반입자는 바닷속 기포와 같다.

두 입자가 다시 합쳐지면 모든 속성이 상쇄되고 물질과 반물질이 서로를 파괴한다. 시공간의 바다로 다시 사라지는 짧은 가상의 섬광을 제외하고는 아무것도 남지 않는다. 이렇게 에너지 빚을 갚고 아무도 불평할 수 없다.

하지만 이것은 금융 위기와 같다. 속임수는 아무도 눈치채지 못하고 모든 부채가 상환되는 한 잘 작동한다. 그러나 악천후와 폭풍에서는 일이 잘못된다. 이럴 경우 물방울이 바다 위로 몰아쳐 표류하다 육지에 물보라처럼 뿌려진다. 바다가 물을 잃는 것처럼 보이고 땅은 젖어 있다. 그러나 바다가 텅 비는 데는 영원한 시간이 걸리고, 게다가 강물과 비가 계속해서 바다를 채운다.

호킹에 따르면, 정확히 이 과정은 블랙홀 가장자리에서도 발생한다. 사건의 지평선은 시공간이라는 바다의 해안이다. 폭풍은 블랙홀이며 풍력 에너지 대신 중력 에너지가 있다.

공개 강연에서 호킹은 이 과정을 대략 다음과 같이 설명했다. 입자와 반입자는 쌍입자로 블랙홀의 가장자리에서 생성되어 강력한 중력장에서 에너지를 빌려온다. 그들이 다시 만나기 전에 그들 중 하나가 사건의 지평선으로 사라진다. 살아남은 쌍입자 중 하나는 더 이상 자신의 다른 쌍입자와 결합할 수 없으며 우주의 무한한 공간으로 탈출한다. 일시적 쌍입자는 갑자기 영구적 단일 입자가 되어버린다.

그러나 이 입자로 지불한 에너지 빚은 상환될 수 없다. 사업 손실과 같다. 블랙홀은 입자 2개를 지불했지만, 하나만 돌려받았다. 결과적으로 에너지와 질량을 잃은 것이다. 해변에서 산들바람을 느낄 수 있듯이, 마치 블랙홀로부터 끊임없이 입자 바람이 나오는 것처럼 보인다. 마치 블랙홀이 복사하는 것 같다. 이것이 이제 고인이 된 영국인 호킹이 1975년에 처음으로 언급한 호킹 복사다.

그러나 입자와 반입자에 대한 호킹의 이미지는 약간 축소됐는데, 주로 양자이론 계산 기법을 설명하기 때문이다. 결국 복사되는 것은 입자가 아니라 주로 광자, 즉 빛이고 블랙홀 자체보다 큰 파장으로 방출된다. 복사도 사건의 지평선에서 바로 생성되지 않고 블랙홀 주변의 넓은 영역에서 발생한다. 마치 중력장이 산산조각 나는 것처럼 보인다.

공식적으로 이 블랙홀 복사는 열복사라고도 할 수 있다. 뚜껑을 덮어놓은 뜨거운 커피는 물이 증발하지 않더라도 잠시 후에는 식는다. 컵 표면의 원자가 열로 인해 약간 진동하고 양자 입자를 방출하기 때문에 컵은 열을 방출한다. 이 방사선의 특성은 1900년 독일 물리학자 막스 플랑크가 발견해 양자이론의 토대를 마련하고 열역학과 결합했다. 열역학에서 모든 불투명한 흑체는 그것이 무엇이고 무엇으로 만들어졌든 관계없이 따뜻할 때 복사 방출을 한다.

따라서 뜨거운 커피잔에는 양자물리학이 작동하며, 무엇보다 근적외선을 방출한다. 뜨거운 커피잔은 에너지를 잃고 천천히 식어간다. 열화상 카메라로 이 빛을 볼 수 있지만, 우리 눈으로는 볼 수 없다. 그러나 우리 손은 컵을 만지기 전에 이 방사선을 감지한다. 우리는 보이지 않는 빛을 통해 컵 내부의 양자 흔들림을 느낀다.

열복사의 수학적 형태는 늘 똑같이 보이고 온도에만 의존한다. 온도가 높을수록 빛의 주파수가 높아진다. 그래서 철은 근적외선 영역에서 눈에 보이지 않게 빛을 발하고, 가시광 영역에서 점차 고주파로 가면서 색상이 적색·황색·흰색으로 점점 변한다. 별은 불타오르는 강철보다 뜨거워지기 때문에 파란색으로 빛날 수도 있다.

적어도 이론적으로는 호킹 복사 블랙홀이 정확히 똑같은 복사를 방출할 수 있다. 따라서 블랙홀의 온도를 정할 수 있고, 이 온도는 질량에만 의존한다. 질량이 작을수록 뜨겁다. 호킹에 따르면, 달 질량의 0.5퍼센트 정도의 블랙홀은 갓 내린 블랙커피만큼이나 뜨겁고 빛나지만 맛은 없을 것이라고 한다.

아인슈타인의 가장 유명한 공식에 따르면, 호킹 복사로 인해 블랙홀은 에너지를 잃고 따라서 질량도 잃는다. 내버려두면, 열복사를 통해 냉각되는 커피잔과 달리 블랙홀은 복사로 인해 점점 더 뜨거워진다! 더 작아질수록 온도가 더 높아지고 블랙홀은 더 효율적으로 복사 방출한다. 어느 시점에 이르러 거의 무한히 높은 열로 폭발적으로 터진다. 이것은 왜 작은 블랙홀이 자연에서 나타나지 않는지를 설명해준다. 두 대 합쳐 160톤인 디젤 기관차의 질량이 1초 안에 산산조각 나며 파괴될 것이다.

천체물리학적 블랙홀의 경우 이와 다르다. 질량이 1억 톤 가량인 소행성 이카루스 정도의 질량을 가지는 블랙홀조차 산산이 부서지기 전까지 대략 우주의 나이만큼 산다. 태양 질량 정도의 블랙홀은 10^{67}년, M87*는 상상조차 할 수 없는 10^{97}년이 필요하다.

그것을 시각화해보려 하지만 쉽지 않다. 알려진 우주 전체의 질량, 즉 우주 전체에 존재하는 모든 별·행성·성운 등을 거대한 물질의 바다에 모으고 10억 년에 한 번씩 여기서 작은 양성자를 낚아챈다. 그러면 우주는 여전히 호킹 복사선으로 인해 M87*보다 수억 배 더 빠르게 사라졌을 것이다.

또한 블랙홀이 녹아내리기 전에 우주는 완전히 적막하고 텅 비고 어두워야 한다. 모든 가스 입자, 우주의 모든 광파가 블랙홀을 계속 자라게 하기 때문이다. 우리가 상상할 수 있는 것보다 훨씬 더 긴 기간에 M87*와 같은 초대질량 블랙홀은 점점 더 커질 것이다. M87*의 호킹 복사선은 너무 약해서 우리가 우주로 날아갈 수 있다고 하더라도, 우주의 수명 내에 기초 증거를 찾을 수 있는 탐지기조차 만들 수 없다.

그럼에도 이론적으로 블랙홀은 증발할 수 있으며 그 안에 갇힌 모든 것을 방출할 수 있다. 영원한 것은 없다. 블랙홀조차 영원히 지속되지는 않는다.

호킹 복사를 계산하는 데 사건의 지평선의 존재는 아주 결정적이지만, 호킹 복사가 실제 중력장의 파국이라면 중성자별이나 일반 물질도 비슷한 물리 과정을 거쳐 파괴되고 모든 중력장은 다시 빛으로 방출된다는 것을 상상할 수 있을까. 그러나 그런 일은 아직은 추측에 불과하다.

태초에 빛이 있었고 결국에는 다시 빛만 남을 것이다. 그때까지 흥미진진한 새로운 일이 일어나지 않는다면 말이다.

블랙홀 이미지에 대한 기자회견이 끝날 무렵, EU 집행위원 카를루스 모에다스는 스티븐 호킹의 문장을 인용했다. "블랙홀은 사람들이 그리는 것처럼 검지 않습니다. 우리가 생각하던 감옥이 아닙니다. 블랙홀에서 어떤 것이 나오거나 어쩌면 그것이 다른 우주로 갈 수도 있습니다. 그러므로 만약 당신이 블랙홀에 있다고 느낀다면 포기하지 마세요. 탈출구는 언제나 있습니다."

그것은 인상적인 기자회견의 고무적인 결말이었다. 그렇다면 블랙홀은 우리에게 지옥을 통과한 후 호킹식의 부활을 허용해줄까? 블랙홀은 진정한 깨달음으로 가는 길에 거치는 단지 연옥일 뿐일까?

이 기만적인 희망에 속지 말자. 블랙홀에서 벗어나는 것보다, 내가 죽어 화장되고 폭풍이 남은 재와 연기를 흩어놓은 뒤 우연히 전 세계에 흩어져 있던 잔해가 다시 합쳐져 재조립될 가능성이 훨씬 더 크다.

그러나 이론물리학자는 이 실질적인 불가능에 만족하지 않는다. 그러한 사건에 대한 단순한 전망은 그들을 가장 혼란스럽게 한다.

정보 손실

매번 큰 주제가 있다. 그것들은 우리의 세계관에 영향을 주지만 과학에도 영향을 미친다. 한 동료는 처음으로 원자 폭탄이 폭발한 직후 우주 대폭발에 대해 '빅뱅'이라는 용어가 등장했다는 사실이 놀랍지 않다고 한때 잘난 척하며 말했다. 오늘날 우리는 정보화 사회에 살고 있으며 점점 더 많은 물리학이 정보 이론의 언어로 다시 쓰이고 있다. 가장 현대적인 변형은 중력이 비트로 설명될 수 있다거나 자연법칙이 컴퓨터 언어와 비슷하다거나 심지어 전체 우주가 실제로 단일 컴퓨터 시뮬레이션이라고 주장하는 데까지 이른다.[4] 나는 그런 거친 추측에 대해 확신하지는 못하지만, 정보가 과학에서 중요한 개념이 되었다는 것은 분명히 알고 있다.

모든 것이 정보다. 물질과 에너지, 아마도 블랙홀도 마찬가지다. 여기서 주요 핵심 개념 중 하나는 정보의 반대, 비정보, 무질서 또는 더 우아하게 표현하자면 엔트로피다. 실제로 빛과 시간, 지식과 무지, 우연과 예정의 개념은 밀접하게 관련되어 있다.

이미 19세기 말 오스트리아의 루트비히 볼츠만(Ludwig Boltzmann)은 열,

압력, 에너지, 일 등의 특성을 가진 열역학이 가장 작은 입자와 어떤 관련이 있는지 연구했다. 증기 기관의 열과 압력은 에너지와 일을 만들어냈다. 즉 증기 기관에서 많은 수증기 입자는 움직이고 압력을 발생시키고 작동해 기관차를 구동했다.

보일러 안의 입자는 마치 움직이는 성에서 노는 아이들과 같다. 그들이 더 거칠게 뛰어다닐수록 성은 더 탄력 있게 흔들린다. 더 많은 어린이가 이리저리 뛰어다니고 펄쩍펄쩍 뛸수록 벽에 가해지는 압력이 더 높아진다. 각 어린이의 에너지와 속도는 증기 보일러의 온도에 해당한다. 생일 파티가 끝나면 뛰어놀 만큼 뛰어논 아이들은 기운이 하나도 남아 있지 않다. 움직이는 성은 고요해지고 증기 보일러처럼 식어간다.

뛰기 전, 나는 아이들을 두 무리로 나눈다. 파란색 티셔츠를 입은 조용한 아이들은 처음부터 움직이는 성 안에 앉아 있다. 빨간 티셔츠를 입은 움직임이 많은 거친 아이들은 출발을 알리는 총성과 함께 들어온다. 몇몇 충돌이 있지만 대부분 무혈 충돌이다. 거친 무리가 도착하면 성은 걱정스럽게 흔들리는데, 모두 거의 동시에 조직적으로 뒷벽에 부딪히기 때문이다. 여전히 높은 질서와 낮은 엔트로피 상태다. 성은 아이들로 가득 차 있기 때문에 조용한 아이들도 같이 뛰지 않으면 넘어지고, 거친 아이들은 조금 천천히 뛰지 않으면 끊임없이 다른 아이들과 충돌할 것이다. 두 무리가 섞이면 소동이 커져 번잡해지고 혼란스러워진다. 물리학자는 이것을 다음과 같이 설명한다. 움직이는 성은 열평형 상태에 있고 엔트로피가 증가했다. 모든 것이 혼합되어 있으며 빨간색과 파란색 티셔츠가 어디에나 있다. 셔츠를 벗으면 아이들은 아무도 자신이 어느 무리에 속하는지 모른다.

증기 기관에서도 비슷한 현상이 발생한다. 뜨거운 공기의 보일러를 차가운 보일러에 연결하면 공기가 뜨거운 보일러에서 차가운 보일러로 흘러 터빈을 구동할 수 있다. 가열을 중단하면 두 보일러의 온도가 균일해지고 가스 입자들이 같은 속도로 이동해 공기는 더 이상 한 방향으로 흐르지 않으며 터빈은 멈춘다. 이 시스템은 이제 열평형 상태이며 모든 입자가 완전히 혼합되어 있다. 질서 정연한 체계, 즉 여기에 차가운 입자 저기에 뜨거운 입자가 있는 체계에서 무질서한 체계가 되고 엔트로피가 증가했다. 더 이상 일을 하지 않는다. 물리학자는 이것을 시스템이 열화했다고 말한다. 시스템이 완전히 뒤섞인 것을 의미한다. 오직 하나의 동화한 큰 질량만 남아 있고, 그 유일한 정체성은 모든 입자의 공통 온도다.

또한 무질서는 계속 증가할 뿐이라고 말할 수 있다. 이것은 젊은 부모의 중요한 경험 중 하나일 뿐만 아니라 물리학의 경험이기도 하다. 모든 닫힌 물리 시스템과 모든 어린이 방에 적용되는 열역학 원리를 설명하기 때문이다. 동일한 온도의 보일러 두 대가 저절로 뜨거운 보일러와 차가운 보일러로 나뉘거나 어린이 방의 장난감 블록이 색상에 따라 스스로 분류되는 일은 경험하지 못할 것이다. 엔트로피를 줄이려면 늘 에너지를 공급해야 한다. 정리는 힘들고 에너지가 든다.

그러나 다채로운 블록이 들어 있는 어수선한 상자는 아직 최대 엔트로피에 도달하지 않았다. 모든 블록이 분쇄되고 분해되어 빛의 열 소음에 노출될 때에만 발생한다. 따라서 어수선한 아이의 방보다도 여전히 더 나빠질 수 있다.

그러므로 우리 우주가 겨우 수십억 년밖에 되지 않은 것이 행운이라고 말할 수 있다. 만약 우리가 무한히 오래된 우주에 살고 있다면 아무리 노력해도 그곳은 최대로 무질서하고 완전히 제멋대로일 것이다. 더 이상 은하도, 별도, 입자도, 블랙홀도 없을 것이다. 빛은 무한히 분리되고 사라질 것이다. 우주는 사막 바람에 날아간 촛불의 연기만큼이나 흥미로울 것이다. 이런 점에서 우주의 유한함은 궁극적으로 우리 존재의 전제 조건이다.

흥미롭게도 엔트로피 개념은 1948년 미국의 수학자 클로드 엘우드 섀넌(Claude Elwood Shannon)이 보여준 것처럼 정보 이론에도 등장한다. 아이 방의 장난감이나 증기 보일러의 가스 입자를 문자로 바꾸기만 하면 된다. 이 책의 한 쪽을 펼쳐보자. 내가 책의 한 줄을 이웃에게 조용히 읽어주면, 이웃이 이를 기억했다가 조용히 다음 이웃 사람에게 차례로 전달한다. 띠가 길어질수록 더 많은 실수가 발생한다. 꽤 유익한 정보 텍스트가 결국 더 이상 정보를 포함하지 않은, 이해할 수 없는 횡설수설이 된다. 수정하지 않은 채 정보만 전달하면 정보 손실과 무질서가 지속적으로 증가한다. 뜨거운 알파벳 수프는 결코 가까운 장래에 이해할 만한 책이 될 수 없을 것이다.[5] 이를 위해서는 목표에 맞게 투입되는 에너지가 필요하다. 이를테면 의미 있는 글을 쓸 때 작가의 뇌가 필요로 하는 초콜릿에 저장된 태양 에너지의 형태처럼 말이다.

엔트로피 개념은 블랙홀로 확장될 수 있다. 사실, 이들은 정보의 궁극적인 균형자이자 파괴자다. 아인슈타인의 법칙에 따르면 블랙홀에 빠진 사람은 모든 정보, 전체 역사, 생각, 외모, 기억 등이 하나의 숫자로 감소된다. 즉 그가 우주를 떠날 때 얼마나 무거웠는지 말이다. 따라서 블랙홀에서 모래주머니 5개는 미국 대통령보다 더 많은 인상을 남길 것이다.

블랙홀의 전체 시스템은 질량과 각운동량으로 완전히 정의된다. 이런 면에서 블랙홀은 괴물이지만, 그럼에도 우주에서 가장 단순하고 간단한 천체다. 지렁이의 모든 단일 세포는 블랙홀보다 헤아릴 수 없을 만큼 더 복잡하다.

만약 블랙홀이 실제로 호킹 온도를 갖고 있다면, 사건의 지평선의 면적이 엔트로피의 척도임을 알 수 있다. 아인슈타인 이론에 따르면 블랙홀은 더 커질 수 있기 때문에 엔트로피는 증가할 수 있지만, 우주의 전체 정보 · 전체적인 복잡성은 감소해야 한다. 사람이나 지렁이를 잃을 때마다 우주는 늘 작은 역사의 일부를 잃는다. 적어도 지구에는 인간의 유해가 남아 있지만, 블랙홀로 사라지면 그 손실은 전체가 된다.

호킹이 맞다면 블랙홀은 결국 산산이 부서지고, 질량 · 크기 · 엔트로피가 다시 감소한다. 그러나 우주의 총 엔트로피는 줄지 않는데, 방출되는 방사선이 그대로 갖고 있기 때문이다. 블랙홀로 사라져 한 지점으로 줄어든 사람에게 이것은 결국 가장 작은 조각으로 쪼개져 우주의 모든 방향으로 방출된다는 걸 의미한다. 그의 모든 생각은 어떻게든 다시 밖으로 빠져나오겠지만, 완전히 뒤죽박죽되고 우주의 양자 잡음과 뒤섞여 들리지 않을 것이다. 공간의 무한 확장으로 결국에는 아무것도 잃지 않을 것이다.

산산이 부서진 블랙홀은 뒤집어엎은 다채로운 장난감 블록 상자와 같다. 완전히 혼란스럽다. 그러나 폭발의 결과로 총 엔트로피가 변하면 안 되므로 블랙홀조차 사전에 이미 완전히 뒤섞여 있다는 것을 의미한다. 실제로 오늘날 우주의 거의 모든 엔트로피는 블랙홀에 있다.[6]

그러나 많은 이론물리학자는 이러한 정보 손실에 동의하지 않는다. 양자물리학에서 정보 보존은 신성하기 때문에 블랙홀의 정보 역설에 대해 말한다. 모든 정보가 보존되어야만, 양자 시스템이 원칙적이고 예측 가능하게 발전한다고 보장할 수 있다. 현재의 방해받지 않고 측정되지 않은 양자 입자의 상태는 그 이전 상태에 의해 정확히 결정된다.[7] 따라서 입자의 현재와 미래는 명확하게 연결되어 있다. 양자물리학의 방정식은 가역적이다. 앞뒤로 이동할 수 있으며 늘 같은 상태가 된다. 그러나 양자물리학에서 입자의 상태는 항상 한 속성이 상대적으로 정확하게 측정될 확률일 뿐이며 다른 속성은 불분명하다. 하이젠베르크의 불확정성 원리에 따라 입자의 모든 특성은 정확히 측정될 수 없으며 입자의 개별 측정은 다시 입자의 상태를 변화시킬 수 있다.

이것을 활쏘기로 상상해보자. 만약 훌륭한 궁수가 과녁을 조준한다면, 거기에 맞힐 것이라고 확신할 수 있다. 하지만 화살이 과녁의 어느 원 안에 꽂힐지 정확히 예측할 수는 없다. 이는 그저 적절한 확률로만 가능하다. 화살이 꽂혀야만 그 화살의 정확한 점수를 알 수 있다.

양자 입자는 공기를 통과하는 화살과 같다. 측정하는 것은 화살을 과녁에 맞히는 것과 같다. 뒤돌아보면 화살을 쏜 궁수를 알 수 있다. 문제는 가역적이다. 즉 화살과 궁수는 연결되어 있다. 결과적으로 물리학은 어떤 불확실성 속에서 놀랍도록 정확한 예측을 하고 원인과 결과를 연관시킬 수 있다.

그러나 블랙홀이 양자 정보를 파괴하고 나면 시간을 관통하는 명확한 경로도 차단한다. 화살의 비행은 사실상 중단될 것이다. 어디에서 와서 어디로 가는지 모른다. 뜻밖에 어디든 명중할 수 있다. 심지어 궁수 뒤에 있는 관중석에 꽂힐 수도 있다. 정보 보존 도그마(교리)의 균열은 양자물리학의 전능성과 물리학의 예측 능력을 전반적으로 의심하게 하는 심각한 문제다.

일부 이론가는 모든 양자 정보가 블랙홀의 중심, 즉 특이점에 가까이 저장된다고 생각한다. 그러나 사건의 지평선으로 사라진 정보는 블랙홀이 마침내 증발할 때까지 유지되어야 한다. 하지만 정보 저장에는 공간과 에너지가 필요하므로 말이 되지 않는다. 결국 블랙홀은 너무 작아서 수십억 개의 태양에서 오는 정보를 저장할 공간이 없다.

다른 물리학자들은 정보가 사건의 지평선 또는 그 아래에 갇혀 있다고 제안한다. 사건의 지평선을 넘을 때 막처럼 진동하며 정보를 저장하는 것일까? 블랙홀은 혹시 표면에만 정보를 저장하는 것일까? 아인슈타인이 이런 추측들을 듣는다면 무덤에서 돌아누울 것이다. 자유 낙하에서 어두운 심연으로 떨어지는 입자는 등가원리에 따라 사건의 지평선을 넘어선다는 것조차 알지 못하기 때문이다. 특이점에서 타격을 받을 때에야 비로소 입자는 무언가 잘못되었다는 것을 알아차리기 시작할 것이다. 상대성 이론에는 사건의 지평선에 대한 정보가 없다.

그럼에도 대부분의 물리학자는 블랙홀이 어떻게든 정보를 저장하고 폭발할 때 정보를 방출한다고 가정한다. 또 블랙홀의 복사 방출에는 적어도 이론적으로 과거를 읽을 수 있는 비밀 코드가 포함되어 있다고도 가정한다. 스티븐 호킹 스스로 초반의 의심과 잃어버린 내기[8] 이후 이런 사고 실험에 합류했다. 반면에 유명한 수학자이자 블랙홀 개척자인 로저 펜로즈(Roger Penrose)는 블랙홀에서 정보가 정말로 돌이킬 수 없이 손실된다고 주장한다. 결국, 우리는 중력장이 실제로 양자 입자로 무엇을 하는지 알지 못한다.

나는 펜로즈의 견해에 신중하게 공감한다. 블랙홀은 거시적 대상으로, 특이점에 국한하지 않고 오히려 구부러진 시공간 전체다. 특이점 안팎의 모든 양자 입자가 함께 형성된다. 어떤 양자 입자도 고립되지 않고 다른 입자에 의해 방해받지 않는다. 정보가 공유된다.[9] 개별 입자의 개별적 관계와 정보에 대해 여전히 말할 수 있을까? 공간이 양자화하지 않은 경우에도 양자물리학의 원리로 논쟁하는 것이 합리적일까? 양자이론은 가역적이지만 실제 거시 우주는 그렇지 않다. 왜 블랙홀이어야 할까? 어쩌면 그들은 결국 우주의 거대한 무작위 생성 기기일까?

물리학은 정보 위기에 처해 있고, 관련 책치고 이것을 다루지 않은 책이 없다. 무엇이 틀렸을까. 상대성이론인가 양자물리학인가? 많은 강력한 의견이 있지만 어느 것이 효과적인지 알 수 없다. 물리학의 위기는 늘 새로운 이론을 위한 기회다. 물리학자들은 40년 넘게 그것을 찾고 있지만 지금까지는 헛수고였다. 우리는 여전히 중력과 양자물리학을 조화시킬 수 없다. 양자중력이론을 개발하는 것은 엄청나게 복잡하다. 대부분의 접근 방식은 사과를 떨어뜨리는 데서도 큰 어려움을 겪고 있다.

창의적 아이디어가 부족한 게 아니라, 이 아이디어 중 어느 것이 옳은지에 대한 신의 분명한 가리킴이 부족하다. 이 분야의 주요한 석학 가운데 포츠담의 양자중력 연구자인 헤르만 니콜라이(Hermann Nicolai)는 내게 이렇게 말했다. "사고(思考)만으로는 더 이상 앞으로 나아가지 못한다. 실험이 필요하다." 양자중력에도 에딩턴 탐험대가 필요하다!

그래서 지금까지 물리학의 위기는 주로 이론적이었다. 블랙홀의 이미지 사진으로는 아직 많은 새로운 이론을 확인하거나 배제할 수 없다. 상대성이론은 우리가 그것을 이해하는 데 필요한 전부다. 새로운 이론이 그림자의 크기와 모양에 대해 약간의 차이를 보인다면 실제로 우리는 어느 시점에 그 효과를 볼 수 있다. 만약 양자 객체의 크기 범위에서만 그 편차가 발생한다면 아마도 우리 눈에는 영원히 띄지 않을 것이다.

블랙홀의 이미지는 두 이론의 통합 불가능성 문제를 이전보다 조금 더 실질적이고 현실적으로 만들었다. 우리가 그림자의 어둠을 들여다보면, 상대성이론과 양자물리학이 뒤엉켜 있는 사건의 지평선의 가장자리를 정확히 볼 수 있다. 두 위대한 이론을 통합하는 문제는 결코 추상적이지 않고 매우 현실적이다. 이제 우리는 그 천체의 위치를 지정함으로써 손가락으로 가리킬 수 있게 되었다. 그래서 이 이미지의 진정한 비밀은 빛나는 불의 고리가 아니라 그림자에 있다.

14

전능과 한계

모든 것이 측정 가능할까

허블 우주 망원경의 매우 인상적인 사진 중 하나는 1995년 크리스마스에 찍은 것이다. 10일 동안, 망원경은 눈에 띄지 않고 거의 임의로 선택된 거대한 하늘을 응시하여 북두칠성의 앞 가장자리 바로 위에서 342개의 개별 관측 사진을 찍었다. 이것을 하나의 이미지로 결합해 허블 딥 필드(Hubble Deep Field)를 만들었다. 이 부분은 우주의 너비에 비하면 매우 작다. 하늘로 팔을 뻗어 바늘귀를 통해 바라보는 시야 정도다. 사진에는 공간의 어둠에 흩어져 있는 크고 작은 빛의 점이 가득하다. 자세히 살펴보면, 이 작은 빛의 점 각각이 별도의 은하라는 걸 알게 될 것이다. 전체 사진에 3000개의 은하가 있다. 하늘 전체를 표현하려면 거의 2200만 개의 바늘귀 크기 이미지가 필요하며, 이는 수천억 개의 은하에 해당한다. 각 은하에 수천억 개의 별이 있다고 가정할 때, 우주에는 최소한 10^{22}개의 별이 있다. 아마도 더 많을 것이다.

2500년 전 선지자 예레미야는 측정할 수 없는 크기를 표현하고 싶을 때 "하늘의 만상은 셀 수 없으며 바다의 모래는 측량할 수 없나니"[1]라고 묘사했다. 그는 맨눈으로 수천 개의 별만 보았지만 이미 이해할 수 없는 우주 공간의 깊이에 대한 무언가를 감지했다. 실제로 하늘에는 전 세계의 해변에 있는 모래알만큼 많은 별이 있지만, 그 수를 정확히 측정하기는 어렵다.

우리는 특별한 시기에 살고 있다. 예언자들이 이전에 꿈꿔온 것을, 오늘날 우리는 육안으로 볼 수 있다. 망원경과 위성은 우리에게 이전에 어떤 세대도 볼 수 없던 미지의 세계를 엿볼 수 있게 해준다. 우리는 신처럼 위에서 지구를 내려다보고 우주의 검은 벨벳 위에 푸른 진주처럼 떠다니는 것을 본다. 화성의 구름과 모래 폭풍을 보고, 새로운 별들이 만들어지는 빛나는 거대한 성운을 본다. 모든 색깔을 띤 수천억 개의 별로 이루어진 먼 은하를 보고, 하늘을 향한 바늘귀에서 우주 전체의 작은 부분에 불과한 수천 개의 은하를 본다. 우주 공간에 대한 풍부한 이미지는 한 개인이 받아들이고 이해할 수 있는 그 어떤 것도 능가하며, 우리의 지식은 점점 더 커지고 있다.

이것이 과학과 기술의 눈에 띄는 성공이다. 바야흐로 자연과학의 시대다. 모든 것이 측정 가능하다. 인간조차도 말이다. 이전에는 직관·희망·믿음이 결정을 내리는 데 도움이 되었다면, 오늘날 우리는 연구·측정·모델·데이터베이스를 찾는다. 모든 결정은 정당화되고 데이터와 모델로 뒷받침되어야 한다. 오늘날 인문학자나 신학자조차 자연과학에서 빌려온 컴퓨터 기반 방법과 통계적 접근 방식을 사용한다. 기술은 우리 삶을 완전히 장악하고 오락과 영감을 제공한다. 놀이는 운동장이 아니라 컴퓨터에서 한다. 신은 길들여지고 인간은 계산할 수 있다. 언젠가 우리는 앱을 이용해 합리적이고 과학적으로 모든 결정을 할 수 있을까?

이 발전의 최전선에 물리학이 있다. 물리학과 천체물리학은 우리에게 우주의 아름다움을 제공할 뿐만 아니라 우리를 삶의 아주 큰 질문으로 이끈다. 망원경으로 우리는 시공간의 시작 부분으로 돌아가 빅뱅을 탐구한다. 그리고 지금 우리는 블랙홀의 심연을 연구하고 있다. 이전에 누가 이런 것이 가능하다고 생각했을까? 시간의 시작과 끝은 이미 그려져 있다. 이것이 물리학의 가장 큰 승리가 아닐까? 이것이 세계를 완전히 탐구하고 개척하기 위한 긴 진화의 정점이 아닐까? 모든 대륙의 연구자들이 인류의 마지막 위대한 미스터리를 해결하기 위해 함께 일한다. 지금 누가 혹은 무엇이 우리를 막을 수 있을까? 전 세계가 함께 일하고 있는 지금 어떤 비밀이 우리의 시선을 피할 수 있을까?

모든 물질에 질량을 부여하는 힉스 입자를 발견하기 위해 대륙이 필요했다. 중력파 탐지기로 시공간의 떨림을 감지하기 위해 두 대륙의 연구실과 연구원이 필요했다. 그리고 마침내 블랙홀을 보기 위해 전 세계가 필요했다.

세계는 물리학과 생명의 큰 문제들을 해결하기 위해 마지막 일전을 준비 중이다. 우리가 자연의 마지막 수수께끼를 풀고, 신의 얼굴에서 은폐의 베일을 벗기는 것은 그저 시간 문제일까?

과학의 역사는 마침내 우리의 지평이 더욱 넓어지고 지식이 기하급수적으로 성장했음을 보여주었다. 한 나라가 대륙이 되고, 한 대륙이 전 세계가 되었다. 지구로부터 태양계 전체, 태양계에서 은하계 전체, 은하계에서 우주 전체가 되었다. 물리학자는 이미 수많은 다른 우주, 즉 다중우주에 대해 이야기하고 있다.

독일의 물리학자 필리프 폰 욜리(Philipp von Jolly)는 물리학에서는 이미 거의 모든 것이 발견되었다는 발언으로 유명해졌다. 19세기 말, 그는 젊은 막스 플랑크에게 물리학 연구를 하지 말라고 조언했다. "한쪽 모서리 혹은 다른 쪽 구석에 먼지나 거품 같은 것들이 좀 있을 수는 있지만, 시스템 전체는 아주 잘 정립되었다"고 말한 것으로 플랑크는 기억했다. 고등학교 졸업반인 플랑크는 이에 낙담하지 않았다. 그는 아인슈타인의 상대성이론을 향한 문을 열었고 양자물리학의 출발점을 제시했다.

뭐 이렇게 계속 진행되지 않겠는가? 정말 그런지 나는 궁금하다. 그리고 나만 그런 것이 아니다.[2] 아마도 우리가 모든 것을 발견할 수 없다는 것이 곧 가장 위대한 발견이 될 것이다. 한계의 발견은 겸손의 발견이기도 하다.

새로운 물리학은 특히 물리학 자체의 근본이 된 지식의 한계를 기반으로 하고 있다. 상대성이론에서 빛의 속도가 유한하다는 것은 우리가 모든 것을 알지 못하고, 우주의 모든 별을 셀 수 없으며, 모든 것을 정확히 측정할 수 없고, 아무것도 완벽하게 예측할 수 없다는 것을 의미한다. 양자이론은 하이젠베르크의 불확정성 원리를 통해, 정확히 존재하는 것은 아무것도 없다는 결론에 이른다. 열역학과 카오스 이론은, 미래는 궁극적으로 그리고 실제로 예측할 수 없다는 통찰로 이끈다.

지금까지 우리는 가장 현대적인 방법으로 우리은하에서 10억 개의 별을 모두 세었다. 이것은 우주의 모든 은하에 있는 실제 별의 수와 비교하면 아무것도 아니다. 우리는 모든 별을 포착하거나 방문할 수조차 없다. 그들은 과거의 메아리일 뿐이다. 많은 것이 더 이상 존재하지 않는다. 우리는 그들이 오래전에 보낸 빛만을 볼 수 있다. 우주가 계속 확장됨에 따라 우리가 빛의 속도로 이동할 수 있게 되더라도 오늘날 우리가 보는 은

하의 94퍼센트에는 도달할 수 없다.[3]

빅뱅과 블랙홀은 우리가 알고 있는 모든 것에 따른 것으로 오늘날의 판단에 따르면 과학적 현실이지만, 더불어 우리에게 보여준 한계도 현실이 되었다. 그 뒤에 있는 모든 것은 여전히 상상력과 수학의 영역에 남아 있다. 우리는 블랙홀을 들여다볼 수 없으며 빅뱅을 들을 수 없다.

물론, 우리는 이 한계를 계속 흔들어 이전에 탐험하지 못한 문을 찾을 테지만, 이 문들이 존재하리라는 보장은 없다. 지평을 근본적으로 확장하는 데는 이전의 모든 물리학에서 근본적 혁명이 필요하다. 물리학이 그 자체로 할 수 있을까? 돌이켜보면 인상적인 말에도 불구하고 과학은 많은 혁명이 아닌 긴 진화로 발전했다. 아인슈타인은 뉴턴을 불필요하게 만들지 않았으며, 어떤 면에서는 그의 이론이 가진 한계만 지적하고 더 포괄적인 새 이론에 포함시켰다.

물리학의 위대한 마지막 비밀을 풀기 위해서는 전 세계의 공동 노력이 필요하다. 이것은 앞으로 더 흥미진진한 수십 년을 약속한다. 하지만 그보다 더 많은 시간이 필요한 경우 어떻게 해야 할까? 우주에 수십 개의 거대한 거울이 있는 거대 간섭계? 행성 차원의 입자 가속기? 재정적으로 가능할까? 그게 도대체 가능할까? 그것이 가능하더라도, 모든 질문에 답할 수 있을까?

과학계의 가장 큰 승리가 가장 큰 패배일까? 아마도 세계를 완전히 정복하고 제대로 이해하기 위한 마지막 일전에서 우리는 오만함 속에서 신기루를 좇았으며, 과학 하나만으로는 인생의 거대한 질문에 단 한 걸음도 더 다가가지 못했음을 깨닫게 될 것이다.

"어디에서 와서 어디로 가는가?"라는 거대한 질문은 기술의 도움으로 결코 답할 수 없는데, 우리는 모든 것이 가능하다는 망상에 사로잡힌 것은 아닐까? 그렇다고 해서 질문을 그만둬야 한다는 의미는 아니다. 오히려 자연과 우리 존재의 문제에 대해 더 겸손하게 접근해야 한다.

우리는 여전히 과학의 위대한 노력을 누리겠지만, 그 자체가 구원의 목표는 아니다. 과학은 세계를 설명하는 절대적 방법이 아니라 인간의 창의성과 호기심을 구현하는 것이다. 궁극적으로, 우리 물리학자는 아마도 거대한 질문에 답하기 위한 마지막 일전에서 패배할 것이다. 그럼에도 어둠을 밝히는 싸움은 여전히 가치가 있다.

시간의 안개

자연과학은 겉보기에 예언적 힘을 갖고 있다. 그것은 놀라운 예측을 한다! 이 예언은 자연과학 자체에 대한 중요한 주장이며 많은 사람에게 놀라운 성과다. 구체의 비행, 물질의 작용, 태양광의 굴절, 블랙홀의 형태 등은 사전에 훌륭하게 계산할 수 있다. 기상 예보도 상당히 유용하고, 심지어 전염병 발생에 대한 예측도 전속력으로 진행되고 있다. 언젠가 모든 것이 예측 가능해지고, 그러면 미래의 모든 것도 이미 결정될 것인가? 다행히도 우리의 직감은 이런 생각을 차단한다.

십대 때 나는 시간에 대해 생각했다. 나는 시간을, 멈추지 않고 걸어야 하는 짙은 안개에 휩싸인 숲으로 상상했다. 오직 신만이 위에서 이 안개 숲에서 가능한 모든 길을 보고, 과거와 미래를 동시에 본다. 하지만 나는 늘 내 앞뒤에 있는 길 일부만 본다. 내 앞에는 미래가 불확실한 안개 속에서 조금씩 나타나고, 뒤에는 과거가 내 기억의 안개 속에서 희미하게 사라진다. 가끔 숲속을 서둘러 지나고 때로는 천천히 걷기도 하지만 결코 멈출 수는 없다. 모든 갈림길에서 새로운 결정을 내린다. 그때마다 내 길은 바뀌고, 불확실하지만 새로운 미래로 이어진다. 사람들은 안개 속에서 각자 자신의 길을 간다. 때로 우리는 만나기도 하고 함께 걷기도 하며, 때로는 헤어져 서로를 잊기도 한다.

그런데 왜 안개 숲을 통과하는 길은 한 방향일까? 왜 현실에서는 시간이 늘 앞으로 흘러갈까? 시간의 화살표가 한 방향만 가리키는 이유는 무엇일까? 그리고 미래에 대한 우리의 시각은 왜 제한적일까?

공간에서 우리는 앞뒤, 좌우, 위아래로 움직일 수 있다. 공간에서는 언제든 같은 장소로 돌아갈 수 있다. 시간에서는 이것이 불가능하다. 물리학의 많은 방정식에서는 시간을 매개 변수로 사용하며, 여기서는 영화에서처럼 앞뒤로 흐르게 할 수 있다. 현실에서는 이것이 불가능하지만 때로는 시간을 되돌리고 싶을 때도 있다.

이런 질문을 이해하려면 물리학의 모든 분야를 함께 고려해야 한다. 가장 작은 것에 대한 이론인 양자물리학, 가장 큰 것에 대한 이론인 상대성이론, 그리고 많은 입자에 대한 이론인 열역학 등이다.

한 가지 확실한 점은 시간이 없다면 발전도 없다는 것이다. 시간은 저주이자 축복이다. 시간이 없다면 우리의 출생과 경험, 그리고 쇠퇴와 죽음도 없다. 시간을 가진 사람은 시작과 끝이 있다. 정적 우주에서는 고통이나 잃을 것이 없지만 경험과 발견 역시 없다.

일반적으로 물리학에서 시간의 출현은 멈출 수 없는 하락, 엔트로피의 결과로 해석된다. 다른 많은 물리 법칙과 달리 엔트로피에 관한 열역학의 주요 정리는 한 방향으로만 이루어져야 한다. 즉 증가해야 한다. 정확히 시간처럼 말이다. 이를 통해 과정은 돌이킬 수 없는, 비가역적 과정이 된다. 시간 속에서 늘 한 방향으로 진행된다. 책을 태워 증기 엔진을 가열하는 데 사용했다면 재가 저절로 같은 책이 되지는 않는다. 작업이 실행되는 곳, 에너지가 사용되는 곳마다 성장하는 작은 에너지 조각이 손실되고 점점 더 많은 혼란의 형태로 낭비된다. 우리가 살아 숨 쉬고 움직일 때마다 에너지를 소비하고 엔트로피를 증가시킨다. 그래서 살아 있는 사람은 시간의 한 방향으로만 갈 수 있다.

중력 역시 이상한 일방통행로다. 전하는 양수 또는 음수일 수 있고 끌어당기거나 밀어낼 수 있으며, 자기장은 북극과 남극이 있는데, 중력만 대응하는 것이 없다. 질량은 늘 끌어당긴다. 지구의 중력장에서 돌은 늘 아래로 떨어지고 블랙홀은 질량으로 인해 점점 커진다.

하지만 이런 일반통행은 발전을 가능하게 한다. 빅뱅 이후 중력이 없었다면 가스와 물질은 우주 공간으로 사라졌을 것이다. 별과 행성은 전혀 응축되지 않았을 것이고, 인간도 결코 생성되지 않았을 것이다. 중력이 없으면 태양은 타지 않을 것이고 식물은 살 수 없으며 인간은 먹지 않을 것이다. 우리는 중력에 빚지고 있다.

엔트로피가 늘 증가한다는 우울한 문장에도 긍정적 변이가 있다. 목표 중심적 에너지 사용으로 특정 장소에서 엔트로피를 줄일 수 있다. 약간의 에너지로 나는 아이의 방을 청소할 수 있고, 약간의 에너지로 책을 쓸 수 있다. 우주의 총 에너지 부담으로 말이다. 오직 시간과 중력의 화살만이 우주에서 창의성의 섬을 허용한다. 매우 중요한 질문은 그저 '이 모든 에너지의 원천은 어디인가?'이다. 이것은 우리 우주의 아주 큰 비밀 중 하나다.

그러나 우리에게 생명을 주는 바로 그것이 모든 걸 알고자 하는 우리의 욕망을 제한한다. 엔트로피가 클수록 개별 입자의 과거 또는 미래에 대해 아는 것이 적다. 나는 궁극적으로 책이 재로 변하는 것을 안다. 그러나 재가 어떻게 퍼져 분포하게 될지 예측하는 것은 불가능하다. 결과적으로 세계의 과정은 본질적으로 비결정적이고 정의되지 않는다.

대화를 하다 보면 때때로 과학적 사고를 형성한 많은 사람이 더 나은 분별력에 반해 여전히 엄격한 결정론적 세계관을 마음속에 품고 있다는 인상을 받는다. 만일 여러분이 한 시점에 세상의 상태를 제대로 알고 있다면 모든 과정이 정확하게 정의되고 예측 가능할 것이다. 세상은 정말로 큰 컴퓨터 게임이 될 것이다. 인간의 자유의지는 환상일 뿐이다. 즉 우리가 주위 환경으로부터 흡수하는 정보의 영향으로 뇌세포의 양자 시스템이 궁극적으로 사전 결정한 진행 과정의 결과다. 그러면 모든 결정은 사람이 태어나기도 전에 이루어졌을 것이다. 우주 대폭발 현상은 내가 지금 경고의 의미로 손가락을 드는 것을 결정했던 것일까?

세상은 예측할 수 없으며, 근본적으로 그렇다. 물리학자는 자신들이 계산할 수 있는 것에 자부심을 갖지만, 때로는 자신의 한계를 간과한다. 결정론은 물리학자들의 분홍색 유니콘이다. 매력적이지만 실제로는 존재하지 않는다. 결정론은 아주 짧은 기간 동안 그리고 아주 좁은 틀 안에서만 존재한다. 도미노를 적당한 간격으로 줄 세우고 첫 번째 도미노를 건드리면 마지막 도미노도 넘어질 것이라고 결정적으로 정해졌다. 그러나 원칙적으로 미래도 과거도 계산할 수 없다. 우연의 안개는 영원에 대한 우리의 분명한 견해를 차단한다. 실제 삶에서 도미노는 우리가 생각하는 것처럼 늘 맞아떨어지지는 않는다. 이를테면 슈뢰딩거의 고양이가 우연히 방에 들어올 때처럼 말이다.

레이던(Leiden) 대학교의 동료 시몬 포르테히스 즈바르트(Simon Portegies Zwart)는 이것을 인상적으로 보여주었다. 그는 고전적인 뉴턴 중력 법칙만을 적용해 회전하지 않는 3개의 블랙홀, 즉 블랙홀 3체의 움직임을 컴퓨터로 시뮬레이션하고 임의의 정확도에 대해 수치적으로 계산했다. 이것은 우리가 생각할 수 있는 가장 간단한 물리적 시스템이다. 우리는 이 블랙홀 3체의 중력 시스템 변화를 원하는 길이만큼 정확하게 앞뒤로 계산할 수 있어야 한다. 실제로, 이것은 사실이 아니다. 우주의 나이에 걸쳐(우주의 나이만큼의 시간 동안) 블랙홀 사이의 거리를 플랑크 길이의 정확도로 알지 못한다면 이 블랙홀 3체의 중력 시스템은 예측 불가능할 정도로 바뀔 수 있기 때문이다. 플랑크 길이는 약 10^{-35}미터다. 이것은 우리가 알 수 있는 가장 작은 길이로, 모든 양자 입자의 크기보다 훨씬 작다. 원칙적으로 이처럼 작은 거리는 측정할 수 없는데, 알려진 모든 자연법칙이 이 차원에서 실패하기 때문이다. 하지만 이것은 3개의 단순한 점 질량 시스템으로도 발전을 되돌릴 수 없고 예측할 수 없다는 걸 의미한다. 반대로, 이러한 시스템도 역추적할 수 없다. 우리는 이 블랙홀 3개가 어디서 시작되었는지 알 수 없다.

시몬 포르테히스 즈바르트의 동료들이 블랙홀 대신 변형 가능한 행성 시스템을 계산했거나 뉴턴의 간단한 중력 법칙 대신 아인슈타인 상대성 이론의 더 복잡한 방정식을 사용했다면 이 시스템은 훨씬 혼란스럽게 발전했을 것이다. 그리고 더 많은 별과 블랙홀을 추가했다면 완전한 혼돈과 같았을 것이다. 우리는 우주가 근본적으로 예측할 수 없고 혼란스럽다는 사실을 받아들여야 한다.

인간은 3개의 블랙홀 시스템보다 훨씬 더 복잡하다고 덧붙여야 할까? 아마 아닐 것이다! 어린 자녀를 둔 모든 부모가 알고 있듯이 단기간에 아무도 예측할 수 없다. 따라서 언젠가 인간을 컴퓨터로 옮겨 계산하는 것을 꿈꾼다면 분홍색 유니콘을 꿈꾸는 게 더 나을 것이다. 적어도 물리학적으로 불가능하지는 않으니 말이다. 인간은 물리 법칙을 따르지만, 가장 깊은 내면에서는 근본적으로 자유롭다!

우리 뇌 속에서 벌어지는 결정의 기원은 불확실성의 안개 속에서 미시적 수준으로 매우 빠르게 진행된다. 하지만 안개가 자욱한 양자 거품은 나를 위해 결정하지 않는다. 일부 물리학자의 주장과 달리, 나는 여전히 자유의지를 갖고 있으므로 내 행동의 책임에서 자유롭지 않다.[4] 나와 아무 관련이 없고 나를 위해 임의의 결정을 내릴 수 없는 뇌 속의 양자 입자에게 이 책임을 전가할 수는 없다. '우리'가 또 그렇게 혼란스럽지는 않기 때문이다. 나는 해체할 수 있는 개별적 부분일 뿐만 아니라, 그것들 사이의 상호작용이고 시간에 따른 발전이기도 하다. 그 결과 늘 새로운 무언가, 독립적인 무언가가 생겨난다. 바로 나 자신이다.[5]

그러나 나라는 것은 물리학에서 시간의 본질과 마찬가지로 철학에서도 모호하다. 내가 확신하는 것은 내 자아가 여기, 그리고 지금의 내 양자 거품뿐만 아니라 내 과거와 미래도 포함한다는 것이다. 내 지평선이 닿는 한 말이다. 내 자아 속에는 내 생각, 기억, 현재, 희망, 믿음 등이 모여 있다. 이 전부가 나다. 걸음을 내디딜 때마다 내 지평선이 바뀌므로 시간이 지남에 따라 내 자아도 변화할 수 있다. 이렇게 나는 완전히 다른 사람이 되는 게 아니라 끊임없이 스스로 변화하는 것이다.

그런데 이 시간의 안개는 물리적으로 어디에서 오는 것일까? 양방향의 불확실성일까? 우리가 앞을 내다보거나 뒤를 돌아보지 못하는 이유는 이 세상의 어떤 것도 절대적으로 정확히 알 수 없기 때문이다.

예를 들어, 무언가를 무한히 정확하게 알 수 있으려면 무한히 오래 측정해야 하지만, 유한히 오래되고 유한하게 큰 우주에서는 이것이 불가능하다. 원칙적으로 시간이 있는 우주에서 정확한 것은 없다. 무언가가 무한히 작거나 짧으면 무한히 정확하게 측정하기 위해 무한한 양의 에너지를 사용해야 한다. 심지어 이것은 수학적으로 증명할 수 있으며,[6] 유명한 하이젠베르크의 불확정성 원리로 이어진다. 이 원리는 양자 입자의 모든 특성을 정확히 알 수 없으며, 원칙적으로 정확히 알 수 없는 것은 물리적으로도 정확하게 존재하지 않는다고 말한다!

이런 점에서, 학교에서 배운 수학 방정식은 우리를 속인다. 그것들은 이 정확성 속에서 존재하지 않는 본질을 설명한다. 스위스 물리학자 니콜라스 지생(Nicolas Gisin)은 수치의 부정확성을 고려한 새롭고 직관적인 수학[7]을 제안했다. 수치는 시간이 지남에 따라 더 정확해진다. 직설적으로 말하면 "2 더하기 2는 4와 같다"는 무한히 오랜 시간이 지난 후에야 정확히 참이다. 예를 들어 빵의 무게가 정확히 2킬로그램인지를 알아보려면 무한히 측정해야 하지만, 그때쯤이면 이미 상했거나 먹어버렸을 것이다.

빛의 속도가 무한하다면, 우주에서 오는 모든 정보는 심지어 무한한 거리에서도 나에게 즉시 도달할 것이다. 경험 가능한 우주는 끝이 없고 무한히 클 것이다. 모든 것이 늘 동시에 다른 모든 것과 연결된다. 하지만 빛의 속도는 유한하기 때문에 시간과 공간에 무한한 경험이 없고 절대적 정확도 역시 없다. 따라서 빛의 속도의 유한함은 우리에게 특별한 자유를 준다. 여기 그리고 지금만이 중요하기 때문이다. 모든 장소에는 고유한 현재, 과거, 미래가 있다. 내일 무엇이 나에게 영향을 미칠지 지금은 모른다. 그렇다. 볼 수 없고 단지 기대할 수만 있다. 미래는 내일 아침에야 실제로 보일 것이다. 아마도 그럴 것이다.

애초에 우리 삶을 가능하게 하는 것도 이 유한함이다. 무한대로 광대하고 무한히 오래된 우주는 열역학의 원리에 따라 끝없이 임의적이고 영원히 지루할 것이다. 거의 무한히 긴 시간이 지난 뒤 모든 별이 타버리고 모든 물질이 분해되고 모든 블랙홀이 붕괴되면 우주는 무한히 약한 광파의 텅 비고 구조가 없는 복사의 바다가 될 것이다.

그러므로 우리 우주를 살기 좋고 사랑스럽게 만드는 것은 시작이며, 알다시피 모든 시작은 고유한 마법을 간직하고 있다. 하지만 우리는 끝을 너무 두려워해서는 안 된다. 우주의 진화 과정에는 우리가 여전히 기대할 수 있는 놀라운 변화와 창의력이 많다. 시작을 만든 창조적 힘이 지속되지 않을 이유가 무엇이란 말인가?

우리 우주에서의 삶은 임의성과 예측 가능성 사이에서 미세하게 균형을 이룬다. 우리는 자연법칙에서 자유롭지 않지만 그것의 노예도 아니다. 하나의 입자를 보면 미래는 완전히 임의적이지만, 일정 기간 동안 많은 입자를 보면 모든 것이 일정한 확률과 규칙성으로 발생한다. 장기간에 걸쳐 매우 많은 수의 입자를 관찰하면 각각의 입자에 대해 다시 거의 모든 것이 가능하다. 인간의 삶은 중간 범위에서 이루어진다. 즉 혼돈과 햇빛의 기회로 어느 정도 계획할 수 있지만 계속해서 선택할 자유도 있다. 안개의 숲은 인간 삶의 상태를 아주 잘 보여주는 그림인 듯하다.

처음, 그리고 그 이후

어렸을 때, 나는 때때로 밤늦게까지 깨어 생각했다. "하늘 뒤에는 무엇이 있을까?"라고 질문했다. "하늘 뒤에 무언가가 있다면, 그 뒤에는 또 무엇이 있을까? 그리고 하늘 뒤에 있는 것 뒤에는 무엇이 있을까? 거기에 신이 있을까 아니면 빈 무한대가 있을까?"

일부 물리학자는 이런 질문이 유치하다고 주장한다.[8] 하지만 아이처럼 질문한다고 해서 자동적으로 유치하다는 의미는 아니다. 나는 기꺼이 아이처럼 호기심을 갖고 묻기를 멈추지 않는다. 다른 방법이 없다.

나는 더 멀리 보려고 과학자가 되었지만 내 과학적 관점은 결코 무한대에 이르지 못할 것이다. 나는 실제로 무한을 생각하거나 측정할 수 없기 때문에 무한의 과학에 접근할 수 없다. 무한함은 수학적 추상화이고 형이상학적 추측이다.

오늘날 확립된 세계 모델에서 무한대에 대한 우리의 시각은 빅뱅에서 끝난다. 우리의 시간과 역사는 빅뱅으로 시작된다. 언젠가 무언가가 될 모든 것이 그 안에 들어 있다. 우주 대폭발(빅뱅)은 응축된 에너지 과잉이다.[9] 오늘날 우리가 보는 모든 것, 즉 모든 형태의 물질이나 에너지[10] 그리고 우리 자신 역시 궁극적으로 이 원시 에너지에 기원한다.

거의 무한대의 작은 공간이 갑자기 10^{-35}초 만에 팽창한다. 순수한 에너지와 빛의 원초적 섬광이 발생하며, 여기에서 소립자를 가진 양자 혼합이 결정화한다. 양성자와 전자가 만들어지고 물질의 구성 요소를 형성한다. 38만 년 뒤 양성자와 전자는 서로를 찾아서 수소를 형성해 우주에 넘쳐난다. 물질과 빛은 갑자기 분리되어 각자의 길을 간다. 암흑물질은 자체 중력의 영향으로 집중된다. 암흑 세계 섬들은 빅뱅의 잔해에서 솟아 수소를 끌어모은다. 여기서 새로운 원소를 형성하고, 거대한 폭발을 통해 다시 우주로 밀려난 빛나는 별들과 함께 은하계를 만든다.

최초의 별의 잿더미에서 새로운 별, 행성, 달, 혜성이 태어난다. 별의 일생의 순환이 시작되고 마지막에 지구가 생성된다. 물은 땅에 떨어지고 모여서 별 먼지와 함께 균, 세포, 식물이 된다. 이 새로운 생명이 세상을 바꾸어 대기가 형성되고, 구름이 걷히고, 동물이 진화한다. 마지막으로 등장한 인간은 태양, 달, 별 빛 아래에서 지구를 채우고 정복하고 도시를 건설하며 세계와 시간과 공간을 이해하고 그것에 관한 책을 쓴다. 모두 빅뱅으로부터 만들어졌다.

우리 우주가 작동한다는 사실은 정말 놀랍다. 우주를 만드는 것은 물리학의 줄타기다. 중력이 훨씬 강하면, 별들이 블랙홀로 붕괴된다. 중력이 약하면, 암흑에너지로 인해 모든 것이 분리된다. 전자기력이 강하면, 별이 빛날 수 없다.[11] 가장 큰 기적은 우주의 톱니바퀴들이 서로 맞물려 우리에게 생명을 불어넣어준다는 것이다. 빅뱅 이후 자신이 이 혼돈에서 탄생했다고 예측한 사람이 있다면 분명 미쳤다는 소리를 들었을 것이다. 갑자기 스스로 생각하고, 자신의 의견을 형성하고, 창의성과 개성을 발휘하는 물질은 물리학 교과서에 나와 있지 않지만, 그럼에도 우리는 여기 존재한다.

이 수수께끼에 대한 대중적인 대답은 실제로 하나의 우주가 아니라 초원에 꽃처럼 피었다 사라지는 수많은 우주가 있다는 것이다. 각 우주는 조금씩 다르다. 그래서 우리는 그저 우연히 우리가 볼 수 있는 바로 이 우주에서 살아간다.

그러면 우리는 더 크게 생각해야 할까? 이를테면 두 우주의 충돌로 만들어진 대규모 공간 구조물처럼 우리 우주에 남아 있는 오래된 우주들의 흔적을 발견할 수 있을까? 개인적으로 초대질량 블랙홀은 아주 잘 보존된 고대 우주의 화석이라고 생각한다. 결국 그들은 우리와 같은 우주에 남아 있어야 하는 마지막 것이다. 지금까지 이 중 어느 것도 발견되지 않았다. 아직까지 평행 우주가 실제로 존재하고 우리가 그것을 측정할 수 있다는 증거는 없다.

또한 존재할 가능성이 매우 희박한 하나의 우주가 존재한다는 사실로부터 많은 다른 우주가 존재할 거라는 결론을 내릴 수 있는지도 분명하지 않다. 결국 각각의 우주는 사실 매우 비현실적이다. 내 이웃이 복권에 당첨됐다고 해서 그가 수백만 번 시도했다는 의미는 아니다.[12] 우리는 아주 운이 좋은 사람 옆에서 산다고 말할 수 있다. 이것이 우리가 경험한 유일한 추첨이고 우리가 그 규칙을 정확히 모르는 경우 복권을 사는 사람의 수나 우주의 수를 추론할 수 없다.

증거에 대한 구체적 희망 없이, 다중우주가 여전히 물리학인지 아니면 이미 형이상학인지에 대한 의문이 생긴다. 우리는 우리 우주가 시작된 특이점 너머를 보거나, 우리 우주의 경계를 너머 살펴볼 수 없다. 다중우주가 실제 물리학이고 희망적 생각이 아니라고 주장하더라도 여전히 질문은 남아 있다. 다중우주는 어디에서 왔을까? 우리는 단지 우리의 무지를 물리학의 어딘가로 옮겼다!

스티븐 호킹은 빅뱅 이전에 무엇이 있었느냐고 묻는 것은 북극의 북쪽에 무엇이 있었느냐고 묻는 것만큼 의미가 있다고 주장했다. 그는 시간 좌표가 절대 0에서 시작하지 않는 세계 모델을 제안했다.[13] 북극은 특정 세계 모델과 특정 좌표계에서만 문제가 되기 때문에 속임수라고 생각한다. 구면으로 제한된 세계만 생각하는 사람은 이 질문에 답할 수 없다. 그럼에도 그는 북극 너머 모든 방향으로 방해받지 않고 나아갈 수 있고 북극 위나 아래에 무엇이 있는지 궁금해할 수 있다.

다른 사람들은 우주가 자발적으로 무에서 갑자기 생겨났다고 말하지만, 그것은 '무'를 어떻게 정의하느냐에 달려 있다. 세계의 기원에 대한 모든 이론은 적어도 일련의 자연법칙, 일련의 수학 방정식으로 시작하며 오늘날 대부분의 경우 새로운 우주가 자발적으로 나타날 수 있는 확산된 양자 거품의 바다로부터 시작된다. 어떤 모델에서도 우주가 실제로 무에서 탄생하지는 않는다. 이것은 많은 우주에도 적용된다.

"태초에 말씀이……"는 〈요한복음〉의 시작이며 《성경》에서 가장 유명한 인용문 중 하나다.[14] 모든 자연과학의 시작은 세계가 작동하고 그로부터 '언어'가 형성되는 규칙이 있다. 그럼 태초에 있던 이 단어는 어디에서 왔을까? 규칙은 어디에서 왔을까? 규칙과 함께 무언가가 되는 이 단어는 어디에서 왔을까?

"……이 말씀은 곧 하나님이시니라"는 두 번째 결정적인 구절이다. 사람들은 수천 년 동안 첫 번째 원인에 대해 스스로 질문하고 있으며, 기독교-유대-이슬람 문화에서 이 최초의 질문에 대한 답은 '하느님'이다. '신'은 처음에는 모든 사람이 스스로 채워야 하는 묘사다. 이때 발생하는 결정적인 질문은 신이 누구인가 혹은 무엇인가 하는 것이다. 이 질문에 대한 묘사는 이미 물리학과 그 한계를 훨씬 뛰어넘는 차원을 건드리는 것임을 분명히 한다.

그럼에도 누군가는 신에 대한 질문이 물리학의 주제가 아니라고 스스로 결정할 수 있다. 삶의 기원과 의미에 대한 문제를 다루는 것은 매우 개인적 결정으로 남아 있으므로 그러한 불가지론적 태도는 개별적으로 이해 가능하다. 이런 질문들을 반드시 해야 하는 것은 아니지만 할 수는 있다.

현대 천체물리학의 발전 배경을 고려해보면 불가지론적 태도도 전적으로 이해된다. 점성술과 천문학은 고대에서 현대에 이르기까지 오랜 과정을 거쳐 분리되었다. 오늘날 점성술을 진지하게 실천하는 천문학자는 동료 과학자들에게 받아들여지지 않는다. 그는 가짜 과학 혐의로 비난받을 것이다.

과학이 점점 더 분리되어 독립하는 과정은 현대 과학에서 종교적·철학적·신학적 문제를 배제하도록 이끌었다. 이것은 교회와 철학자의 독재로부터 과학이 해방되는 과정의 일부였다. 그러나 이것이 원칙적으로 이 질문을 배제해야 한다는 뜻은 아니다. 비종교적 질문으로 스스로 제한하는 것은 자연과학의 한 방법이지 일반적인 답은 아니다.

이런 점에서 과학에서는 신이 없다고 추론할 수 없다. 신에 대한 질문은 물리학에서 허용되지 않기 때문이다. 무신론은 정당한 신념이지만 과학적으로 정당화될 수는 없다. 과학을 이용해 신을 거부하는 것은 과학을 이용해 신을 증명하려는 것만큼 무의미해 보인다.

한계가 우리 세계의 일부분이라는 걸 보여주는 것은 블랙홀뿐만이 아니다. 물리학의 한계를 넘어 감히 질문하는 사람은 신을 피해갈 수 없다. 자연이 지식에 대한 근본적 한계를 설정하기 때문에, 우리는 계속해서 한계에 부딪히고 질문함으로써 하늘로 가는 문을 흔든다. 또한 한계는 인간의 오만을 막고 우리가 믿고 희망할 수 있게 해주므로 위로가 된다. 정말로 인간 인식의 한계 너머까지 질문한다면 완전히 신이 없는 물리학은 불가능하다. 우리 인간은 내면 깊숙이 함께하는 거대한 질문을 지니고 있다. 어디에서, 어디로, 왜라고 질문하는 것은 평생 찾아다니고 몰두하게 되는 인간 영혼의 본능과도 같다. 이 탐색 과정에서 종교, 철학, 과학은 각자의 역할을 수행한다. 하나의 학문 분야가 세계 전체를 독점적으로 해석하려 한다면 상황은 어려워진다.

따라서 과학이 스스로 궁극의 설명자로 서기보다 한계를 받아들이고 건설적인 대화의 파트너가 되는 것이 좋다. 그렇지 않으면, 과학은 달성할 수 없는 구원의 기대와 약속으로 부담을 안을 수밖에 없다. 과학과 기술만으로 우리의 정신적 필요를 충족하려고 하는 것은 위험하다. 과학의 신뢰성 자체도 마찬가지다.

하지만 오늘날에도 여전히 신을 언급할 가치가 있을까? 과학적 진보 덕분에, 우리의 지식이 점점 더 작고 먼 틈새로 밀어붙인 신은 임시방편으로 축소되지 않았는가? 스티븐 호킹이 말한 것처럼 현대 물리학이 이미 모든 질문에 답했기 때문에 신은 불필요하다고 말하기는 너무 쉽다. 그러나 나는 오히려 오늘날 그 어느 때보다 신이 더 필요하다고 말한다. 결국 자연과학은 우리가 어디에서 왔는지에 대한 위대한 철학적 질문에 한걸음도 다가가지 못했다. 비록 우리가 생명과 우주의 발전에 대한 믿을 수 없는 측면을 발견했다 하더라도 말이다. 무한에 가까워질 수 없는 것처럼, 원점에 가까워질 수도 없다. 오늘날 우리는 그 어느 때보다 훨씬 더 많이 알고 있지만 모르는 것이 더 많다는 것도 알게 되었다. 신이 채워야 할 무지의 간극은 더 커지고 그 어느 때보다 근본적이 되었다. 그것은 전체 우주, 아마도 많은 우주, 아원자의 양자 세계, 그리고 이것이 생겨나고 이끄는 모든 것을 포함한다. 우리는 우주의 게임 규칙을 더 잘 이해하고 있지만, 게임과 규칙이 어디에서 왔는지는 대답하지 못했다. 하늘을 향해 인상적으로 치솟은 바빌로니아 지식의 탑에 서서 신은 죽었다고 선언하며 과학의 전례 없는 승리를 주장한 사람은, 신을 멀리서도 온화하게 미소 짓게 한 첫 번째 사람은 아닐 것이다.[15]

그래서 신앙과 과학의 논쟁은 토끼와 거북이의 경주처럼 보인다. 과학이라는 이름의 토끼는 상대방의 구부러진 다리를 조롱하며 부지런히 자신의 길을 이리저리 달려가지만, 신은 슬기로운 거북이처럼 늘 먼저 도착한다는 것을 알게 될 뿐이다.

그렇다면 신은 단지 추상적이고 인간적인 투사(投射)일 뿐일까? 신에 대한 모든 개념은 늘 인간적이고 추상적이므로 이것은 확실히 사실이다. 우리의 마음은 이해할 수 없는 무언가를 이해하려고 노력하며, 이를 위해 우리는 추상적 개념도 사용한다. 그러나 그것이 그 뒤에 나타나는 것이 존재하지 않는다는 뜻은 아니다. 복소수는 수학 방정식의 추상 개념이지만 실존하는 실제 양전자에 대한 예측으로 이어졌다.

사실 자연법칙은 추상적 인간의 구조물이지만, 그럼에도 매우 실제적인 과정을 설명한다. 엄밀히 말하면, 자연법칙은 우리의 머리에만 존재한다. 어떤 사과도 뉴턴의 중력 법칙이나 아인슈타인의 상대성이론에 대해 아는 바가 없지만, 모든 사과는 높이에 관계없이 매번 떨어진다. 사과가 떨어지기 때문에 중력 법칙은 실제적이다. 세상이 존재하기 때문에 신이 첫 번째 원인으로 실재하듯이 말이다.

자연법칙은 수학의 언어로 된 현실에 대한 추상적 설명이다. 그러나 자연법칙은 현실 전체를 포괄적으로 설명하지는 않는다. 그것은 간단한 시스템을 놀랍도록 정확하게 묘사한다. 그러나 자연이 복잡해질수록 간단한 수학으로 표현하기가 점점 더 어려워진다. 모든 수학 공식, 모든 컴퓨터 프로그램은 늘 현실에 대한 근사치일 뿐이다. 현실 그 자체만이 현실에 대한 완벽한 설명이고, 우주만이 우주에 대한 완벽한 설명이며, 인간만이 인간 자신에 대한 완벽한 설명이다. 하지만 우리는 완벽하게 설명하지 못한다. 그래서 우리는 현실, 우주, 우리 자신에 대해 충분하지 않은 접근만 하고 있다.

마찬가지로, 오직 신만이 자신에 대한 완전한 묘사이며, 신에 대한 모든 이야기는 불명확할 수밖에 없다. 신이 누구인지 정확히 알고 있다고 주장하는 사람은 신을 제대로 이해하지 못한 것이다. 그래서 《성경》에 하느님의 구체적인 형상을 만들지 말라는 명령이 있다는 것은 깊은 깨달음의 표시다. 신은 어떤 형상으로도 담을 수 없다. 신은 늘 위대하다(Deus semper maior). 신은 항상 우리가 상상하는 것보다 크다. 이것은 무신론자뿐 아니라 신자에게도 적용된다. 신을 이용하거나 웃음거리로 삼으려고 캐리커처로 왜곡하는 방식에 나는 때때로 실망하기도 한다. 신은 스파게티 괴물(spaghetti monster: 지적 설계를 생물학적 진화론에 대한 대안으로 가르쳐야 한다는 캔자스주 교육위원회의 결정에 항의할 목적으로 오리건 주립대학 물리학 석사 보비 헨더슨이 2005년에 창시한 패러디 종교(Flying Spaghetti Monster)에서 신으로 여기는 존재—옮긴이]도 수염이 없는 미국 백인 노인의 모습도 아니다.

그러나 신에 대해 생각하는 것이 도대체 무슨 의미가 있을까? 신이 우리 경험의 지평 너머에 있다면 신에 대해 이야기하는 것이 무슨 소용이 있을까? 비록 우주의 기원을 궁극적으로 연구할 수 없더라도 그 효과는 분명하다. 실제로 물리학자는 블랙홀 내부를 전혀 측정할 수 없음에도 블랙홀 내부를 계산할 수 있다.

18세기 초 고트프리트 빌헬름 라이프니츠(Gottfried Wilhelm Leibniz)는 매우 축소된 버전의 신, 즉 마스터 시계 제작자로서 신의 이미지를 소개했다. 신은 첫 번째 원인이다. 그는 세상을 움직이게 하고, 그 이후 신이 훌륭하게 만든 완벽한 기계 장치는 변함없이 영구적으로 작동 중이다. 신은 이 우주에 대해 더 이상 걱정할 필요가 없도록 완벽하게 일했다. 그의 세계는 모든 세계 중 최고이기 때문이다. 라이프니츠의 신은 계몽주의의 신으로, 세상이 완벽하지 않다는 것을 잘 알고 있는 오늘날까지도 일부 사람의 마음을 사로잡고 있다. 이름도 알려지지 않고 눈에 띄지도 않는데 말이다.

사실, 원인과 결과의 법칙이 과학적 사고의 중심이기 때문에 이 시계 제작자로서 신조차 결과가 없는 것은 아니다. 나에게 신이 세상의 기원인 모든 자연법칙과 초기 조건의 합일 뿐이라면, 우리 우주를 결정하고 내가 측정하는 것은 여전히 이런 자연법칙과 초기 조건이다. 이들은 시작을 반영한다. 그러므로 마스터 시계 제작자로서 신의 영향력과 본성은 오늘날에도 여전히 존재하고 측정 가능할 것이다. 그렇다면 천체물리학은 어떤 면에서 현재에 비추어볼 때 이 마스터 시계 제작자의 과거 흔적을 찾는 것이다.

마찬가지로 신학자는 신이 누구인지 또는 무엇인지에 대해 수천 년 동안 고민하고 오늘날까지도 신의 흔적을 찾고 있다. 개인적으로 신은 시계 제작자 그 이상이다. 내가 믿는 종교에서 《성경》은 신의 이름, 만남, 이야기를 풍부하게 간증한다. 다른 종교들도 비슷한 신의 이야기를 갖고 있다. 신에 대한 이러한 묘사는 이 세상에 대한 사람들의 기쁨과 고통스러운 경험, 질문, 갈망, 희망으로 인해 여러 세대에 걸쳐 생겨났다. 이 모든 것이 경험한 현실을 묘사하지만 수학의 언어가 아니라 경험, 시, 꿈, 예언, 지혜의 언어로 쓰였다.

수학의 언어는 내가 사랑받는지, 내가 가치 있는지에 대한 질문에 답을 주지 않는다. 내 스스로 수학자인 경우를 제외하고는 말이다. 오늘날 내가 100년 전 사람들보다 현실의 물리학을 더 잘 이해한다고 해서 이러한 모든 인간 경험을 제쳐둘 수 있고 그래야 한다고 생각하는 것은 거의 도발적이고 오만해 보인다.

그러므로 신을 찾는 이 탐색은 매우 시사적이고 중요하다. 처음 생각하는 방식에 따라 오늘과 내일을 어떻게 보는지 결정하기 때문이다. 나는 시계 제작자로서 신에게 규칙성과 신뢰성을 기대하지만 나 자신이나 다른 사람에게는 관심이 없다. 그러나 내게 신이 어떤 존재일 뿐만 아니라 사람, 즉 일신교에서와 같은 존재라면 나는 신이 오늘과 내일 더욱 새로운 것을 기대할 수 있고 기대해도 되는 나의 대응자가 되기를 바란다. 대응자로서 신은 만남을 가능하게 한다. 기독교 신앙에서 신의 인격은 인간 예수 그리스도의 모범적 고통과 헌신뿐만 아니라 신자들의 공동체와 창조의 위대함으로 표현된다.

신을 사람으로 묘사한다는 생각은 불가지론자나 무신론적 물리학자가 나를 의심하게 만들 수 있지만, 이 생각은 사람들이 생각하는 것보다 덜 이상하다. 양성자는 분명히 인간을 형성할 수 있으므로 성격을 가질 수 있는 것처럼 보인다. 빅뱅, 약간의 물질, 몇몇 자연법칙에서 물리학은 분명히 의식, 추상적 사고, 감정, 유머, 결단력과 책임감 있는 사람을 만드는 데 성공한다. 그러므로 생명, 개인, 성격이 형성될 가능성은 반드시 빅뱅의 법칙에 제시되어 있어야 하지만 꼭 미리 결정되는 것은 아니다. 분명히, 이 가능성은 우리가 존재하기 때문에 배제되지 않는다. 데카르트의 근본적 통찰은 "나는 생각한다, 그러므로 나는 존재한다"이다. 이것을 다음과 같이 말할 수도 있다. "나는 생각한다. 그러므로 이것이 가능하다." 물질이 생각하고 느낀다면 왜 첫 번째 원인인 창조자 신이 마음, 감정, 이성을 지닌 인격을 가져서는 안 될까? 생명, 가능성, 다중우주로 가득 찬 우주를 생각할 수 있는 물리학자에게 인격적 신은, 내 동료 중 일부가 비밀리에 수행하는 것처럼 세상을 프로그래밍된 컴퓨터 시뮬레이션으로 이해하는 것보다 훨씬 합리적이다. 많은 사람이 수천 년 동안 인격적 신을 믿었다고 해서 이 믿음이 원래부터 잘못되었다는 것은 아니다.

그러나 신의 성품은 물리적 탐지기 이상이다. 우주 과학이 우리가 얼마나 작은지를 보여주었다면, 신은 우리가 얼마나 가치 있는지 말해준다. 가치 평가는 물리적으로 측정 가능한 양이 아니다. 외부로부터 오고 내부에서 느껴야 한다. 사랑에 대한 선언은 입자 가속기나 망원경으로 이해할 수 없다. 아마도 내가 고통스러운 측면이 있더라도 기적의 우주 전체를 우리 인간에 대한 하나의 사랑의 선언으로 간주하는 것을 제외하고는 말이다. 사랑의 선언은 매우 개인적이다. 어떤 이에게는 만족을 주지만 다른 이에게는 냉담함으로 남는다. 같은 편지를 받은 두 사람은 때때로 완전히 다른 것을 읽는다. 신의 성품에 대한 질문은 우리에게 물리학이 아니라 각 개인이 스스로 겪어야 하는 심오한 인간적 경험이다. 그럼에도 이러한 경험은 비슷한 방식으로 공유되고 경험된다. 그래서 그것들은 완전히 무작위적이거나 임의적이지 않다.

이런 점에서 사람들이 내게 과학과 신앙을 어떻게 조화시키느냐고 물으면 늘 놀란다. 나는 오늘날 우리 지식의 기반을 놓은 많은 과학자와 다를 바 없다. 니콜라우스 코페르니쿠스, 요하네스 케플러, 막스 플랑크, 아서 에딩턴, 그 밖의 과학사에 등장하는 뛰어난 인물들 모두 종교적 인물이었다. 지금도 나는 여전히 네덜란드 과학 아카데미 대강당을 거닐며 한 사람과는 양자물리학의 놀라운 점에 대해, 다른 사람과는 심오한 신학적 질문에 대해 토론할 수 있다.

나에게 자연법칙은 나만큼이나 창조의 일부다. 자연법칙에 따라 사과가 떨어지는 것은 내게 위대한 물리학이면서, 어제나 오늘이나 영원히 똑같이 신뢰할 수 있는 창조자의 표현이다. 다른 사람들에게는 그저 사과가 떨어지는 것일 뿐이다.

게다가 신은 내게 **어떤 것**이 아니라 **누군가**다. 나는 나 자신과 내 앞 사람들의 경험에서 신의 이런 면을 개인적으로 경험한다. 나는 기도할 때, 공동체의 축제에서, 예수를 응시할 때, 우주의 장엄함과 아름다움에서 홀로 신을 경험한다. 우주를 들여다보면 자연, 우주, 생명뿐만 아니라 그 뒤에 숨어 있는 것들도 본다. 물리학은 내게 새로운 경이로움을 열어주지만, 그것이 내 믿음을 없애지 않고 오히려 확장하고 심화한다. 예수 그리스도를 보았을 때 나는 피조물과 창조자의 인간적인 면을 발견했다. 이런 식으로 나는 시작과 끝을 포함하고, 더 이상 아무것도 증명할 필요도 증명할 수도 없으며 이미 집에 있는 신을 발견한다.

그러나 회의론이 과학의 발전에 중요한 역할을 하는 것처럼 의심도 내 믿음의 중요한 요소다. 믿음의 실험적 분야는 생명이므로 내 삶과 믿음은 늘 비판에 직면해야 한다. 오늘날 많은 교회가 스스로 너무 의심하지 않기 때문에 많은 사람이 절망하고 있는 것 같다! 세상의 본성과 신의 본성은 우리의 제한된 이성이 이해할 수 있는 것보다 늘 더 복잡하다. 자기비판 없는 과학은 속임수이고, 의심의 여지없는 종교는 신성모독이며, 불확실성 없는 정치는 사기다. 우리는 모든 걸 알 수 없다.

우리의 한계는 우리를 탐구자로 만들기 때문에, 우리의 타고난 한계와 무지 역시 마법을 만든다. 바로 이 세상의 불확실성으로 인해 우리는 늘 새로운 결정을 내리고 새로운 질문을 반복할 수 있다. 발견할 것이 없는 과학은 얼마나 매력이 없을까? 질문이 없는 삶은 무엇일까? 모든 것이 미리 계산된 삶은? 이미 모든 것을 알고 있어 더 이상 믿을 필요가 없는 신은 무엇일까? 아직 모든 것을 알지 못하고 모든 것을 증명할 수 없다는 것도 좋은 점이 있다. 이것은 자유의 한 형태이며, 어쩌면 그 근간일 수도 있다.

물론, 나는 이 세상에서 어느 시점엔가 신이 증명되고 내 믿음의 자유가 빼앗기는 것을 막을 수 없다. 비록 그런 신에게 깊이 실망하겠지만!

그리고 계속 묻고, 찾고, 발견하는 것은 이 세상과 그 너머 인간의 진정한 소명일 것이다. 이것이 우리를 우주의 나머지 부분과 구별해준다. 그러므로 지식의 한계는 축복이자 도전이다. 절대 넘어설 수 없지만 늘 넓혀가는 것이 지평의 본질이다. 더 나아가 생각하고, 묻고, 의심하고, 바라고, 사랑하고, 믿으면서 인간은 계속해서 지평을 넓힌다.

이 책의 시작 부분에서 나는 여러분을 우주로 가는 여행에 초대해, 달을 지나고 태양계의 행성을 지나 은하수로 이동하며 다 타버린 별과 블랙홀까지 안내했다. 우주로의 이 여정은 여러 세대의 천문학자가 계속해서 지식의 배턴을 넘겨주어 새로운 공간을 열어온 릴레이 경주다. 나에게 이 여정은 지식의 정복이 아니라 우리의 정신이 확장하는 순례다. 결국 이 여정은 다시 우리 자신에게로, 그리고 우리의 해결되지 않은 질문으로 돌아오게 된다. 그러므로 이제 우리가 오만한 세계 정복자에서 다시 겸손한 탐구자로 돌아가야 할 때다.

탐구하는 사람은 탐구 중에 늘 무언가를 찾을 수 있다는 희망을 품는다. 모든 탐구자는 항상 희망의 소유자이기도 하다. 내 동료 하랄트 레슈(Harald Lesch)가 독일천문학회(AG) 100주년 기념 강연에서 사람과 신앙의 중요성에 대한 질문을 받았다. 그는 사람에게 남아 있는 것에 관해 쓴 사도 바울을 언급했다. "믿음, 소망, 사랑, 이 세 가지는 항상 있는 것인데 그중에 제일은 사랑입니다."[16]

우리 인간은 헤아릴 수 없는 광대한 공간을 떠도는 먼지 알갱이 위에 앉은 먼지 알갱이일 뿐이다. 우리는 별을 폭발시킬 수 없고, 은하계의 수레바퀴를 돌리지 못하며, 우리 위 궁창을 열지도 못한다. 그러나 우주에 감탄하고 질문할 수 있다. 우리는 이 세상을 믿고, 희망하고, 사랑할 수 있다. 그것이 우리를 아주 특별한 별 먼지로 만든다.

만약 오늘 지구가 태양계에서 사라지고, 태양계가 우리 은하계에서 사라지고, 우리 은하계가 우주에서 사라진다고 해도 우주에는 아무 문제가 없다. 그렇더라도 매우 가치 있는 것들이 우주에서 사라질 것이다. 즉 우리의 믿음, 소망, 사랑, 그리고 우리가 끊임없이 어둠을 밝히는 새로운 빛을 찾게 하는 우리의 질문들이다.

감사의 글

이 책의 집필 아이디어는 내가 2019년 4월 블랙홀 사진을 발표한 후 〈슈피겔(Der Spiegel)〉의 과학 기자 외르크 뢰머(Jörg Römer)와 이야기를 나눌 때 시작되었다. 그는 나를 인터뷰했고, 후에 내가 강연할 때 몇 번 동행하기도 했다. 한번은 함부르크의 베트남 식당에 앉아 블랙홀, 신, 우주에 대한 이야기를 나누었다. 그는 비판적 저널리스트이고 나는 신앙심 깊은 연구자이지만 우리 두 사람은 과학에 대한 호기심과 열정으로 하나가 되었다.

우리가 열심히 써내려간 이 책은 우리 대화의 연장선인 셈이다. 우리는 내 작은 개인사를 우주 발견의 큰 역사와 연결하고, 모두가 이해할 수 있는 방식으로 기록하고 싶었다. 그래서 우리는 이 역사를 내 관점에서 서술했다. 내 경험과 내가 배운 것들, 호기심 많은 꼬마에서 저명한 교수가 되기까지 과학자의 삶에서 경험한 몇 가지 일화, 그리고 나를 감동시킨 《성경》 몇 구절을 이 책에 담았다.

또 이 책은 가족의 사랑, 지지, 관용 없이는 도저히 불가능했을 내 삶의 일부를 설명하고 있다. 훌륭한 아내는 사람들이 상상할 수 있는 최고의 교장 선생님이자 나의 반려자이고, 이 책의 교정을 맡아주었다. 아내는 책이 나오기 전에 많은 오류를 발견했다.

동료 프랑크 페르분트(Frank Verbunt, 위트레흐트/네이메헌) 교수, 게르하르트 뵈르너(Gerhard Börner, 뮌헨) 교수, 마르쿠스 푀셀(Markus Pössel, 하이델베르크) 박사는 나와 뢰머에게 비평적 코멘트를 통해 아주 값진 평가자의 역할을 잘 수행해주었다.

우리의 에이전트 아네테 브뤼게만(Annette Brüggemann)은 이 책이 출간되기까지 결정적인 역할을 해주었고 아이디어를 계발하는 데 도움을 주었다. 라인골트 연구소의 슈테판 그뤼네발트(Stephan Grünewald)는 우리가 기획회의를 할 수 있는 공간을 제공해주었다. 출판사 대표 톰 크라우스하르(Tom Kraushaar)와 편집장 요하네스 차자(Johannes Czaja), 그리고 클레트-코타(Klett-Cotta) 출판사의 모든 직원은 헌신적으로 전문가답게 우리와 함께 작업했다.

마지막으로 한 사람 한 사람 이름을 밝히지는 못하지만 준비 작업과 글쓰기에 도움을 준 모든 동료에게 감사한다. 많은 이름이 주(註)로 밀려나야 했지만 주 역시 아주 선택적이었고 완전하지 못하다. 블랙홀을 다룬 우리의 첫 번째 출판물의 공동 저자들을 감사의 글에 이어 밝히지만 여전히 언급해야 할 사람이 많다.

또한 외르크는 코로나 팬데믹으로 인한 봉쇄 기간 동안 자주 함께하지 못하고 홀로 견뎌낸 아내와 두 딸에게 감사한다. 더불어 이 프로젝트를 진행할 수 있도록 지원해준 〈슈피겔〉 대표에게 감사한다. 마지막으로, 충고와 행동으로 도움을 준 친구와 동료에게도 감사의 말을 전한다.

나는 저작권 수입의 대부분을 기부금으로 사용할 것이다.

2020년 9월 쾰른의 프레헨에서

하이노 팔케

사건 지평선 망원경 협력단 논문 저자 목록

Kazunori Akiyama, Antxon Alberdi, Walter Alef, Keiichi Asada, Rebecca Azulay, Anne-Kathrin Baczko, David Ball, Mislav Baloković, John Barrett, Ilse van Bemmel, Dan Bintley, Lindy Blackburn, Wilfred Boland, Katherine L. Bouman, Geoffrey C. Bower, Michael Bremer, Christiaan D. Brinkerink, Roger Brissenden, Silke Britzen, Dominique Broguiere, Thomas Bronzwaer, Do-Young Byun(변도영), John E. Carlstrom, Andrew Chael, Chi-kwan Chan, Koushik Chatterjee, Shami Chatterjee, Ming-Tang Chen, Yongjun Chen(陈永军), Ilje Cho(조일제), Pierre Christian, John E. Conway, James M. Cordes, Geoffrey B. Crew, Yuzhu Cui, Jordy Davelaar, Roger Deane, Jessica Dempsey, Gregory Desvignes, Jason Dexter, Shep Doeleman, Ralph P. Eatough, Heino Falcke, Vincent L. Fish, Ed Fomalont, Raquel Fraga-Encinas, Bill Freeman, Per Friberg, Christian M. Fromm, José L. Gómez, Peter Galison, Charles F. Gammie, Roberto García, Olivier Gentaz, Boris Georgiev, Ciriaco Goddi, Roman Gold, Minfeng Gu(顾敏峰), Mark Gurwell, Michael

H. Hecht, Ronald Hesper, Luis C. Ho(何子山), Paul Ho, Mareki Honma, Chih-Wei L. Huang, Lei Huang(黄磊), David Hughes, Shiro Ikeda, Makoto Inoue, David James, Buell T. Jannuzi, Michael Janssen, Britton Jeter, Wu Jiang(江悟), Michael D. Johnson, Svetlana Jorstad, Taehyun Jung(정태현), Mansour Karami, Ramesh Karuppusamy, Tomohisa Kawashima, Mark Kettenis, Jae-Young Kim(김재영), Junhan Kim(김준한), Jongsoo Kim(김종수), Motoki Kino, Jun Yi Koay, Patrick, M. Koch, Shoko Koyama, Michael Kramer, Carsten Kramer, Thomas P. Krichbaum, Cheng-Yu Kuo, Huib Jan van Langevelde, Tod R. Lauer, Sang-Sung Lee(이상성: 원서에 누락되어 추가한다—옮긴이), Yan-Rong Li(李彦荣), Zhiyuan Li(李志远), Michael Lindqvist, Kuo Liu, Elisabetta Liuzzo, Wen-Ping Lo, Andrei P. Lobanov, Laurent Loinard, Colin Lonsdale, Ru-Sen Lu(路如森), Nicholas R. MacDonald, Jirong Mao(毛基荣), Sera Markoff, Daniel P. Marrone, Alan P. Marscher, Iván Martí-Vidal, Satoki Matsushita, Lynn D. Matthews, Lia Medeiros, Karl M. Menten, Yosuke Mizuno, Izumi Mizuno, James M. Moran, Kotaro Moriyama, Monika Mościbrodzka, Cornelia Müller, Hiroshi Nagai, Masanori Nakamura, Ramesh Narayan, Gopal Narayanan, Iniyan Natarajan, Roberto Neri, Chunchong Ni, Aristeidis Noutsos, Hiroki Okino, Héctor Olivares, Tomoaki Oyama, Feryal Ozel, Daniel Palumbo, Harriet Parsons, Nimesh Patel, Ue-Li Pen, Dominic W. Pesce, Vincent Piétu, Richard Plambeck, Aleksandar PopStefanija, Oliver Porth, Ben Prather, Jorge A. Preciado-López, Dimitrios Psaltis,

Hung-Yi Pu, Ramprasad Rao, Mark G. Rawlings, Alexander W. Raymond, Luciano Rezzolla, Bart Ripperda, Freek Roelofs, Alan Rogers, Eduardo Ros, Mel Rose, Arash Roshanineshat, Daniel R. van Rossum, Helge Rottmann, Alan L. Roy, Chet Ruszczyk, Benjamin R. Ryan, Kazi L. J. Rygl, Salvador Sánchez, David Sánchez-Arguelles, Mahito Sasada, Tuomas Savolainen, F. Peter Schloerb, Karl-Friedrich Schuster, Lijing Shao, Zhiqiang Shen(沈志强), Des Small, Bong Won Sohn(손봉원), Jason SooHoo, Fumie Tazaki, Paul Tiede, Michael Titus, Kenji Toma, Pablo Torne, Tyler Trent, Sascha Trippe, Shuichiro Tsuda, Jan Wagner, John Wardle, Jonathan Weintroub, Norbert Wex, Robert Wharton, Maciek Wielgus, George N. Wong, Qingwen Wu(吴庆文), Ken Young, André Young, Ziri Younsi, Feng Yuan(袁峰), Ye-Fei Yuan(袁业飞), J. Anton Zensus, Guangyao Zhao, Shan-Shan Zhao, Ziyan Zhu.

Juan-Carlos Algaba, Alexander Allardi, Rodrigo Amestica, Jadyn Anczarski, Uwe Bach, Frederick K. Baganoff, Christopher Beaudoin, Bradford A. Benson, Ryan Berthold, Ray Blundell, Sandra Bustamente, Roger Cappallo, Edgar Castillo-Domínguez, Richard Chamberlin, Chih-Cheng Chang, Shu-Hao Chang, Song-Chu Chang, Chung-Chen Chen, Ryan Chilson, Tim Chuter, Rodrigo Córdova Rosado, Iain M. Coulson, Thomas M. Crawford, Joseph Crowley, John David, Mark Derome, Matthew Dexter, Sven Dornbusch, Kevin A. Dudevoir(deceased), Sergio A. Dzib, Andreas Eckart, Chris Eckert, Neal R. Erickson, Aaron Faber,

Joseph R. Farah, Vernon Fath, Thomas W. Folkers, David C. Forbes, Robert Freund, Arturo I. Gómez-Ruiz, David M. Gale, Feng Gao, Gertie Geertsema, David A. Graham, Christopher H. Greer, Ronald Grosslein, Frédéric Gueth, Daryl Haggard, Nils W. Halverson, Chih-Chiang Han, Kuo-Chang Han, Jinchi Hao, Yutaka Hasegawa, Jason W. Henning, Antonio Hernández-Gómez, Rubén Herrero-Illana, Stefan Heyminck, Akihiko Hirota, Jim Hoge, Yau-De Huang, C. M. Violette Impellizzeri, Homin Jiang, Atish Kamble, Ryan Keisler, Kimihiro Kimura, Derek Kubo, John Kuroda, Richard Lacasse, Robert A. Laing, Erik M. Leitch, Chao-Te Li, Lupin C.-C. Lin, Ching-Tang Liu, Kuan-Yu Liu, Li-Ming Lu, Ralph G. Marson, Pierre L. Martin-Cocher, Kyle D. Massingill, Callie Matulonis, Martin P. McColl, Stephen R. McWhirter, Hugo Messias, Zheng Meyer-Zhao, Daniel Michalik, Alfredo Montaña, William Montgomerie, Matias Mora-Klein, Dirk Muders, Andrew Nadolski, Santiago Navarro, Chi H. Nguyen, Hiroaki Nishioka, Timothy Norton, Michael A. Nowak, George Nystrom, Hideo Ogawa, Peter Oshiro, Harriet Parsons, Scott N. Paine, Juan Peñalver, Neil M. Phillips, Michael Poirier, Nicolas Pradel, Rurik A. Primiani, Philippe A. Raffin, Alexandra S. Rahlin, George Reiland, Christopher Risacher, Ignacio Ruiz, Alejandro F. Sáez-Madaín, Remi Sassella, Pim Schellart, Paul Shaw, Kevin M. Silva, Hotaka Shiokawa, David R. Smith, William Snow, Kamal Souccar, Don Sousa, Ranjani Srinivasan, William Stahm, Anthony

A. Stark, Kyle Story, Sjoerd T. Timmer, Laura Vertatschitsch, Craig Walther, Ta-Shun Wei, Nathan Whitehorn, Alan R. Whitney, David P. Woody, Jan G. A. Wouterloot, Melvyn Wright, Paul Yamaguchi, Chen-Yu Yu, Milagros Zeballos, Lucy Ziurys.

용어 설명

가이아 위성 유럽우주국(ESA)이 개발한 우주 탐사선이자 우주 망원경으로, 우리 은하 안에 있는 별들을 목록화하기 위해 개발되었다.

각초 각의 단위. 원은 77만 개의 각초로 나뉜다. 원은 360도, 1도는 60각분, 1각분은 60각초다. 하늘에서 횡방향의 거리와 면적을 나타내기 위해 천문학에서 사용한다.

간섭계 파장을 중첩하는 기술. 전파천문학에서는 서로 다른 전파 망원경으로 관측한 전파를 합성해 만든 간섭 영상으로부터 고분해능의 영상을 만들어낸다(전파 간섭계, VLBI 참조).

강착 원반 질량이 큰 천체 주위를 돌고 있는 가스 원반. 이 원반은 소용돌이처럼 자기장과 물질(플라스마, 가스, 먼지)을 중심으로 운반한다.

광년 빛이 진공에서 1년 동안 운동한 거리. 1ly=0.307parsec=9.46047×10^{12}km.

광자 전자기파의 빛 입자. 모든 파장을 지닌 빛은 파동일 수도 입자일 수도 있다.

구상성단 10만 개 정도의 늙은 별이 구형으로 모여 있는 성단으로, 이 별들은 중력으로 서로 묶여 있으며 은하를 중심으로 돌고 있다.

국제우주정거장(International Space Station, ISS) 우주에 유일하게 운영되고 있는 유인 우주정거장으로 상공 400킬로미터에서 지구를 돌고 있다.

궁수자리 A* 전파원(Sgr A*) 은하 중심에 위치한 밀집 전파원. 질량이 태양 질량의 400만 배에 달하고 거리는 2만 7000광년인 우리은하의 초대질량 블랙홀일 가능성을 보여준다.

그린란드 망원경(Greenland Telescope, GLT) 그린란드에 설치한 12미터 전파 망원경으로, EHT의 일부일 뿐만 아니라 세계적인 전파 망원경 연합인 GMVA(Global Millimeter VLBI Array)에도 속해 있다.

금성의 태양면 통과 금성이 태양 앞을 지나는 현상. 이 현상을 측정해 지구와 태양 사이의 거리인 AU(천문단위)를 계산할 수 있었다.

남극 망원경(South Pole Telescope, SPT) 고도 2817미터의 남극 아문센-스콧 남극기지(Amundsen-Scott South Pole Station)에 설치한 10미터 전파 망원경으로 EHT에 속해 있다.

도플러 효과 두 물체의 상대적 운동으로 빛의 파장(색)과 주파수의 편이가 일어나는 현상. 천문학에서는 시선 속도에 따른 운동을 도플러 효과로 직접 측정할 수 있다.

막스 플랑크 협회(Max-Planck-Gesellschaft, MPG) 다양한 학문 영역의 연구소로 구성된 독일 최고의 대규모 연구 시설 연합.

메시에 87(M87) 지구에서 5500만 광년 떨어져 있는 거대 타원 은하. 이 은하의 중심에 있는 초대질량 블랙홀을 EHT 천문학자들이 최초로 영상 관측한 바 있다. 이 은하는 메시에 목록에 포함되어 있다.

미국과학재단(National Science Foundation, NSF) 연구 프로젝트를 지원하는 미국 정부 기관.

미국국립전파천문대(National Radio Astronomy Observatory, NRAO) 여러 전파 망원경을 운영하는 미국의 연구 기관. ALMA, VLA, VLBA 등도 이곳에서 운영한다.

미국천문학회(American Astronomical Society, AAS) 주요 천문학회지 2개를 발행하는 미국 천문학자 모임.

미국항공우주국(National Aeronautics and Space Administration, NASA) 미국의 항공우주를 관리하는 정부 기관.

밀리미터파 43~300GHz의 주파수 영역에 있는 밀리미터 파장을 지닌 전파.

밀리미터 전파천문학 연구소(Institut de radioastronomie millimétrique, IRAM) 독일, 프랑스, 에스파냐의 연구 협의회. 고도 2600미터에 위치한 프랑스의 NOEMA 망원경(NOrthern Extended Millimeter Array, NOEMA)과 고도 2920미터에 있는 에스파냐 피코델벨레타의 30미터 망원경을 운영하는 연구 협의회. 두 망원경 모두 EHT에 속해 있다.

바티칸 첨단 기술 망원경(Vatican Advanced Technology Telescope, VATT) 그레이엄산 바티칸 천문대에 설치한 광학 망원경.

백색왜성 대부분의 늙은 별은 핵융합을 마친 뒤 태양 질량 정도를 지닌 지구 크기의 밀집 수정구가 된다. 처음에는 아주 뜨거워서 청백색을 띠지만 서서히 식으면서 빛을 잃는다.

별(항성) 핵융합으로 에너지를 생성하는 뜨거운 가스 구. 태양도 하나의 별이다. 크고 무거울수록 더 뜨거워지며 그래서 수명은 더 짧아진다.

분광학 빛 고유의 색에 따라 나누어 각각의 색에 따른 빛의 세기(스펙트럼)를 측정하는 방법. 원자는 양자역학에 근거해 좁은 색의 영역에서 빛을 흡수하기도 하고 방출하기도 하며, 또 그 흡수와 방출로 존재가 확인될 수 있다. 적색편이와 도플러 효과로 시선 방향의 속도를 측정할 수 있다.

블랙홀 우주에서 질량이 아주 작은 점에 밀집되어 있는 천체. 블랙홀 주위에서는 중력이 너무 강해서 빛조차 빠져나올 수 없다. 블랙홀은 질량이 큰 별이 초신성 폭발 후 수축할 때나 은하의 중심에서 생성된다. 은하 중심은 태양 질량보다 수십억 배 더 커질 수 있고 그래서 초대질량으로 여겨진다.

빅뱅 우리 우주의 시작점으로, 이 작은 점으로부터 물질과 에너지가 출현했다. 현재 받아들이는 우주론적 모델에 의하면 빅뱅은 138억 년 전에 일어났다. 빅뱅 이후 우주는 계속 팽창하고 있다.

빛의 속도 299,792.458km/s로 일정하다. 어떤 정보나 물질도 빛의 속도보다 빠르게 이동할 수 없다.

사건의 지평선 블랙홀 주변의 보이지 않는 한계 지역으로, 이곳으로부터 물질, 전자기파 그리고 모든 정보가 블랙홀로 떨어진다. 떨어진 뒤에는 다시 빠져나올 수 없다.

사건 지평선 망원경(Event Horizon Telescope, EHT) 밀리미터 파장을 관측하는 전파 망원경으로 구성된 국제 네트워크 천문대. 이 망원경으로 블랙홀의 최초 영상을 얻어낸 바 있다.

서브밀리미터 망원경(Submillimeter Telescope, SMT) 고도 3159미터의 애리조나주 그레이엄산에 설치한 전파 망원경으로 EHT에 속해 있다.

서브밀리미터 집합체(Submillimeter Array, SMA) 8대의 전파 망원경으로 이루어진 간섭계 천문대로 EHT에 속해 있다. 고도 4115미터의 하와이 마우나케아에 있다.

세페이드 1일에서 100일 사이의 주기로 맥동하는 별. 밝은 별일수록 맥동은 더 천천히 일어난다. 맥동 주기를 측정해 절대광도를 결정할 수 있고, 겉보기 광도와 비교해 거리를 유도해낼 수 있다. 별이 멀리 떨어져 있을수록 더 희미하게 관측된다.

스미소니언 천문대(Smithsonian Astrophysical Observatory, SAO) 미국 매사추세츠주 케임브리지에 있는 천문 연구 기관.

시차 한 천체가 서로 다른 두 지역에서 관측될 때 겉보기에 위치가 변하는 것처럼 보이는 현상. 시차와 천문단위의 도움으로 별까지의 거리를 측정할 수 있다.

싱크로트론 복사 거의 빛의 속도로 움직이는 전자(원자 참조)가 자기장에서 굴절될 때 생성되는 전자기파. 블랙홀에서 나오는 전파도 싱크로트론 복사임이 밝혀졌다.

쌍성 두 별이 서로의 주위를 돌고 있는 시스템. 우리은하에 있는 별의 3분의 2가 쌍성 또는 다중성이다. 한 별이 수축해서 블랙홀이 되면, 블랙홀은 서서히 다른 별을 집어삼키면서 엑스선을 방출(엑스선 쌍성)하게 된다.

암흑물질 우주에서의 중력 효과로만 존재를 드러내는 미지의 물질 형태. 우주 전체 질량의 약 85퍼센트가 암흑물질 상태로 존재한다.

암흑에너지 오늘날까지 수수께끼로 남아 있는 압력 효과로, 우주의 팽창을 가속하는 것으로 여겨진다. 우주 전체 에너지의 약 70퍼센트가 암흑에너지에 숨어 있다.

양자물리학 불연속적/양자화한 값만 취할 수 있는 특정 상태의 물리적 시스템을 서술하는 물리. 주로 아주 작은 소립자들을 서술한다.

에펠스베르크 전파 망원경 에펠스베르크 지역에 설치한 100미터 전파 망원경으로, 본에 있는 막스 플랑크 전파천문학 연구소에서 운영한다.

엔트로피 한 시스템이 지닌 무질서의 척도. 에너지를 추가하지 않으면 엔트로피는 증가하지 않는다.

외계 지적 생명체 탐사(Search for Extraterrestrial Intelligence, SETI) 1960년대 이후 시도해온 우주에서 외계 생명체를 탐사하는 모든 프로그램의 상위 개념.

외계 행성 태양 이외의 다른 별 주위를 도는 행성.

우주배경복사(CMBR, 3K radiation) 우주가 투명해질 때의 초기 단계에서 나오는 흑체복사. 전파/마이크로파 영역에서 하늘의 모든 방향에서 관측된다. 이 우주배경복사는 빅뱅 후 약 38만 년이 지나 생겨났다.

원시별 생성 단계에 있는 젊은 별.

원자 우리를 구성하는 물질들의 기본 구성 요소. 원자는 질량이 크고 양전하를 지닌 양성자와 중성 전하를 지닌 중성자로 구성된 중심핵과, 한 개 또는 여러 개의 껍질에 둘러싸인 음전하를 띤 가벼운 전자로 구성되어 있다.

웜홀(아인슈타인-로젠 다리) 웜홀은 아주 멀리 떨어진 두 시공 영역을 연결해줄 수 있다. 이 터널은 일반상대성이론에서 이론적으로 존재하지만, 실재하지 않을 수 있다.

위성항법장치(Global Positioning System, GPS) 지구에서의 위치를 결정하기 위한 위성 네트워크.

유럽 남부 천문대(European Southern Observatory, ESO) 칠레에 있는 광학 망원경뿐 아니라 VLT와 라실라(La-Silla) 천문대를 운영하며, ALMA와 APEX에도 참여하고 있다.

유럽연구위원회(European Research Council, ERC) EU의 연구위원회로 우수한 과학자들의 기초 연구를 지원한다.

유럽우주국(European Space Agency, ESA) 우주 망원경을 개발하고 위성을 운영한다.

은하 수천억 개의 별, 행성 그리고 가스 성운으로 구성된 시스템. 각 구성 천체는 중력으로 묶여 있고 중심 주위를 회전한다. 우리의 고향 은하는 은하수다.

은하수 우리가 속한 은하로, 나선 구조의 원반형 은하다. 2000억~4000억 개의 별로 구성되어 있다. 태양은 은하수의 중심 주위를 2억 년에 한 바퀴씩 돈다.

은하 중심 우리은하의 중심으로, 지구에서 2만 7000광년 떨어져 있다.

일반상대론적 자기역학(General Relativistic Magnetohydrodynamics, GRMHD) 블랙홀 주변에서 자기장과 함께 운동하는 가스에 대한 시뮬레이션 계산.

일반상대성이론 공간, 시간, 중력의 관계를 서술해주는 아인슈타인의 이론. 질량은 공간을 휘게 하는데, 그래서 휘어진 공간은 질량의 운동과 시간의 경과를 결정한다.

저주파 간섭계 망원경(Low Frequency Array, LOFAR) 저주파수 대역의 전파 안테나 약 3만 개를 네트워크로 연결한 유럽의 전파 간섭계 망원경. 이 망원경은 우주 초기 단계에서 나온 전파 신호를 찾는 것이 목적이고, LOFAR 본부는 네덜란드에 있다.

적색거성 늙어가는 단계의 팽창하는 별로, 중심핵 주변의 한 껍질에서만 핵융합이 일어난다. 이 별은 팽창하면서 빨간색 빛을 방출한다.

적색편이 우주가 팽창하고 은하들이 우리로부터 빠르게 후퇴하기 때문에, 빛은 더 긴 파장 쪽으로 편이된다(도플러 효과 참조). 블랙홀의 가장자리에서 나온 빛 역시 강한 시공의 휘어짐으로 적색편이가 일어난다.

전자기파 빈 공간을 빛의 속도로 운동하는 질량이 없는 복사파. 빛, 적외선 또는 열복사, 마이크로파, 전파, 엑스선과 감마선도 포함된다.

전파 간섭계 여러 개의 전파 망원경으로 같은 천체를 동시에 관측해 망원경 간 거리에 해당하는 크기의 망원경에 상응하는 분해능을 갖는 전파 망원경 네트워크(간섭계, ALMA, IRAM, LOFAR, VLBA, VLBI 참조).

제임스 클러크 맥스웰 망원경(James Clerk Maxwell Telescope, JCMT) 고도 4092미터의 하와이 마우나케아에 설치한 서브밀리미터파 영역을 관측하는 전파 망원경으로 EHT에 속해 있다.

제트 자기장에 의해 일부 우주 물체에서 방출되는 집중되고 뜨거운 플라스마의 흐름. 초대질량 블랙홀의 경우, 제트는 거의 빛의 속도로 수십억 광년 떨어진 우주의 영역까지 퍼져나간다.

중국항공우주국(China National Space Administration, CNSA) 중국 국립항공우주국

으로 위성과 우주 탐사선을 관리하지만, 유인 우주선은 담당하지 않는다.

중력 질량을 지닌 물체들을 서로 끌어당기는 힘. 일반상대성이론에서는 시공의 휘어짐으로 중력을 설명한다.

중력 렌즈 중력 렌즈 효과는 일반상대성이론 때문에 나타나며, 질량이 큰 물체의 영향으로 빛이 휘어지는 현상이다. 천체의 빛이 지구로 향하는 과정에서, 예를 들어 은하·별·블랙홀 같은 질량이 큰 천체를 통과하면 빛이 직선으로 지나가지 않고 약간 굴절해 휘게 된다. 이때 유리로 만든 광학 렌즈와 비슷한 효과가 나타나며, 중력 렌즈를 일으키는 천체의 형태와 질량을 추측할 수 있다.

중성자별 질량은 태양 정도이지만 지름이 20~25킬로미터밖에 되지 않으며 중성자(원자 참조)로 구성된 붕괴한 밀집성이다. 질량이 큰 별들의 진화 마지막 단계에서 별이 죽어 수축하면서 생성된다.

천문단위(AU) 천문학의 거리 단위로 지구와 태양 사이의 평균 거리로 정의된다. 1AU=149,597,870,700km.

초신성 질량이 큰 별이 삶을 마감하고 죽어갈 때, 아주 밝게 폭발하는 현상.

퀘이사 아주 멀리 떨어져 있는 은하들의 활동성 은하핵(블랙홀). 강력한 복사를 방출하며 그들의 밝기, 즉 광도도 알려져 있다.

태양 질량 2×10^{30}kg. 천문학에서 사용하는 천체의 질량 단위.

특수상대성이론 상대 운동으로 나타나는 시간과 길이의 변화를 설명해주는 아인슈타인의 상대성이론. 일반상대성이론과 대조적으로 중력을 고려하지 않으며, 빛의 속도에 가까워질 때 특수상대성이론이 중요하게 작용한다.

특이점 블랙홀의 경우, 블랙홀의 사건의 지평선 내부의 장소. 이곳에서는 시공간의 휘어짐이 무한대가 되고 질량이 이곳에 집중된다. 빅뱅의 특이점으로 우주의 탄생이 설명된다.

파섹 3.26광년 또는 20만 6000AU에 해당하는 거리 단위. 항성 시차로 거리를 측정하는 시도에서 비롯되었다.

펄서 아주 빠르게 자전하는 중성자별로, 마치 등대처럼 빔 형태의 전파를 방출하며 규칙적으로 깜박인다.

푸리에 변환 파장을 주파수로 변환하거나 주파수를 파장으로 변환하는 수학적 기법. 전파 간섭계에서는 영상을 얻어내기 위해 푸리에 변환을 사용한다. 전파 간섭계는 프레임 비율(frame rate)을 측정한다.

플라스마 양성자와 전자로 구성된 아주 뜨거운 가스. 원자들은 플라스마 내에서 양성자와 전자로 분해된다.

핵융합 별은 주로 수소가 헬륨으로 변하는 핵융합 반응을 통해 에너지를 생성한다.

행성 가스와 암석으로 구성된 구 형태의 천체로, 상대적으로 방해받지 않고 태양 주위를 돌고 있다. 행성들은 핵융합으로 자신만의 빛을 생성하지 않고 단지 태양 빛을 반사한다. 우리 태양계에는 8개의 행성(수성, 금성, 지구, 화성, 목성, 토성, 천왕성, 해왕성)이 있다. 다른 별들의 주위를 돌고 있는 행성을 외계 행성이라 한다.

허블-르메트르 법칙 우주가 팽창함에 따라 멀리 있는 은하일수록 후퇴 속도가 더 빠르다는 것을 말해준다. 적색편이 및 분광학과 연계해 우주에 있는 천체들의 거리 측정에 사용할 수 있다.

허블 우주 망원경 NASA와 ESA가 합작해 발사한 아주 유용한 우주 망원경으로, 적외선 영역에서 가시광 영역을 거쳐 자외선 영역에 이르는 파장 영역으로 우주를 관측해왔다.

헤이스택 천문대 미국 매사추세츠주 웨스트퍼드에 MIT가 건설한 전파 천문대.

호킹 복사 물리학자 스티븐 호킹이, 블랙홀이 양자 효과 때문에 서서히 증발할 수 있다고 주장한 모델. 아직 실험으로 검증되지는 않았다.

화이트홀 가상의 시공간 영역으로, 이곳에서는 블랙홀과 반대 현상이 일어나면서 물질을 끌어당기는 대신 방출한다.

활동성 은하핵(Active Galactic Nuclei, AGN) 엄청난 복사를 방출하는 은하의 중심 영역. 이 현상은 초대질량 블랙홀로 설명된다.

흑체복사(플랑크 복사) 불투명한 각각의 물체가 자신의 온도와 크기에 따라 방출하는 빛. 이렇게 항성과 우주배경복사도 흑체복사로 빛을 낸다.

ALMA(Atacama Large Millimeter Array: 아타카마 대형 밀리미터 집합체) 밀리미터파와 서브밀리미터파 영역 전파 망원경 가운데 가장 큰 망원경. 고도 5000미터 근처 칠레 차난토르(Chajnantor)고원의 아타카마사막에 있는 전파 안테나 66개의 네트워크로 구성된 전파 망원경.

APEX(Atacama Pathfinder Experiment: 아타카마 패스파인더 실험 망원경) ALMA 전파 망원경 부근에 설치한 12미터 전파 망원경.

GRAVITY VLT에 사용하는 망원경 4대를 조합해 우리은하 중심에 있는 별들을 고분해능으로 근적외선 관측 가능한 ESO의 간섭계 천문대.

LMT(Large Millimeter Telescope) 고도 4593미터의 멕시코 시에라네그라 화산에 설치한 50미터 전파 망원경으로 EHT에 속해 있다.

VLA(Very Large Array) 미국 뉴멕시코주에 25미터 전파 망원경 27대를 36킬로미터에 걸쳐 거리를 변화하면서 설치해놓은 전파 간섭계 천문대.

VLBA(Very Long Baseline Array) 미국의 VLBI 간섭계 천문대로 25미터 전파 망원경 10대를 최대 8600킬로미터까지 거리를 변화하면서 설치해놓았다. 유럽에는 유럽 VLBI 간섭계 천문대(EVN)가 있다.

VLBI(Very Long Baseline Interferometry) 멀리 떨어져 있는 전파 망원경을 연결해 한 전파원을 동시에 관측하는 간섭계 관측 방법. 관측 후에 컴퓨터에서 실제 영상을 얻는다.

VLT(Very Large Telescope) 고도 2850미터의 칠레 세로파라날(Cerro Paranal)에 설치한, ESO의 8미터 망원경 4대로 구성된 천문대.

천문학 용어/개념에 대한 상세 정보 사이트

https://www.spektrum.de/lexikon/astronomie/.

https://www.einstein-online.info/nuetzliches/lexikon/.

사진 저작권

사진 1 ©EHT(Event Horizon Telescop)

사진 2 ©Heino Falcke, SARAO(South African Radio Astronomy Observatory), NRAO(National Radio Astronomy Observatory)

사진 3-5 ©ESO(European Southern Observatory)

사진 6 Hubble Space Telescope © NASA(National Aeronautics and Space Administration) & ESA(European Space Agency)

사진 7 ©Adam Evans, Flickr, Creative Commons Attribution 2.0 Generic

사진 8 붉은색: Radioaufnahmen mit dem VLA. 검정/흰색 Hubble Space Telescope. ©NRAO & NASA

사진 9 ©Davelaar/Radboud University

사진 10 ©EHT, Astrophysical Journal Letters

사진 11 ©Salvador Sanchez

사진 12 ©William Montgomerie

사진 13 ©ESO

주

이 주는 온라인으로도 열람할 수 있다. www.Licht-im-Dunkeln.de/Anhang—옮긴이.

프롤로그

1. 브뤼셀의 EU 기자회견 생방송 영상: https://youtu.be/Dr20f19czeE. ESO 보도자료: https://www.eso.org/public/germany/news/eso1907/. 블랙홀 줌인 영상: https://www.eso.org/public/germany/videos/eso1907c/. NSF 기자회견: https://www.youtube.com/watch?v=lnJi0Jy692w.

(옮긴이 추가)

2. 192쪽 이후의 그림 참조.

1부 시공간으로의 여행

01 인간, 지구 그리고 달

1. 지구 저궤도에서 공기 압력은 5×10^{-9}g/cm^{3}이고, 보통 공기 압력은 1,204kg/m^3 (10^{-3}g/cm^3)이다. Kh. I. Khalil and S. W. Samwel (2016), Effect of Air Drag Force on Low Earth Orbit Satellites During Maximum and Minimum Solar

Activity, Space Research Journal, Vol. 9, pp. 1-9, https://scialert.net/fulltext/?doi=srj.2016.1.9.

2. Siegel, E. (2017), The Hubble Space Telescope is falling, Forbes, October 18, 2017, https://www.forbes.com/sites/startswithabang/2017/10/18/the-hubble-space-telescope-is-falling/#71ac8b1b7f04. Wall, M. (2015), How Will the Hubble Space Telescope Die?, space.com April 24, 2015, https://www.space.com/29206-how-will-hubble-space-telescope-die.html.
3. 《성경》 〈욥기〉 26:7.
4. 《성경》 〈시편〉 90:4.
5. Brewer, S. M., J.-S. Chen, A. M. Hankin, E. R. Clements, C. W. Chou, D. J. Wineland, D. B. Hume, and D. R. Leibrandt (2019), $^{27}Al^{+}$ Quantum-Logic Clock with a Systematic Uncertainty below 10^{-18} Physical Review Letters, Vol. 123, p. 033201, https://ui.adsabs.harvard.edu/abs/2019PhRvL.123c3201B.
6. 그들은 목성 주위를 도는 위성 이오의 공전 주기를 시계로 사용했다. 지구가 태양 주위를 돌고 있는 궤도에서 목성 쪽으로 멀어져갈 때에는 이 시계가 몇 달 전보다 약간 느리게 움직이는 것을 발견했다. 목성에서 오는 빛은 예측한 것보다 수분 늦게 지구에 도착했다. 이오 시계가 느리게 간 것이다.
7. 마이컬슨은 프로이센에서 태어났는데 열두 살 때 부모님과 함께 미국으로 이민 갔다. https://www.nobelprize.org/prizes/physics/1907/michelson/biographical/.
8. 아인슈타인이 마이컬슨-몰리 실험에서 영향을 받았는지는 확실하지 않다. 더 중요한 것은 아마도 전자기의 상대성이었을 것이다. 다음 논문을 참조하라. van Dongen, J. (2009), On the role of the Michelson-Morley experiment: Einstein in Chicago, Archive for History of Exact Sciences 63 (2009), 655-663, https://ui.adsabs.harvard.edu/abs/2009arXiv0908.1545V.
9. 안드레(Andre)와 마릿(Marit)의 달 반사 결혼식 유튜브 동영상. https://www.youtube.com/watch?v=RH3z8TwGwrY.
10. Hadhazy, A. (2010), Fact or Fiction: The Days (and Nights) Are Getting Longer, Scientific American, October 10, 2010, https://www.scientificamerican.com/article/earth-rotation-summer-solstice/.

11. van Haarlem, M. P., and 200 colleagues (2013), LOFAR: The LOw-Frequency ARray, Astronomy and Astrophysics, Vol. 556, p. A2.

02 태양계와 우주관

1. Wang, P. K. and G. L. Siscoe, (1980), Ancient Chinese observations of physical phenomena attending solar eclipses, Sol Phys, Vol. 66, pp. 187-193, https://doi.org/10.1007/BF00150528. https://eclipse.gsfc.nasa.gov/SEhistory/SEhistory.html#-2136.
2. Notsu, Y., H. Maehara, S. Honda, S. L. Hawley, J. R. A. Davenport, K. Namekata, S. Notsu, K. Ikuta, D. Nogami, and K. Shibata (2019), Do Kepler Superflare Stars Really Include Slowly Rotating Sun-like Stars? APO 3.5미터 망원경을 이용한 분광 관측 자료와 Gaia-DR2 자료를 이용한 결과: The Astrophysical Journal, Vol. 876, p. 58, https://ui.adsabs.harvard.edu/abs/2019ApJ...876...58N.
3. 마크 매코크런(Mark McCaughrean)의 트위터 계정: @markmccaughrean, https://twitter.com/markmccaughrean/status/1213827446514036736.
4. 프랑스 라스코 동굴, 프랑스 도르도뉴에서 발견한 독수리 뼈 조각, 스톤헨지, 노스의 달 지도 같은 석기 시대의 많은 흔적과 표현은 아직 모호하고 의심투성이로 남아 있다. 아래의 문헌을 참조하라. Overmann, K. A. (2016), The role of materiality in numerical cognition, Quaternary International, 405:42-51, https://doi.org/10.1016/j.quaint.2015.05.026. Stooke, P. J. (1994), Neolithic Lunar Maps at Knowth and Baltinglass, Ireland, Journal for the History of Astronomy, Vol 25, Issue 1:39-55, https://doi.org/10.1177/002182869402500103. 그럼에도 검증 가능한 문서가 나타난 후에야 인간이 하늘을 탐험했다는 가정은 인간의 호기심과 모순된다.
5. Römer, J. (2019), Als den Menschen das Mondfieber packte, Der Spiegel, 16. Juli 2019, https://www.spiegel.de/wissenschaft/mensch/mond-in-der-archaeologie-zeitmesser-der-steinzeit-a-1274766.html.
6. 국제 천구 기준계(International Celestial Reference System, ICRS)는 VLBI로 퀘이사를 관측한 자료로 만든 좌표계이다. IERS 지구 방향 매개 변수(EOP)에 대해 지

구의 방향은 늘 이 기준계에 따라 결정된다. 국제 지구 기준계(ITRS)에서 지구의 좌표는 이 기준계를 이용해 위성 좌표에 연결된다. https://www.iers.org/IERS/EN/Science/ICRS/ICRS.html.

7. Steele, J. M. (2008), A Brief Introduction to Astronomy in the Middle East, SAQI, London. 고대 동양학을 연구하는 학자들이 대체 왕의 존재 근거를 발견했다. 일식이나 월식 때 메소포타미아에서는 꼭두각시 왕이 나쁜 징조가 덮칠 왕좌에 오른다. 죄수나 정신 장애인이 꼭두각시 왕으로 뽑힌다. 이 시기에 진짜 왕은 평범한 농부로 살아간다. 100일이 지나면 비로소 성직자가 모든 나쁜 징조가 지나갔음을 선포한다.
8. 《성경》 〈마태복음〉 2:1~13. 실제 《성경》 어디에도 왕이라거나 그들이 셋이라는 사실은 언급되어 있지 않다. 언어적 관습과 역사적 분류를 해보면 아마 점성술가를 언급한 것 같다. 더 자세한 것은 이 주제에 대한 나의 블로그를 참조하라. Felcke, H. (2017), The Star of Bethlehem—a mystery (almost) resolved?, WorkPress, https://hfalcke.wordpress.com/2014/10/28/the-star-of-bethlehem-a-mystery-almost-resolved/. 내 블로그에 언급한 참고문헌 중 특히 아래의 글을 참조하라. Barthel, P., & van Kooten, (2015), The Star of Bethlehem and the Magi: Interdisciplinary Perspectives from Experts on the Ancient Near East, the Greco-roman World, and Modern Astronomy, Brill Academic Publishers, ISBN 978-9004308480.
9. Bede, "De Natura Rerum", Genève, ms. Lat. 50, 9. Jhd. oder Johannes de Sacro Bosco (1230 n. Chr.), Tractatus de Sphaera. 다음 사이트를 참조하라. http://www.bl.uk/manuscripts/Viewer.aspx?ref=harley_ms_3647_f024r.
10. Freely, J. (2014), Aristoteles in Oxford: Wie das finstere Mittelalter die moderne Wissenschaft begründete. Klett-Cotta, Stuttgart, ISBN 978-3-608-94854-7.
11. Follmer, S. (2018), Woher haben die Wochentage ihre Namen?, Focus Online, 11. September 2018, https://praxistipps.focus.de/woher-haben-die-wochentage-ihre-namen-alle-details_96962.
12. 인도 천문학자 아리아바타(Aryabhata, 기원후 476)의 천문학은 지구 중심적 사

고에 기반을 두고 있었지만, 지구가 자전한다고 가정했다. Plofker, K.(2009), Mathematic in India, Princeton Univesity Press. 인도 천문학에 대해서는 다음 논문 참조. Podbregar, N. (2017), Jantar Mantar: Bauten für den Himmel, scinexx.de, 15. September 2017, https://www.scinexx.de/dossier/jantar-mantar-bauten-fuer-den-himmel/.

13. Needham, J., with the research assistance of Wang Ling (1956), *Science and Civilisation in China*, vol. 2: *History of Scientific Thought*, Cambridge University Press. 다음 논문에서 인용했다. Cohen, M. L., Teise, S. T. Living in the Chinese Cosmos. The Chinese Cosmos: Basic Concepts. Columbia University, http://afe.easia.columbia.edu/cosmos/bgov/cosmos.htm.

14. 예를 들어, Harrison, P. (2015), The Territories of Science and Religion, The Gifford Lectures, University of Chicago Press, ISBN 978-0226184487. 영어와 독일어로 된 저자의 요약은 다음 웹사이트에서 찾아볼 수 있다. https://www.theologie-naturwissenschaften.de/startseite/leitartikelarchiv/konfliktmythos/. https://www.theologie-naturwissenschaften.de/en/dialogue-between-theology-and-science/editorials/conflict-myth/.

15. 영화로도 잘 알려진 또 다른 신화는 기독교 폭도들이 그리스 여성 철학자 히파티아(Hypatia)를 살해하고 알렉산드리아 도서관을 불태웠다는 것이다. 히파티아의 경우가 "과학 대 기독교"라는 갈등 논제를 뒷받침하지 않는다는 걸 깨닫는다면, 지혜롭고 용기 있는 여성으로서 그녀의 중요성이 축소되지 않는다. 그 살인은 오히려 정치적 성격을 띠며, 도서관이 그곳에 더 이상 존재하지 않기 때문에 사실 확인이 어렵다. Booth, R. (2016), Hypatia—Mathematician, Philosopher, Myth, Durnell, 978-1-78155-546-0. 다음 글도 참조하라. Dzielska, M. (2010), Hypatia wird zum Opfer des Christentums stilisiert, "Der Spiegel", April 25, 2010, https://www.spiegel.de/wissenschaft/mensch/interview-zum-film-agora-hypatia-wird-zum-opfer-des-christentums-stilisiert-a-690078.html. 또한 신시아 헤이븐(Cynthia Haven)의 문단 세계에 대한 다음 블로그를 보라(2016). https://bookhaven.stanford.edu/2016/03/the-library-of-alexandria-destroyed-by-an-angry-mob-with-torches-not-very-likely/.

16. 일반적으로 미델뷔르흐 출신 한스 리퍼르허이(Hans Lipperhey)가 망원경 발명자로 알려져 있지만, 스스로 망원경을 발명했다고 주장한 사람도 많다.
17. Livio, M. (2020), Galileo: And the Science Deniers, Simon & Schuster, New York, London 2020. 이와 대조적인 다음의 크리스티 서평도 참조하라. Christie, T. (2020), How to create your own Galileo, WordPress, https://thonyc.wordpress.com/2020/05/27/how-to-create-your-own-galileo/. 크리스티는 오늘날 갈릴레이에 대한 인상이 상당히 날조되었고, 그래서 리비오의 책이 좋은 인상을 받지 못했다고 주장했다.
18. Rublack, U. (2019), Der Astronom und die Hexe. Johannes Kepler und seine Zeit. Stuttgart, Klett-Cotta, 2019, ISBN 978-3-608-98126-1.
19. 뉴턴은 신학 교수가 되었고, 동시대 사람들에게는 아주 탁월한 《성경》 학자로 여겨졌지만, 비밀리에 신비롭고 이단적인 아이디어를 추종했다. Iliffe, R. (2013), Newton's Religious Life and Work. http://www.newtonproject.ox.ac.uk/view/contexts/CNTX00001.
20. 〈스타워즈 에피소드 4〉에서 한 솔로(Han Solo)는 케셀 런(Kessel Run: 영화 〈스타워즈〉에서 밀수업자들이 케셀의 광산에서 시클라아타 은하단으로 밀수품을 밀반입할 때 제국 함선에 들키지 않고 도주하는 것 혹은 도주할 때 사용하는 경로—옮긴이)을 12파섹에 성공했다고 자랑스럽게 이야기한다. 12파섹은 시간을 나타내는 말처럼 들리지만 팬들의 의견에 따르면 이는 길이의 표시임이 분명하다. https://jedipedia.fandom.com/wiki/Parsec. 천문학자들은 극장에서 영화를 볼 때 이런 문장을 들으면 움찔한다.
21. Sanna, A., M. J. Reid, T. M. Dame, K. M. Menten, and A. Brunthaler (2017), Mapping spiral structure on the far side of the Milky Way, Science, Vol. 358, pp. 227-230, https://ui.adsabs.harvard.edu/abs/2017Sci...358..227S.

03 가장 행복한 아인슈타인의 생각들

1. 이것은 철학적 질문이 되겠지만, 텅 빈 공간은 엔트로피가 없고 진화도 하지 않기 때문에 시간도 언급할 수 없다. 물질과 진공 에너지가 없는 완전히 빈 공간은 말 그대로 아무것도 아니다. 그러므로 물리적으로는 그것에 대해 말할 수 없지만, 수학적으로는 말할 수 있다.
2. 여기서 '빛'은 일반적 의미이며 모든 형태의 상호작용을 포함하는데, 이 상호작용은 기껏해야 빛의 속도로 변환된다. 절대 상호작용하지 않는 물질을 지닌 가상의 우주에서 공간은 의미가 없다. 아인슈타인의 장(field) 방정식의 풀이는 시공간에서 빛이나 물질이 없어도 존재한다. 그러나 시간과 공간은 '무'를 설명하는 순전히 수학적 개념으로 축소된다.
3. 예를 들어 Ball, P. (2018), Why the Many-Worlds Interpretation Has Many Problems, Quanta Magazine, October 18, 2018, https://www.quantamagazine.org/why-the-many-worlds-interpretation-of-quantum-mechanics-has-many-problems-20181018/. Dijkgraaf, R. (2018), There Are No Laws of Physics. There's Only the Landscape, Quanta Magazine, June 4, 2018, https://www.quantamagazine.org/there-are-no-laws-of-physics-theres-only-the-landscape-20180604/.
4. 거시적 물체로 향하는 중에 일어나는 양자 상태의 손실 과정을 일반적으로 양자 불일치성(quantum decoherence)이라고 한다. 양자역학에 대해 더 자세하고 일반적으로 설명해주는 책은, 예를 들어 다음을 보라. Kiefer, C. (2008), Der Quantenkosmos: Von der zeitlosen Welt zum expandierenden Universum, S. Fischer, ISBN 978-3596370603.
5. 물리학자들이 빛의 속도에 대해 말하는 것은 역사적인 이유가 있다. 현대적 관점에서 볼 때 이 절대적 속도의 한곗값을 중력파에 근거해 중력 속도라 명명할 수 있다. 상대성이론에서 빛의 속도는 아주 기본적인 시공의 성질을 지니는데, 즉 자연에 존재하는 공간 단위와 시간 단위의 관계다.
6. Hafele, J. C. and R. E. Keating (1972), Around-the-World Atomic Clocks: Predicted Relativistic Time Gains, Science, Vol. 177, pp. 166-168, https://ui.adsabs.

harvard.edu/abs/1972Sci...177..166H. Hafele, J. C. and R. E. Keating (1972), Around-the-World Atomic Clocks: Observed Relativistic Time Gains, Science, Vol. 177, pp. 168-170, https://ui.adsabs.harvard.edu/abs/1972Sci...177..168H. 중요한 것은 시계 3개 모두 지구 중심 또는 항성과 같이 회전하지 않는 관성계에 상대적으로 움직인다는 사실이다. 적도에서는 지표면에 놓인 시계가 동쪽으로 시속 약 1600킬로미터로 움직인다. 우리가 에어버스 A330을 타고 동쪽으로 시속 900킬로미터로 날아간다면 우리의 속도는 비행기의 속도에 지구 자전 속도를 더한 시속 2500킬로미터가 된다. 우리가 지구 중심에 대해 시속 900킬로미터로 서쪽으로 날아가면 지표면과 비교해 천천히 움직이고, 전체적으로는 여전히 시속 700킬로미터로 동쪽으로 움직인다. 동쪽으로 비행 중인 원자시계 미스터 클록(Mr. Clock)은 지구 중심에 대해 가장 빠르게 움직이므로 그 시간은 상대적으로 가장 느리게 흐른다. 서쪽으로 이동하는 시계는 상대적으로 가장 느리게 움직여서 그 시간은 가장 빨리 흐른다. 지표면에 있는 시계는 지구 중심에 대해 상대적으로 정지해 있지 않다. 우리에게 이 시계는 표준 시계의 역할을 하고 지구 중심에 있는 시계보다는 느리고, 천천히 동쪽으로 날아가는 시계보다는 빠르며, 빠르게 동쪽으로 날아가는 시계보다는 느리게 움직인다. 실제 실험을 통해 일반상대성이론과 등가원리의 관점을 검증한 바 있다.

7. Malhotra, R., M. Holman, and T. Ito (2001), Chaos and stability of the solar system, Proceedings of the National Academy of Science, Vol. 98, pp. 12342-12343, https://ui.adsabs.harvard.edu/abs/2001PNAS...9812342M.
8. 동료 파울 흐로트(Paul Groot)는 오랫동안 우리 팀의 수장이었다.
9. 물리학자이자 수학자 피에르 시몽 라플라스(Pierre-Simon Laplace)는 천체역학의 발전에 아주 중요한 걸음을 내디뎠다. 그는 1823년 〈천체역학에 대하여(Traité de Mécanique Céleste)〉라는 논문을 발표했다. 수학자 위르뱅 르베리에(Urbain Leverrier)는 1846년에 천왕성 궤도의 섭동으로 해왕성의 존재를 예측했다.
10. 아인슈타인은 3급 관료로 시작했지만, 이론을 발표할 때는 승진한 후였다.
11. Gutfreund, H. und J. Renn (2015), The Road to Relativity—The History and Meaning of Einstein's "The Foundation of General Relativity", Princeton University Press, 2015, ISBN 978-0-691-16253-9.

12. Gagnon, P. (2016), The Forgotten Life of Einstein's First Wife, Scientific American, Dezember 19, 2016, https://blogs.scientificamerican.com/guest-blog/the-forgotten-life-of-einsteins-first-wife/. 약간 다른 설명은 다음 책을 참조하라. Esterson, A., and D. C. Cassidy (2019), Einstein's Wife: The Real Story of Mileva Einstein-Marić, The MIT Press, ISBN 978-0262039611.

13. Einstein, A. (1922), How I created the theory of relativity, 다음에 재수록되었다. Ono, Y. A. (1982), Physics Today, Vol. 35(8), p. 45, https://physicstoday.scitation.org/doi/10.1063/1.2915203.

14. 엄격히 말하자면, 등가원리는 점 질량에만 적용된다. 바닥에서 발은 머리보다 더 큰 중력을 느끼기 때문이다. 이 힘을 조석력이라 한다. 지구에 비해 아인슈타인은 작다. 작은 블랙홀에 서 있다면 아인슈타인은 그 조석력을 느낄 테고 스파게티처럼 길게 늘어날 것이다.

15. 등가원리가 적용되는 시스템에 대한 좋은 검증이 백색왜성 2개를 지닌 3중성계 내 펄서의 전파 관측으로 성공한 바 있다. https://www.mpg.de/14921807/allgemeine-relativitaetstheorie-pulsar. Voisin, G., I. Cognard, P. Freire, N. Wex, L. Guillemot, G. Desvignes, M. Kramer, and G. Theureau (2020), An improved test of the strong equivalence principle with the pulsar in a triple star system, Astronomy & Astrophysics, Vol. 638, p. A24, https://www.aanda.org/articles/aa/abs/2020/06/aa38104-20/aa38104-20.html.

16. Kennefick, D. (2009), Testing relativity from the 1919 eclipse—a question of bias, Physics Today, Volume 62, Issue 3, p. 37, https://physicstoday.scitation.org/doi/10.1063/1.3099578.

17. 빛의 굴절은 절반은 공간의 휘어짐으로, 나머지 절반은 시간의 휘어짐으로 일어난다. 시간의 휘어짐으로 야기된 굴절은 이미 뉴턴 이론에 포함되어 있어서, 굴절값의 절반만 예측한다.

18. Pascual-Sánchez, J.-F. (2007), Introducing relativity in global navigation satellite systems, Annalen der Physik, Vol. 16, pp. 258-273, https://ui.adsabs.harvard.edu/abs/2007AnP...519..258P. 단순하게 계산해, 하루 39마이크로초의 오차는 약 10킬로미터의 위치 오차에 해당한다. 이 값을 많은 대중 논문에서 언급

했지만, 이것을 모든 위성 시계가 비슷한 규모의 오차를 보이는 실제 시스템에서 적용할 수 있을지는 분명하지 않다. 현재 더 자세한 계산을 진행하고 있다(Pössel, M., & Muller, T., in prep.).
19. GPS 관련 일반상대성 효과를 잘 설명한 개론이 다음 논문에 실려 있다. Ashby, N. (2003) Relativity in the Global Positioning System, Living Reviews in Relativity, Vol. 6, Article number 1, https://link.springer.com/article/10.12942/lrr-2003-1.
20. 참고용으로 다음 논문을 제공해준 예쥔(Jun Ye, 葉軍)에게 감사한다. Oelker, E., and 16 colleagues (2019), Optical clock intercomparison with 6×10^{-19} precision in one hour, arXiv e-prints, Vol. p. arXiv: 1902.02741, https://ui.adsabs.harvard.edu/abs/2019arXiv190202741O.

04 은하수와 은하수에 속한 별들

1. 용어 설명에서 "분광학"을 참조하라.
2. Sokol, J. (2018), Stellar Disks Reveal How Planets Get Made, Quantamagazine, 21. Mai 2018, https://www.quantamagazine.org/stellar-disks-reveal-how-planets-get-made-20180521/.
3. 우리 몸을 구성하는 수소 원자 중 아주 일부는 별에서 생성된 것이 아니라 빅뱅 이후 흩어진 가스에서 우주 공간으로 퍼져나왔다.
4. 원래는 디미디움을 '51 Pegasi b'라고 불렀다. 이는 대부분의 천문학자가 알아차릴 수 있는 이름이다.
5. Enriquez, J. E., Siemion, A., Falcke, H. and 13 colleagues (2017), The Breakthrough Listen Initiative and the Future of the Search for Intelligent Life, American Astronomical Society Meeting Abstracts #229, Vol. 229, p. 116.04, https://ui.adsabs.harvard.edu/abs/2017AAS...22911604E.

05 죽은 별과 블랙홀

1. Collins, G. W., W. P. Claspy, and J. C. Martin (1999), A Reinterpretation of Historical References to the Supernova of A. D. 1054, Publications of the

Astronomical Society of the Pacific, Vol. 111, pp. 871-880, https://ui.adsabs.harvard.edu/abs/1999PASP..111..871C.

2. 많은 연구자가 차코협곡의 벽화가 초신성 1054(SN 1054)와 관련 있다고 보고한다. https://www2.hao.ucar.edu/Education/SolarAstronomy/supernova-pictograph. 이 초신성은 1054년 7월 4일 황소자리 동쪽 부분에서 관측되었다. 초기에는 이 별의 해석에 많은 의혹이 제기되었다. Moskowitz, C. (2014), 'Supernova' Cave Art Myth debunked, Scientific American, January 16, 2014, https://blogs.scientificamerican.com/observations/e28098supernovae28099-cave-art-myth-debunked/.
3. Stairs, I. H. (2003), Testing General Relativity with Pulsar Timing, Living Reviews in Relativity, Vol. 6, p. 5, https://ui.adsabs.har-vard.edu/abs/2003LRR.....6....5S.
4. Kramer, M. and I. H. Stairs (2008), The double pulsar, Annual Review of Astronomy and Astrophysics, Vol. 46, pp. 541-572, https://ui.adsabs.harvard.edu/abs/2008ARA&A..46..541K.
5. 안드레아스 브룬탈러는 관측 자료를 점검하던 중 우연히 SN 2008iz를 발견했다.
6. Kimani, N., K. Sendlinger, A. Brunthaler, K. M. Menten, I. Martí-Vidal, C. Henkel, H. Falcke, T. W. B. Muxlow, R. J. Beswick, and G. C. Bower (2016), Radio evolution of supernova SN 2008iz in M 82, Astronomy and Astrophysics, Vol. 593, p. A18, https://ui.adsabs.harvard.edu/abs/2016A&A...593A..18K.
7. Oppenheimer, J. R. and G. M. Volkoff (1939), Physical Review 55, Vol. 374, p. 374. 그러나 중성자별을 최초로 제안한 사람은 발터 바데(Walter Baade)와 프리츠 츠비키였다. Baade, W. and F. Zwicky (1934), Remarks on Super-Novae and Cosmic Rays, Physical Review, Vol. 46, pp. 76-77, https://ui.adsabs.harvard.edu/abs/1934PhRv...46...76B.
8. 아르놀트 조머펠트(Arnold Sommerfeld)에게 보낸 편지로 추측해보면, 슈바르츠실트는 아마 이 방정식의 풀이를 러시아가 아니라 프랑스 남부 보주(Vosges)의 서부 전선에서 발견한 것 같다.
9. 몇 달 뒤 네덜란드 과학자 요하너스 드로스터(Johannes Droste)가 이와 무관하게 아주 멋진 풀이를 발견했다. 그러나 드로스터는 풀이를 네덜란드어로 발표했기 때문에 계속 무시당했다. 당시에는 독일어로 소통하는 것이 아주 중요했다.

10. Spektrum Lexikon der Astronomie(스펙트럼 천문학 백과사전): Schwarzschild-Lösung(슈바르츠실트 해), https://www.spektrum.de/lexikon/astronomie/schwarzschild-loesung/431.
11. 나는 글을 쓰면서 원래 형태의 블랙홀을 찾는 흐름도를 발견했지만, 누군가 완전한 학술 논문을 발표한 것 같다. Hamilton, A. J. S. and J. P. Lisle (2008), The river model of black holes, American Journal of Physics, Vol. 76, pp. 519-532, https://ui.adsabs.harvard.edu/abs/2008AmJPh..76..519H. 일반상대성이론을 그림으로 설명한 모델들을 모아놓은 것은 다음 논문에서 찾아볼 수 있다. Pössel, M. (2018), Relatively complicated? Using models to teach general relativity at different levels, arXiv e-prints, Vol. p. arXiv:1812.11589, https://ui.adsabs.harvard.edu/abs/2018arXiv181211589P.
12. Bernstein, J. (1996), Albert Einstein und die Schwarzen Löcher, Spektrum der Wissenschaft, 8/1996, https://www.spektrum.de/magazin/albert-einstein-und-die-schwarzen-loecher/823187.
13. 여기서 점은 일반상대성이론에서 말하는 공간의 점을 의미하지 않는다. 중심에 존재하는 특이점은 공간에서 무한대로 펼쳐진 시간 한계다.
14. Ewing, A. (1964), "Black Holes" in Space, *The Science News-Letter*, Vol. 85, No. 3 (Jan. 18, 1964), p. 39, https://www.jstor.org/stable/3947428?seq=1.
15. Kerr, R. P. (1963), Gravitational Field of a Spinning Mass as an Example of Algebraically Special Metrics, Physical Review Letters, Vol. 11, pp. 237-238, https://ui.adsabs.harvard.edu/abs/1963PhRvL..11..237K.
16. 이 효과는 블랙홀에서 나오는 플라스마 제트가 생성될 때 의미를 갖지만, 필수불가결한 조건은 아니다. 블랜드퍼드-즈나에크 과정(Blandford-Znajek-Process)이란 개념으로 알려진 이 효과는 빛이나 입자의 도움으로 블랙홀에서 회전 에너지를 빼앗아올 수 있는 펜로즈 과정(Penrose process)에서 나온 개념이다.
17. AMT(Africa Millimetre Telescope)에 대한 정보는 다음 웹사이트를 보라. https://www.ru.nl/astrophysics/black-hole/africa-millimetre-telescope/. Backes, M., and 14 colleagues (2016), The Africa Millimetre Telescope, The 4th Annual Conference on High Energy Astrophysics in Southern Africa (HEASA 2016),

Vol. p. 29, https://ui.adsabs.harvard.edu/abs/2016heas.confE..29B.
18. Spiegel Online (2013), Mistkäfer orientieren sich an der Milchstraße, 24. Januar 2013, https://www.spiegel.de/wissenschaft/natur/mistkaefer-orientieren-sich-an-der-milchstrasse-a-879525.html.
19. Lorenzen, D. (2018), Die Beobachtung der Andromeda-Galaxie, Deutschlandfunk, 5. Oktober 2018, https://www.deutschlandfunk.de/vor-95-jahren-die-beobachtung-der-andromeda-galaxie.732.de.html?dram:article_id=429694.
20. Hubble, E. P. (1936), Realm of the Nebulae, New Haven: Yale University Press, https://ui.adsabs.harvard.edu/abs/1936rene.book.....H.
21. Reid, M. J. and A. Brunthaler (2020), The Proper Motion of Sagittarius A*. III. The Case for a Supermassive Black Hole, The Astrophysical Journal, Vol. 892, p. 39, https://ui.adsabs.harvard.edu/abs/2020ApJ...892...39R.

06 은하, 퀘이사 그리고 빅뱅

1. Elizalde, E. (2019), Reasons in Favor of a Hubble-Lemaître-Slipher's (HLS) Law, Symmetry, Vol. 11, p. 15, https://ui.adsabs.harvard.edu/abs/2019Symm...11...35E.
2. 리처드 포커스(Richard Porcas)는 그린뱅크 천문대의 90미터 전파 망원경으로 마지막 사진을 찍은 천문학자다. 이 사진은 본의 막스 플랑크 전파천문학 연구소(MPIfR) 복도에 오랫동안 걸려 있었다.
3. Kellermann, K., Caltech Symposium "50 years of Quasars": http://www.astro.caltech.edu/q50/pdfs/Kellermann.pdf.
4. Schmidt, M., Caltech Symposium "50 years of Quasars": http://www.astro.caltech.edu/q50/Program.html.

3부 이미지로의 여행

07 우리은하 중심

1. Townes, C. H., & Genzel, R. (1990), Das Zentrum der Galaxis, Spektrum der

Wissenschaft, Juni 1990, https://www.spektrum.de/magazin/das-zentrum-der-galaxis/944605.
2. 영어로 "새지 에이 스타"로 발음한다.
3. 너무 많은 물질이 블랙홀에 떨어지면, 방사선이 지나치게 많이 생성되어 기체가 복사 압력에 의해 방출된다. 질량 강착(mass accretion)의 최대 한계를 '에딩턴 한계(Eddington limit)'라고 한다.
4. Falcke, H. and P. L. Biermann (1995), The jet-disk symbiosis. I. Radio to X-ray emission models for quasars., Astronomy and Astrophysics, Vol. 293, pp. 665-682, https://ui.adsabs.harvard.edu/abs/1995A&A...293..665F.
5. Falcke, H. and P. L. Biermann (1999), The jet/disk symbiosis. III. What the radio cores in GRS 1915+105, NGC 4258, M 81 and SGR A* tell us about accreting black holes, Astronomy and Astrophysics, Vol. 342, pp. 49-56, https://ui.adsabs.harvard.edu/abs/1999A&A...342...49F.
6. The Galactic Center, 4th ESO/CTIO Workshop, ASPC Vol. 102, 1996, Ed. R. Gredel, http://www.aspbooks.org/a/volumes/table_of_contents/?book_id=214.
7. Eckart, A. and R. Genzel (1996), Observations of stellar proper motions near the Galactic Centre, Nature, Vol. 383, pp. 415-417, https://ui.adsabs.harvard.edu/abs/1996Natur.383..415E.
8. Klein, B. L., A. M. Ghez, M. Morris, and E. E. Becklin (1996), 2.2μm Keck Images of the Galaxy's Central Stellar Cluster at 0″.05 Resolution, The Galactic Center, Vol. 102, p. 228, https://ui.adsabs.harvard.edu/abs/1996ASPC..102..228K.
9. Ghez, A. M., M. Morris, E. E. Becklin, A. Tanner, and T. Kremenek (2000), The accelerations of stars orbiting the Milky Way's central black hole, Nature, Vol. 407, pp. 349-351, https://ui.adsabs.harvard.edu/abs/2000Natur.407..349G.
10. Menten, K. M., M. J. Reid, A. Eckart, and R. Genzel (1997), The Position of Sagittarius A*: Accurate Alignment of the Radio and Infrared Reference Frames at the Galactic Center, The Astrophysical Journal, Vol. 475, pp. L111-L114, https://ui.adsabs.harvard.edu/abs/1997ApJ...475L.111M.
11. Reid, M. J. and A. Brunthaler (2004), The Proper Motion of Sagittarius A*. II.

The Mass of Sagittarius A*, The Astrophysical Journal, Vol. 616, pp. 872-884, https://ui.adsabs.harvard.edu/abs/2004ApJ...616..872R.
12. Schödel, R., and 22 colleagues (2002), A star in a 15.2-year orbit around the supermassive black hole at the centre of the Milky Way, Nature, Vol. 419, pp. 694-696, https://ui.adsabs.harvard.edu/abs/2002Natur.419..694S.
13. Meyer, L., A. M. Ghez, R. Schödel, S. Yelda, A. Boehle, J. R. Lu, T. Do, M. R. Morris, E. E. Becklin, and K. Matthews (2012), The Shortest-Known-Period Star Orbiting Our Galaxy's Supermassive Black Hole, Science, Vol. 338, p. 84, https://ui.adsabs.harvard.edu/abs/2012Sci...338...84M.
14. Genzel, R., R. Schödel, T. Ott, A. Eckart, T. Alexander, F. Lacombe, D. Rouan, and B. Aschenbach (2003), Near-infrared flares from accreting gas around the supermassive black hole at the Galactic Centre, Nature, Vol. 425, pp. 934-937, https://ui.adsabs.harvard.edu/abs/2003Natur.425..934G.
15. Baganoff, F. K., and 10 colleagues (2001), Rapid X-ray flaring from the direction of the supermassive black hole at the Galactic Centre, Nature, Vol. 413, pp. 45-48, https://ui.adsabs.harvard.edu/abs/2001Natur.413...45B.
16. Gravity Collaboration, R. Abuter, and 59 colleagues (2018), Detection of orbital motions near the last stable circular orbit of the massive black hole SgrA*, Astronomy and Astrophysics, Vol. 618, p. L10, https://ui.adsabs.harvard.edu/abs/2018A&A...618L..10G.
17. Bower, G. C., M. C. H. Wright, H. Falcke, and D. C. Backer (2003), Interferometric Detection of Linear Polarization from Sagittarius A* at 230 GHz, The Astrophysical Journal, Vol. 588, pp. 331-337, https://ui.adsabs.harvard.edu/abs/2003ApJ...588..331B.
18. Falcke, H., E. Körding, and S. Markoff (2004), A scheme to unify low-power accreting black holes. Jet-dominated accretion flows and the radio/X-ray correlation, Astronomy and Astrophysics, Vol. 414, pp. 895-903, https://ui.adsabs.harvard.edu/abs/2004A&A...414..895F.
19. Yuan, F., S. Markoff, and H. Falcke (2002), A Jet-ADAF model for Sgr A*,

Astronomy and Astrophysics, Vol. 383, pp. 854-863, https://ui.adsabs.harvard.edu/abs/2002A&A...383..854Y.

08 블랙홀 이미지를 얻기 위한 아이디어

1. 《성경》 〈요한복음〉 20:29.
2. 망원경의 분해능은 각도로 표현하며 여기에서는 라디안(rad)으로 표기한다. 2π rad은 360°이다. 이것은 두 개의 빛이 떨어져 있어야 하는 시선의 각도를 나타내며, 여전히 식별이 가능해야 한다.
3. Rogers, A. E. E., and 10 colleagues (1994), Small-Scale Structure and Position of Sagittarius A* from VLBI at 3 Millimeter Wavelength, The Astrophysical Journal, Vol. 434, p. L59, https://ui.adsabs.harvard.edu/abs/1994ApJ...434L..59R.
4. Krichbaum, T. P., and 10 colleagues (1998), VLBI observations of the galactic center source SGR A* at 86 GHz and 215 GHz, Astronomy and Astrophysics, Vol. 335, pp. L106-L110, https://ui.adsabs.harvard.edu/abs/1998A&A...335L.106K.
5. Falcke, H., W. M. Goss, H. Matsuo, P. Teuben, J.-H. Zhao, and R. Zylka (1998), The Simultaneous Spectrum of Sagittarius A* from 20 Centimeters to 1 Millimeter and the Nature of the Millimeter Excess, The Astrophysical Journal, Vol. 499, pp. 731-734, https://ui.adsabs.harvard.edu/abs/1998ApJ...499..731F.
6. Falcke, H., A. Cotera, W. J. Duschl, F. Melia, and M. J. Rieke (1999), The central parsecs of the Galaxy: Galactic Center Workshop: proceedings of a meeting held at Tucson, Arizona, USA 7-11 September, 1998, The Central Parsecs of the Galaxy, ASPC, Vol. 186, https://ui.adsabs.harvard.edu/abs/1999ASPC..186.....F.
7. Zensus, J. A. and H. Falcke (1999), Can VLBI Constrain the Size and Structure of SGR A*?, The Central Parsecs of the Galaxy, ASPC, Vol. 186, p. 118, https://ui.adsabs.harvard.edu/abs/1999ASPC..186..118Z.
8. 다음 사이트에서 빛의 경로를 시각화한 멋진 영상을 볼 수 있다. Müller, T. & Pössel, M. (2019), Ray-tracing eines Schwarzen Lochs und dessen Schatten, Haus der Astronomie, http://www.haus-der-astronomie.de/3906466/BlackHoleShadow.
9. Majer U. Sauer, T. (2009), David Hilbert's Lectures on the Foundation of Physics

1915-1927, Springer Verlag, https://books.google.360it/books?id=-fBDAAAAQBAJ. 다음도 참조. von Laue, M. (1921), Die Relativitätstheorie, Friedrich Vieweg & Sohn, p. 226.

10. Cunningham, C. T. and J. M. Bardeen (1973), The Optical Appearance of a Star Orbiting an Extreme Kerr Black Hole, The Astrophysical Journal, Vol. 183, pp. 237-264, https://ui.adsabs.harvard.edu/abs/1973ApJ...183..237C. Luminet, J.-P. (1979), Image of a spherical black hole with thin accretion disk, Astronomy and Astrophysics, Vol. 75, pp. 228-235, https://ui.adsabs.harvard.edu/abs/1979A&A....75..228L. Viergutz, S. U. (1993), Image generation in Kerr geometry. I. Analytical investigations on the stationary emitter-observer problem, Astronomy and Astrophysics, Vol. 272, p. 355, https://ui.adsabs.harvard.edu/abs/1993A&A...272..355V. 첫 번째 논문은 손으로 계산하고 그리고, 두 번째 논문은 컴퓨터로 계산하고 손으로 그리고, 세 번째 논문은 컴퓨터로 계산하고 그렸다.
11. 나중에 나를 지원하려 노력했고, 감사하게도 나를 베를린-브란덴부르크 과학 아카데미상에 추천한 페르디난트 슈미트-칼러(Ferdinand Schmidt-Kaler) 교수는 자신의 제자가 불과 몇 주 뒤, 우리와 완전히 독립적으로 블랙홀의 '그림자' 개념을 도입했다는 사실을 지적했다. 비록 매우 추상적이고 수학적인 작업이긴 했지만 말이다. de Vries, A. (2000), The apparent shape of a rotating charged black hole, closed photon orbits and the bifurcation set A_4, Classical and Quantum Gravity, Vol. 17, pp. 123-144, https://ui.adsabs.harvard.edu/abs/2000CQGra..17..123D.
12. Falcke, H., F. Melia, and E. Agol (2000), Viewing the Shadow of the Black Hole at the Galactic Center, The Astrophysical Journal, Vol. 528, pp. L13-L16, https://ui.adsabs.harvard.edu/abs/2000ApJ...528L..13F.
13. Falcke, H., F. Melia, and E. Agol (2000), The shadow of the black hole at the galactic center, American Institute of Physics Conference Series, Vol. 522, pp. 317-320, https://ui.adsabs.harvard.edu/abs/2000AIPC..522..317F.
14. 보도자료, MPIfR Bonn, 17. Januar 2000, "First image of a black hole's 'shadow' may be possible soon", http://www3.mpifr-bonn.mpg.de/staff/junkes/pr/pr1_

en.html.

09 세계 망원경의 탄생

1. 본의 막스 플랑크 연구소와 스튜어드 천문대는 애리조나주 그레이엄산에 10미터 안테나인 하인리히 헤르츠 망원경을 설치했다. 몇 년 뒤 독일이 공동 연구팀에서 나왔을 때 서브밀리미터 망원경(SMT)으로 이름을 바꾸었고 애리조나 대학교는 이를 유지하기 위해 열심히 노력했다. 하와이에는 마우나케아에 15미터 안테나 제임스 클러크 맥스웰 망원경(JCMT)이 있었다. 오늘날 중국, 한국, 일본, 타이베이 아카데미아 시니카(Academia Sinica)의 천문학자들이 이곳에서 함께 일한다. 에스파냐의 피코델벨레타와 프랑스 알프스의 플라토드뷔르에 있는 밀리미터 전파천문학 연구소(IRAM)의 두 유럽 망원경은 견고한 기반 위에서 지속적으로 발전하고 있다. 지리적으로 이상적인 위치에 있는 멕시코의 LMT를 포함한 다른 관측소는 여전히 계획 단계에 있다. 50미터 초대형 망원경으로 예정되었지만 시운전은 2011년까지 연기됐고, 여전히 준비가 되지 않았다. 남극에서도 우주에 특화한 망원경이 기획되어 2007년에 가동되었다. 하지만 애리조나의 동료 댄 마론과 그의 팀이 먼 남극 한가운데 있는 VLBI 네트워크에 망원경을 연결하기까지 8년이 더 걸렸다.
2. Falcke, H., S. Markoff, F. Yuan, N. Nagar, A. S. Wilson, and G. C. Bower (2002), Active Galactic Nuclei in Nearby Galaxies, American Astronomical Society Meeting Abstracts #200, Vol. 200, p. 51.06, https://ui.adsabs.harvard.edu/abs/2002AAS...200.5106F.
3. Shaver, P. A. (2003), Prospects with ALMA, The Mass of Galaxies at Low and High Redshift, Vol. p. 357, https://ui.adsabs.harvard.edu/abs/2003mglh.conf..357S.
4. Bower, G. C., H. Falcke, R. M. Herrnstein, J.-H. Zhao, W. M. Goss, and D. C. Backer (2004), Detection of the Intrinsic Size of Sagittarius A* Through Closure Amplitude Imaging, Science, Vol. 304, pp. 704-708, https://ui.adsabs.harvard.edu/abs/2004Sci...304..704B.
5. GCNEWS—Galactic Center Newsletter, Vol. 18, Eds. Markoff et al., http://www.aoc.nrao.edu/~gcnews/gcnews/Vol.18/editorial.shtml.
6. 회의록은 내 개인 자료실에 있다. 칠레 동료인 닐 네이가(Neil Nagar)도 가끔 참석

했다.

7. Doeleman, S., and 27 colleagues (2008), Event-horizon-scale structure in the supermassive black hole candidate at the Galactic Centre, Nature, Vol. 455, pp. 78-80, https://ui.adsabs.harvard.edu/bs/2008Natur.455...78D.
8. A Science Vision for European Astronomy, ASTRONET, 2010, ISBN 978-3-923524-62-4, S. 27, https://www.eso.org/public/products/books/book_0028/.
9. Doeleman, S., and 22 colleagues (2009), Imaging an Event Horizon: submm-VLBI of a Super Massive Black Hole, astro2010: The Astronomy and Astrophysics Decadal Survey, Vol. 2010, p. 68, https://ui.adsabs.harvard.edu/abs/2009astro2010S..68D.
10. Mościbrodzka, M., C. F. Gammie, J. C. Dolence, H. Shiokawa, and P. K. Leung (2009), Radiative Models of SGR A* from GRMHD Simulations, The Astrophysical Journal, Vol. 706, pp. 497-507, https://ui.adsabs.harvard.edu/abs/2009ApJ...706..497M.
11. Mościbrodzka, M., H. Falcke, H. Shiokawa, and C. F. Gammie (2014), Observational appearance of inefficient accretion flows and jets in 3D GRMHD simulations: Application to Sagittarius A*, Astronomy and Astrophysics, Vol. 570, p. A7, https://ui.adsabs.harvard.edu/abs/2014A&A...570A...7M.
12. Mościbrodzka, M., H. Falcke, and H. Shiokawa (2016), General relativistic magnetohydrodynamical simulations of the jet in M 87, Astronomy and Astrophysics, Vol. 586, p. A38, https://ui.adsabs.harvard.edu/abs/2016A&A...586A..38M. 하지만 제이슨 덱스터(Jason Dexter)의 작업 역시 GRMHD 시뮬레이션을 기반으로 해서 훌륭한 예측을 제공했다. Dexter, J., J. C. McKinney, and E. Agol (2012), The size of the jet launching region in M87, Monthly Notices of the Royal Astronomical Society, Vol. 421, pp. 1517-1528, https://ui.adsabs.harvard.edu/abs/2012MNRAS.421.1517D.
13. 결국, 성공 가능성이 낮아서 우리 그룹에 들어온 신청서가 50퍼센트 더 적었고, 실제 성공 확률은 3퍼센트가 되었다.
14. ERC 프로젝트의 사진과 영상. https://blackholecam.org. Goddi, C., Falcke, H.,

Kramer, M., Rezzolla, L. and 35 colleagues (2017), BlackHoleCam: Fundamental physics of the galactic center, International Journal of Modern Physics D, Vol. 26, pp. 1730001-239, https://ui.adsabs.harvard.edu/abs/ 2017IJMPD..2630001G.
15. Eatough, R. P., and 22 colleagues (2013), A strong magnetic field around the supermassive black hole at the centre of the Galaxy, Nature, Vol. 501, pp. 391-394, https://ui.adsabs.harvard.edu/abs/2013Natur.501..391E.
16. 박사 과정 학생: 미하엘 얀센(독일), 사라 이사운(캐나다), 프레이크 룰로프스, 요르디 다벨라르(Jordy Davelaar), 토마스 브론바어르(Thomas Bronzwaer), 크리스티안 브린케린크(Christiaan Brinkerink)(이상 네덜란드), 라쿠엘 프라가-엔시나스(Raquel Fraga-Encinas, 에스파냐), 샨샨(Shan Shan, 중국). 수석 과학자: 치리아코 고디(Ciriaco Goddi, 이탈리아), 모니카 모시치브로츠카(폴란드), 단 판로쉼(네덜란드). 프로젝트 관리자: 레모 틸라누스(네덜란드).
17. Matthews, L. D., and 40 colleagues (2018), The ALMA Phasing System: A Beamforming Capability for Ultra-high-resolution Science at (Sub)Millimeter Wavelengths, Publications of the Astronomical Society of the Pacific, Vol. 130, p. 015002, https://ui.adsabs.harvard.edu/abs/2018PASP..130a5002M.
18. 아마 곡에 대한 제안은 책임 오퍼레이터 밥 몰턴(Bob Moulton)이 했을 테지만, 프로그램은 SMT의 전체 운영 체제를 작성한 톰 폴커스(Tom Folkers)가 짰다.
19. 2016년 2월 11일 박사 학위 시험 후 라드바우드 대학 강당에서 LIGO/Virgo 공동 연구팀 기자회견 당시 트윗과 사진. https://twitter.com/hfalcke/status/697819758562041857?s=21. https://twitter.com/hfalcke/status/697805820143276033?s=21.
20. 독일 공영 라디오 방송국(Deutschlandfunk)의 카르스텐 단츠만(Karsten Danzmann)과의 인터뷰. https://www.deutschlandfunk.de/gravitationswellen-nachweis-einstein-hatte-recht.676.de.html?dram:article_id=345433.
21. Steijaert, M. (2019), The rising star of Sara Issaoun, Vox, Independent Radboud University Magazine, Jun 21, 2019, https://www.voxweb.nl/international/the-rising-star-of-sara-issaoun.

10 탐험에 나서다

1. EHT 실험 망원경의 경우, 사진과 용어 설명 참조. 칠레 아타카마사막의 ALMA와 APEX, 애리조나주 그레이엄산의 서브밀리미터 망원경(SMT), 하와이 마우나케아의 제임스 클러크 맥스웰 망원경(JCMT)과 서브밀리미터 집합체(SMA), 에스파냐 피코 델벨레타의 IRAM 30미터 망원경, 멕시코의 휴화산 시에라네그라에 있는 LMT, 아문센-스콧 남극기지에 있는 남극 망원경(SPT) 등. 남극 망원경은 하늘의 북쪽에 있는 M87은하는 관측할 수 없다.
2. 이번에는 미하엘 얀센이 MIT의 컴퓨터 과학자 케이티 보우먼과 함께 멕시코로 간다. 이탈리아 동료 치리아코 고디는 제프 크루(Geoff Crew)와 함께 헤이스택 천문대에서 칠레 ALMA로 떠난다. 레모 틸라누스는 JCMT에서 혼마 마레키(Mareki Honma, 本間希樹)를 비롯해 아시아의 다른 동료들과 함께 일하기 위해 하와이로 날아가고 있다. 사라 이사운은 이미 크리스마스에 남극 망원경을 준비한 프레이크 룰로프스, 김준한과 함께 애리조나에서 망원경을 다시 관리하고 있다.
3. MPIfR 서브밀리미터 그룹의 책임자는 페터 메츠거였다. 1992년에 출판한 그의 저서 《차가운 우주로의 시선(Blick in das kalte Weltall)》은 망원경의 역사, 특히 SMT/HHT의 역사를 다룬다.
4. 본의 토마스 크리히바움과 MPI에서 박사 학위를 취득한 에스파냐의 젊은 박사후연구원 레베카 아줄라이(Rebecca Azulay), IRAM의 두 에스파냐 출신 파블로 토르네와 살바도르 산체스(Salvador Sanchez)가 있다. 토르네는 천문 관측 전문가이고 산체스는 기술 장비 전문이다. 관측소장 카스텐 크레이머(Carsten Kramer)도 초반부터 우리와 함께했다.
5. 영화도 두 편 만들어졌다. 하버드의 피터 갤리슨(Peter Galison)이 감독한 〈우리가 아는 모든 것의 가장자리(The Edge of All We Know)〉, http://www.blackholefilm.com. 헨리 프레이저(Henry Fraser)의 〈블랙홀을 보는 방법: 우주에서 가장 위대한 미스터리(How To See a Black Hole: The Universe's Greatest Mystery)〉, Windfall Films. 둘 다 하버드 그룹이 시작했다.
6. Valtonen, M. J., and 25 colleagues (2008), A massive binary black-hole system in OJ287 and a test of general relativity, Nature, Vol. 452, pp. 851-853, https://ui.adsabs.harvard.edu/abs/2008Natur.452..851V.

7. 앤드루 나돌스키(Andrew Nadolski)는 남극의 2인자다.
8. 카를 슈스터(Karl Schuster), IRAM 소장.
9. 데이비드 휴스(David Hughes), LMT 소장.
10. Wade, L. (2019), Violence and insecurity threaten Mexican telescopes, Science Magazine, Feb 6, 2019, https://www.sciencemag.org/news/2019/02/violence-and-insecurity-threaten-mexican-telescopes#.

11 첫 번째 사진

1. 교정팀에는 하버드 대학의 린디 블랙번과 마치에크 비엘구스(Maciek Wielgus), 애리조나의 천즈콴(Chi-kwan Chan, 陳志均), 내 박사 과정 학생 사라 이사운, 미하엘 얀센, 드빙엘로의 일서 판베멀(Ilse van Bemmel) 등이 있다.
2. Thompson, A. R., J. M. Moran, and G. W. Swenson (2017), Interferometry and Synthesis in Radio Astronomy, 3rd Edition, Interferometry and Synthesis in Radio Astronomy, Springer, https://ui.adsabs.harvard.edu/abs/2017isra.book.....T.
3. Radboud Pipeline for the Calibration of high Angular Resolution Data Janßen, M., and 10 colleagues (2019), rPICARD: A CASA-based calibration pipeline for VLBI data. Calibration and imaging of 7mm VLBA observations of the AGN jet in M 87, Astronomy and Astrophysics, Vol. 626, p. A75, https://ui.adsabs.harvard.edu/abs/2019A&A...626A..75J. 마크 케트니스(Mark Kettenis)와 일서 판베멀이 이끄는 JIVE(Joint Institute for VLBI ERIC) 팀, 그리고 이탈리아 볼로냐 출신의 카치 릴(Kazi Rygl)과 엘리사베타 리우초(Elisabetta Liuzzo)도 참여했다.
4. 마이클 존슨(Michael Johnson), 케이티 보우먼, 아키야마 가즈노리가 이끄는 젊은 팀이 이미지 처리 그룹을 맡고 있다. 하버드 대학원생 앤드루 차엘(Andrew Chael)도 참여한다. 유럽 쪽에서는 토마스 크리히바움과 에스파냐의 호세 루이스 고메스(José Luis Gómez)가 깊이 관여한다. 사라 이사운을 비롯해 50명이 넘는 과학자가 참여하고 있으며, 심지어 이론가 모니카 모시치브로츠카도 이미지화를 시도하고 있다.
5. 보우먼과 존슨 중심의 하버드 그룹이 한 팀을 구성했다. 나는 내 박사 과정 학생 프

레이크 룰로프스, 미하엘 얀센, 사라 이사운과 함께 II팀에 속했다. 토마스 크리히바움과 에스파냐의 호세 루이스 고메스는 CLEAN 알고리즘을 전문으로 하는 동료들과 함께 세 번째 팀을 구성했다. 아사다 게이이치(Keiichi Asada, 淺田圭一)를 중심으로 젊은 아시아 동료 그룹이 네 번째 팀을 구성했다.

6. FITS—Flexible Image Transport System.
7. Falcke, H. (2018), How to make the invisible visible, TEDxRWTH Aachen, YouTube, https://www.youtube.com/watch?v=ZHeBi4e9xoM.
8. 2018년 하버드 대학교에서 열린 EHT 이미징 워크숍의 사진은 다음에서 볼 수 있다. https://eventhorizontelescope.org/galleries/eht-imaging-workshop-october-2017.
9. 이것은 두 가지 '정규화한 최대 가능도(regularized maximum likelihood, RML)' 방법(예시화 및 SMILI)과 CLEAN 알고리즘이다.
10. 천즈콴은 색 척도를 확정하기 위한 그룹을 이끈다.
11. NASA Visualization Shows a Black Hole's Warped World, nasa.gov, 25. September 2019, https://www.nasa.gov/feature/goddard/2019/nasa-visualization-shows-a-black-hole-s-warped-world.
12. EHT 이론 그룹은 일리노이의 찰스 가미, 하버드의 라메시 나라얀, 프랑크푸르트의 루치아노 레촐라, 네이메헌의 모니카 모시치브로즈카 등으로 구성되어 있다.
13. 애리조나의 페리알 오젤(Feryal Özel), 일본의 아사다 게이이치, 가르힝의 제이슨 덱스터, 캐나다 페리미터 연구소(Perimeter Institute)의 에이버리 브로더릭(Avery Broderick)이 이끌고 있다. 프랑크푸르트에 있는 블랙홀캠 팀의 크리스티안 프롬(Christian Fromm)은 이미지와 시뮬레이션을 비교해 블랙홀의 매개 변수를 추정하는 새로운 '유전 알고리즘'을 개발 중이다.
14. 2018년 11월 네이메헌에서 열린 공동 연구 회의 사진과 영상. https://www.ru.nl/astrophysics/black-hole/event-horizon-telescope-collaboration-0/eht-collaboration-meeting-2018/.
15. 멕시코의 라우렌트 로인아르드(Laurent Loinard), 내 네덜란드 동료 하위프 얀 판랑에벨더(Huib Jan van Langevelde), 미국의 라메시 나라얀, 존 워들(John Wardle) 등이 EHT 출판위원회를 이끌고 있다.

16. Mizuno, Y., Z. Younsi, C. M. Fromm, O. Porth, M. De Laurentis, H. Olivares, H. Falcke, M. Kramer, and L. Rezzolla (2018), The current ability to test theories of gravity with black hole shadows, Nature Astronomy, Vol. 2, pp. 585-590, https://ui.adsabs.harvard.edu/abs/2018NatAs...2..585M.
17. "UH Hilo professor names black hole capturing world's attention", Pressemitteilung, University of Hawai'i, 10. April 2019, https://www.hawaii.edu/news/2019/04/10/uh-hilo-professor-names-black-hole/.
18. *Zoom ins Schwarze Loch*: https://www.eso.org/public/germany/videos/eso1907c.
19. 기자회견 장면과 블랙홀 이미지 사진을 휴대전화로 촬영한 닉의 뮤직비디오 "Wahrscheinlich", https://www.youtube.com/watch?v= oaUBCDpsFCw.
20. 세심한 천문 블로거는 다니엘 피셔(Daniel Fischer)였다. https://skyweek.lima-city.de. 깊이 감사한다!

4부 경계 너머

12 우리의 상상력 너머

1. Christensen, L. L., and 18 colleagues (2019), An Unprecedented Global Communications Campaign for the Event Horizon Telescope First Black Hole Image, Communicating Astronomy with the Public Journal, Vol. 26, p. 11, https://ui.adsabs.harvard.edu/abs/2019CAPJ...26...11C.
2. Google-Doodle https://www.google.com/doodles/first-image-of-a-black-hole.
3. Elfrink, T. (2019), Trolls hijacked a scientist's image to attack Katie Bouman. They picked the wrong astrophysicist, Washington Post, April 12. https://www.washingtonpost.com/nation/2019/04/12/trolls-hijacked-scientists-image-attack-katie-bouman-they-picked-wrong-astrophysicist/.
4. 12장 주 1번 참조.
5. Rivinius, T., D. Baade, P. Hadrava, M. Heida, and R. Klement (2020), A naked-

eye triple system with a nonaccreting black hole in the inner binary, Astronomy and Astrophysics, Vol. 637, p. L3, https://ui.adsabs.harvard.edu/abs/ 2020A&A...637L...3R.
6. 블랙홀의 지름은 약 24킬로미터다.
7. 블랙홀 이미지의 예술사는 케임브리지 대학교에서 공부하는 에밀리 스컬버그(Emilie Skulberg)의 박사 논문 주제다.
8. Backes, M., and 14 colleagues (2016), The Africa Millimetre Telescope, The 4th Annual Conference on High Energy Astrophysics in Southern Africa (HEASA 2016), Vol. p. 29, https://ui.adsabs.harvard.edu/abs/2016heas.confE..29B.
9. Roelofs, F., Falcke, H., Brinkerink, and 7 colleagues (2019), Simulations of imaging the event horizon of Sagittarius A* from space, Astronomy and Astrophysics, Vol. 625, p. A124, https://ui.adsabs.harvard.edu/abs/2019A&A...625A.124R. Palumbo, D. C. M., S. S. Doeleman, M. D. Johnson, K. L. Bouman, and A. A. Chael (2019), Metrics and Motivations for Earth-Space VLBI: Timeresolving Sgr A* with the Event Horizon Telescope, The Astrophysical Journal, Vol. 881, p. 62, https://ui.adsabs.harvard.edu/abs/2019ApJ...881...62P.

13 아인슈타인을 넘어서?

1. Event Horizon Telescope Collaboration, K. Akiyama, and 348 colleagues (2019), First M87 Event Horizon Telescope Results. I. The Shadow of the Supermassive Black Hole, The Astrophysical Journal, Vol. 875, p. L1, https://ui.adsabs.harvard.edu/abs/2019ApJ...875L...1E.
2. 반물질이 물질처럼 떨어진다는 추측은 현재 CERN에서 실험으로 확인 중이다. https://newatlas.com/cern-antimatter-gravity-experiments/57090/.
3. Overbye, D. (2019), How to Peer Through a Wormhole, New York Times, Nov. 13, 2019, https://www.nytimes.com/2019/11/13/science/wormholes-physics-astronomy-cosmos.html.
4. 예를 들어 에릭 페를린더의 정보 기반 중력 이론은 다음을 참조하라. Van Calmthout, M. (2019), Tug of war around gravity, Phys.org, https://phys.org/news/2019-

08-war-gravity.html. Wolfram, S. (2020), Finally We May Have a Path to the Fundamental Theory of Physics and It's Beautiful, https://writings.stephenwolfram.com/2020/04/finally-we-may-have-a-path-to-the-fundamental-theory-of-physics-and-its-beautiful/. Campbell, T., Owhadi, H., Sauvageau, J., Watkinson, D. (2017), On Testing the Simulation Theory. International Journal of Quantum Foundations, Vol. 3 (3), pp. 78-99, https://www.ijqf.org/archives/4105. Keulemans, M. (2017), Leven we eigenlijk in een hologram? Het zou zomaar kunnen, de Volkskrant, 10. März 2017, https://www.volkskrant.nl/wetenschap/leven-we-eigenlijk-in-een-hologram-het-zou-zomaar-kunnen~bb4b0da3/.

5. 실제로 무한한 시간 동안 많은 알파벳 수프를 휘저어서 우연히 책을 만들 수는 있지만 그것은 어떤 식으로든 특별히 훌륭하지 않고 즉시 사라질 것이다. 정확한 순간에 멈춰야 한다. 책을 쓰는 것이 책이 갑자기 나타날 때까지 기다리는 것보다 훨씬 효율적이다.

6. Siegel, E. (2017), Ask Ethan: What was the Entropy of the Universe at the Big Bang? Forbes, April 15, 2017, https://www.forbes.com/sites/startswithabang/2017/04/15/ask-ethan-what-was-the-entropy-of-the-universe-at-the-big-bang/.

7. 양자물리학에서 양자 시스템의 정보 보존, 즉 파동 함수의 발달을 단일성이라고 하며, 양자 입자를 측정하는 과정을 파동 함수의 붕괴라고 한다. 양자 입자의 '상태' 또는 파동 함수는 특정 속성이 측정될 확률만 결정한다. 양자 입자를 측정하기 전에 가장 가능성이 높은 값, 즉 여러 측정에 대한 평균값만 정확하게 예측할 수 있다. 그러나 속성이 측정되면 다른 항목이 측정될 때까지 일정하게 유지된다. 따라서 측정에 따라 입자의 특성이 바뀐다.

8. Spiegel Online (2004), Schwarze Löcher erinnern sich an ihre Opfer, 9. März 2004, https://www.spiegel.de/wissenschaft/weltall/hawking-verliert-wette-schwarze-loecher-erinnern-sich-an-ihre-opfer-a-289599.html.

9. 중력이 없는 고립된 양자 시스템에서도 다음 논문에서 설명하는 것처럼 정보가 열화해 손실될 수 있다. Kiefer-Emmanouilidis, M., R. Unanyan, M. Fleischhauer, J. Sirker (2020), Evidence for Unbounded Growth of the Number Entropy

in Many-Body Localized Phases, Phys. Rev. Lett., Vol. 124, 243601, https://journals.aps.org/prl/abstract/10.1103/PhysRevLett.124.243601. 다음도 참조. https://physics.aps.org/articles/v13/s80.

14 전능과 한계

1. 《성경》〈예레미야〉 33:22.
2. Horgan, K. (2000), An den Grenzen des Wissens. Siegeszug und Dilemma der Naturwissenschaften. Aus dem Amerikanischen von Thorsten Schmidt. S. Fischer, Frankfurt a. M.
3. Siegel, E. (2020), No Galaxy will ever truly disappear, even in a Universe with dark energy, Forbes, March 4, 2020, https://www.forbes.com/sites/startswithabang/2020/03/04/no-galaxy-will-ever-truly-disappear-even-in-a-universe-with-dark-energy/.
4. Harris, S. (2012), Free Will, Free Press. Kindle-Version. S. 5. "자유의지는 환상이다. 우리의 의지는 단순히 우리 자신이 만든 것이 아니다. 생각과 의도는 우리가 인식하지 못하고 의식적으로 통제할 수 없는 배경 원인에서 나온다. 우리는 우리가 가지고 있다고 생각하는 자유가 없다. 자유의지는 개념적으로 일관되게 만들 수 없다는 점에서 실제로 환상 이상(또는 이하)이다. 우리의 의지는 사전 원인에 의해 결정되고 우리는 이에 대해 책임을 지지 않거나, 그것은 우연의 산물이고 우리는 이에 대해 책임을 지지 않는다."
5. 과학자들은 이제 이러한 맥락에서 출현이라는 용어에 대해서도 논의하고 있다.
6. 수학에 정통한 독자를 위한 예: 나는 푸리에 변환의 도움으로 평평한 공간에서 광파의 주파수를 결정한다. 그러나 $-\infty$에서 $+\infty$까지 파동을 통합하는 경우에만 무한히 정확한 값을 제공한다. 예를 들어, 사인 함수의 푸리에 변환은 정확히 델타 함수다. 무한대보다 시간이 작으면 완벽한 사인 함수조차도 항상 불확실하다. 같은 이유로, 사용할 수 있는 주파수나 파장이 무한한 경우에만 무한 정확도로 사건의 시간이나 장소를 측정할 수 있다. 그러나 모든 사건과 모든 입자는 늘 공간과 시간이 제한되어 있기 때문에 실제로는 항상 불확실하다.
7. Wolchover, N. (2020), Does time really flow? New clues come from a century-

old approach to math, quantamagazine.org, April 7, 2020, https://www.quantamagazine.org/does-time-really-flow-new-clues-come-from-a-century-old-approach-to-math-20200407/.

8. Krauss, Lawrence. A Universe from Nothing: Why There Is Something Rather than Nothing. Atria Books. Kindle-Version (Pos. 104/3284).
9. 이런 이유로 우주 초기의 엔트로피도, 에너지와 질량이 우주에 널리 분포되어 있는 지금보다 낮았다. 모든 별, 행성 또는 사람은 빅뱅보다 '질서정연'해 보이지만 전체 우주에서 볼 때 거의 중요하지 않다. 그것은 아이 방에 있는 블록 상자와 같다. 빅뱅 때는 모든 것이 작은 상자에 있었지만 지금은 커다란 아이 방에 흩어져 있다. 몇 개의 블록으로 여기저기 멋진 집을 짓더라도 전체적으로는 크게 혼란스럽다.
10. 빈 공간의 에너지가 될 수 있는 '암흑에너지'는 제외.
11. Rees, M. (2001). Just Six Numbers: The Deep Forces That Shape The Universe. New York, NY, Basic Books.
12. Landsman, K. (2015), The Fine-Tuning Argument, arXiv e-prints, Vol. p. arXiv: 1505.05359, https://ui.adsabs.harvard.edu/abs/2015arXiv150505359L.
13. 나는 기꺼이 이에 대해 논의하고 싶지만, 다음 글에서 적어도 그의 생각을 읽을 수 있다. Hawking, S. (2018), Kurze Antworten auf große Fragen, Klett-Cotta, ISBN 978-3-608-96376-2.
14. 《성경》 〈요한복음〉 1:1, 태초에 말씀이 계시니라.
15. 《성경》 〈창세기〉 11:1~9, 바벨탑. 이 유명한 이야기에서 하나님은 탑을 보기 위해 먼저 내려와야 한다(5절).
16. 《성경》 〈고린도전서〉 13:13, 사도 바울의 사랑의 찬가.

추천의 글: 선을 넘자

스티븐 호킹의 《시간의 역사》와 마이클 크라이튼의 《쥬라기 공원》을 거의 같은 시기에 읽었다. 《쥬라기 공원》이라는 SF는 쉽게 이해하고 즐길 수 있었지만 《시간의 역사》는 도통 이해할 수 없었다. 이 책에서 처음 본 블랙홀은 그야말로 블랙홀 그 자체였다. 빠져들기만 할 뿐 머릿속에 어떤 이미지도 그려지지 않았다. 인정한다. 천문학과 물리학은 너무나 어려운 거다. 나는 그 선을 넘을 수 없다. 선을 넘지 말자고 다짐했다.

그렇다. 선은 넘어서는 안 된다. "I'm sorry. I've crossed the line(미안해. 내가 선을 넘었어)." 미국 드라마에서 바람피우다 들킨 사람이 하는 말이다. 상대방의 영역을 지켜주지 못한 동료와 친구 사이에서도 사과할 때 할 만한 말이다. 오징어 게임을 하든 연애를 하든 아무튼 선은 밟아서도 안 되고 넘어서는 더더욱 안 된다. 선을 넘으면 그 사회에서 쫓겨난다. 그건 규칙이다.

하지만 늘 그런 것은 아니다. 선을 넘은 덕에 머지 않아 노벨상을 받을 것 같은 과학자들이 있다. 그들이 넘은 선은 '사건의 지평선'이다. 사건의 지평선 너머에는 블랙홀이 있다. 모든 것을 빨아들인다는 블랙홀. 중력이 엄청나게 커서 빛마저 빨려 들어가 영영 빠져나오지 못한다는 그 블랙홀!

선은 원래 몰래 넘는 법이다. 2019년 4월 10일 사건 지평선 망원경(EHT) 협력단이 블랙홀 이미지를 공개해 충격을 주었다. 처녀자리 은하단에 속한 M87 중심부의 블랙홀 이미지라고 했다. 블랙홀이라면 캄캄할 것 같지만 붉은 테두리가 있었다. 블랙홀로 다가간 물질이 빛의 속도에 가깝게 블랙홀을 공전하면서 밝게 보이는 것이라고 한다. 신문 기사 해설은 《시간의 역사》만큼이나 이해하기 어려웠다.

《이것이 최초의 블랙홀 사진입니다》는 블랙홀과 사건의 지평선 앞에 낀 짙은 안개를 상당히 걷어냈다. 1966년생인 하이노 팔케는 독일 본 대학교 천문학과 대학원 박사 과정 중이던 1993년 블랙홀 사진을 찍을 작정을 했다. 나도 그때 본에서 공부하고 있었다. 그리고 그 무렵 우리 옆집에는 EHT 협력단 한국 책임자인 손봉원 박사가 살고 있었다. 물론 그때는 EHT 같은 것은 없었다.

《이것이 최초의 블랙홀 사진입니다》는 뛰어난 교양과학서다. 교양과학서가 갖출 것은 다 갖추었다. 저자가 가르쳐주려는 지식을 얻기 위해 알아야 할 사전 지식을 아주 친절하게 설명한다. 1부 "시공간으로의 여행"과 2부 "우주의 신비"만으로도 천문학 교양서적 몇 권의 역할을 해낸다. 스티븐 호킹이 내게 설명하지 못한 블랙홀과 아인슈타인이 알려주지 못한 상대성이론이 상당히 해소된 느낌이다.

책의 백미는 3부 "이미지로의 여행"이다. 블랙홀 사진을 찍기 위한 지난한 과정을 들려준다. 과학자들이 무엇을 고민하고 어떻게 문제를 해결하며 어떤 식으로 협력하는지, 그리고 그 과정에 어떤 좌절과 기쁨이 함께하는지 생생하게 펼쳐 보인다. 일단 3부에 들어가면 눈을 뗄 수 없을 만큼 숨 막히게 진행되는 드라마 같다. 마치 영화를 보는 듯하다. 3부만으로 영화 한 편을 찍을 수 있을 듯싶다. 어떤 느낌이랄까? 영화 〈쥬라기 공원〉을 보는 것 같다.

4부 "경계 너머"는 매우 낯설다. 과학책에서는 정말 보기 드문 장면이다. 우리의 상상력 너머, 아인슈타인의 시공간 너머, 그리고 전능의 한계를 이야기한다. 독실한 기독교 신자인 하이노 팔케는 사건의 지평선 너머에 대해 우리가 알지 못하는 것을 겸손하게 고백한다. 블랙홀 주변에 사건의 지평선이 있듯이 우리 주변에도 지평선으로 나뉘는 두 세계가 있다고 한다.

"물리학의 한계를 넘어 감히 질문하는 사람은 신을 피해갈 수 없다. 자연이 지식에 대한 근본적 한계를 설정하기 때문에, 우리는 계속해서 한계에 부딪히고 질문함으로써 하늘로 가는 문을 흔든다. 또한 한계는 인간의 오만을 막고 우리가 믿고 희망할 수 있게 해주므로 위로가 된다. 정말로 인간 인식의 한계 너머까지 질문한다면 완전히 신이 없는 물리학은 불가능하다."

오해하지 마시라. 그는 창조과학자가 아니다. 물리학은 그에게 새로운 경이로움을 열어주지만 믿음을 없애지 않고 오히려 확장하고 심화한다. 회의가 과학의 발전에 중요한 역할을 하는 것처럼 의심도 믿음의 중요한 요소라고 한다. 과학과 믿음 사이에서 방황하는 분이라면 마음을 열고 4부를 천천히 읽어보길 권한다.

이젠 블랙홀도 저쪽이 아니라 이쪽 영역이 되고 있다. 선을 넘었기 때문이다. 모퉁이를 돌아 또 다른 사건의 지평선을 넘어가자, 윤하의 노래처럼.

"여긴 서로의 끝이 아닌/새로운 길모퉁이/익숙함에 진심을 속이지 말자/하나

둘 추억이 떠오르면/많이 많이 그리워할 거야/고마웠어요 그래도 이제는/사건의 지평선 너머로."

—**이정모**(국립과천과학관 관장)

찾아보기